园林植物造景研究

张文婷 杨乐 任飞虹 著

西北大学出版社
·西安·

图书在版编目(CIP)数据

园林植物造景研究 / 张文婷，杨乐，任飞虹著. —西安：西北大学出版社，2023.4

ISBN 978-7-5604-5023-0

Ⅰ. ①园… Ⅱ. ①张… ②杨… ③任… Ⅲ. ①园林植物—景观设计—研究 Ⅳ. ①TU986.2

中国版本图书馆 CIP 数据核字(2022)第 180793 号

园林植物造景研究

YUANLIN ZHIWU ZAOJING YANJIU

张文婷 杨 乐 任飞虹 著

出版发行 西北大学出版社

(西北大学校内 邮编：710069 电话：029-88305287 88303593)

http: //nwupress.nwu.edu.cn E-mail: xdpress@nwu.edu.cn

经 销 全国新华书店

印 装 陕西隆昌印刷有限公司

开 本 787 毫米×1092 毫米 1/16

印 张 21

版 次 2023 年 4 月第 1 版

印 次 2023 年 4 月第 1 次印刷

字 数 362 千字

书 号 ISBN 978-7-5604-5023-0

定 价 68.00 元

如有印装质量问题，请拨打电话 029-88302966 予以调换。

前 言

我国风景园林科学的奠基人汪菊渊院士这样定义植物造景："植物造景，主要指自然界的植被、植物群落、植物个体所表现的形象，通过人们的感官传到大脑皮层，产生一种实在的美的感受和联想。'植物造景'一词也包括人工的即运用植物题材来创作的造景。植物造景，就是运用乔木、灌木、藤本及草本植物等题材，通过艺术手法，充分发挥植物的形体、线条、色彩等自然美（也包括把植物整形修剪成一定形体）所进行的创作。"

园林植物是园林造景的重要组成部分。园林植物自身可以独立组合成植物造景，也可以结合其他造景要素形成综合植物造景，还可以营造园林中的色彩造景、人文造景以及生态造景等。因此植物造景是园林中具有普遍性与广泛性的造景类型，在建设生态园林、改善人居环境等方面发挥着不可或缺的重要作用。

现代园林受场地的限制、受众的变化、功能的增加、大众审美的提高等影响，对植物的文化展现、空间营造、季相变化、形态组合、色彩配置、诗情画意再现等方面有了更高的要求。因此，本书在构思和撰写过程中围绕"植物造景"进行剖析，提炼出设计原则、设计方法、植物分类、实际案例、设计程序，达到虽由人作，宛自天开，或借自然之物，或仿自然之形，或引自然之象，并能依据自然之理，创造出能传达自然之神韵的园林艺术。第 1 章"绪论"中论述了园林植物是造景要素中重要的自然要素，现代造景以植物造景为主已成为世界园林发展的新趋势。第 2 章"园林植物造景基本原则"列举了植物造景时应遵循的基本原则。第 3 章"园林植物概述"对园林植物种类进行详细分析，并介绍植物的应用功能和生态性。第 4 章"植物造景理论与方法"介绍了植物造景的基本理论与设计要点。第 5 章"园林植物造景程序"从园林植物造景行业的实际需求出发，理论联系实际，利用实际案例，完整而细致地介绍了园林植物造景与施工的全过程。第 6 章"园林植物造景案例解析"

选取多个实际调研拍照的造景案例进行分析研究，并以西安市环城西苑为例，分析了其在植物造景中存在的问题和优化策略。

本书在实地调研方面选用众多拍摄的经典植物配置、植物造景、航拍照片，以及近期国内外园林植物造景经典案例图片，以帮助学习者扩展知识体系，提高对室内外空间中植物的造景能力，此为本书的一大亮点。本书在撰写过程中分工如下：第1、2、5、6章由长安大学建筑学院风景园林系张文婷老师撰写；第3章由任飞虹老师撰写；第4章由杨乐老师撰写。本书案例丰富、讲解详细、知识体系完整，可作为高等院校相关专业研究参考用书，适用于风景园林、环境艺术设计、城乡规划、建筑学等专业，同时也是相关专业技术人员及自学爱好者的必备参考资料。

由于作者水平有限，书中难免有疏漏与错误，权当抛砖引玉，以期不断完善和提高，不足之处诚请各位同人与读者批评指正。

作　者

2023年3月

目 录

第 4 章　植物造景理论与方法

第 5 章　园林植物造景程序

第 6 章　园林植物造景案例解析

第1章　绪　论

在环境造景的构成要素中，植物作为软质材料，在营造造景效果方面发挥着重要的作用。植物除了能为人类创造优美舒适的生活环境外，更重要的是能创造适合人类生存的生态环境。随着人口密度的增加、人们生活节奏的加快，现代人离自然越来越远。城市中建筑林立，工业“三废”污染严重，城市温室效应愈加明显，人类所赖以生存的生态环境日趋恶化。只有重视生态环境，保护植物资源，才能实现植物资源环境的可持续发展。因此，现代造景以植物造景为主已成为园林造景发展的新趋势。

1.1　园林植物造景的相关概念

造景植物是经过人们选择，适应于城市绿地（公园绿地、单位附属绿地、防护绿地、生产绿地和其他绿地）栽植的植物。它不仅具有观赏价值，还起着卫生防护、改善生态等作用。

1. 园林植物

园林植物也称为观赏植物，是园林植物造景重要的构成要素之一。它通常是指人工栽培的、可应用于室内外环境布置和装饰的，具有观赏、分隔空间、装饰、庇荫、防护、覆盖地面等用途的植物的总称。

2. 植物造景

植物造景主要是指由自然界的植被、植物群落、植物个体所表现出来的形象，这一形象通过人的感官传到大脑皮层，会产生一种实在的、美的感受和联想。完整的植物造景由不同植物组合而成。植物造景除自然的之外，也包括人工的，即运用植物题材进行创作的造景。人工植物造景是指在园林环境中通过人工栽培植物群落及园林植物个体的观赏特性，使人产生美的感受和联想的植物造景。受不同地区自然气候、土壤及其他环境生态条件的制约，以及当地文化、习俗的影响，植物造景形成了不同的地方风格。

3. **造景植物设计**

造景植物设计，是指根据场地的自身特征及对场地的功能要求，利用植物（乔木、灌木、藤本及草本植物）不同的色彩、质感、形态及香味来组合搭配，充分发挥植物本身的形体、线条、色彩等自然美，创造具有空间变化、色彩变化、韵味变化等观赏性强的植物空间，使人在所到之处都能观赏到一幅幅美丽动人的植物画面。

改革开放以来，随着我国政治、经济、文化的不断发展，国家经济实力大大提升，人们的环保意识不断提高，园林建设日益受到重视。植物造景被誉为城市"活"的基础设施。各地纷纷创建园林式城市，努力提高绿地率和人均绿地率。此外，园林项目也逐渐向国土治理靠近，如沿海地区盐碱地绿化、废弃的工矿区绿化、湿地保护及治理等。

1.2 园林造景植物的重要性及其作用

所谓"庭院无石不奇，无花木则无生气"，植物的作用日益受到人类的关注。植物造景在人化的第二自然中已成为造景的主体，植物造景配置成功与否将直接影响环境造景的质量及艺术水平。植物作为活体材料，在生长发育过程中呈现出鲜明的季节性特征和兴盛、衰亡的自然规律。可以说，世界上没有任何其他生物能像植物这样富有生机而又变化万千。如此丰富多彩的植物材料为营造园林造景提供了广阔的素材。对植物造景功能的整体把握和对各类植物造景功能的领会是营造植物造景的基础与前提。

园林植物是园林造景营造的主要要素之一。园林造景要达到美观、实用、经济的效果，很大程度上取决于园林植物的合理配置。

1.2.1 园林造景植物的重要性

（1）协调园林空间。园林植物可以充当园林空间的协调者，因为植物的基本色彩是绿色，它使园林形成统一的空间环境色调，在变化多样中求得统一感，也使人们在绿色的优美环境中感受到轻松与舒适。另外，园林空间无论是大是小，适当地利用植物材料往往能够使空间环境显得更为协调。如大空间选用体形高大的树种或以植物群体造景，小空间则选择体形较小的树种，便可满足空间比例、尺度协调的要求。

（2）丰富园林空间。植物多种多样的配置方式可满足园林不同空间风景构图的要求。采用三五成丛的自然式种植形式，有利于表现自然山水的风貌；采用成行成排的规则式种植形式，则有利于协调规整的建筑环境；宽阔的草坪，大色块、对比色处理的花丛、花坛，可以烘托明快、开朗的空间气氛；而林木夹径、小色块、类似色处理的花境，则更容易表现幽深、宁静的山林野趣。

（3）创造园林空间。园林绿地中不同植物的配置形式，能构成多样化的园林观赏空间，形成不同的造景效果。如果没有花草树木，园林中的山水、建筑以空阔的蓝天为背景，会显得过分开阔、暴露，毫无园林情趣。用植物做背景，限定某一个景区，则会使其在建筑与山水周围产生尺度宜人、气氛幽静的空间环境。在园林设计中，可根据设计目的和空间性质（开阔、封闭、隐蔽等），相应地选取各类植物来组合不同的空间。高大的树木不仅创造了幽静凉爽的空间环境，而且创造了富有变化的光影效果；浓郁的树木可以形成建筑与山水的背景，而树冠的起伏层叠，又构成园林空间四周的丰富变化；层次深远的林冠线，打破或遮蔽了由建筑物顶部与园林界墙所形成的单调的天际线，使园林空间更富于自然情调。

（4）创造良好的生态环境。各种花木具有不同的生物学特性和生态学特征，能适应和利用不同的环境条件。墙阴处栽植耐寒植物，如女贞、竹类等；背阴且能略受阳光之地，栽植桂花、山茶之类；阶下石隙中栽植常绿的阴性草，如沿阶草、书带草等；池沼、洼地边缘点缀垂柳；向阳处种植牡丹。这些植物不仅为园林增色添彩，还在很大程度上优化了生态环境。

（5）体现园林的造景主题。主题原则是植物配置的纲领，通过这个纲领，确定要通过植物造景表现什么样的主题。这种造景常常需要一种或几种特定的乔木、灌木、花卉，进而形成一种独特的风格，继续延伸并扩大其内涵，形成一种文化与精神特征。

1.2.2 园林造景植物的作用

1.2.2.1 利用园林植物表现时序造景

植物随着季节的变化表现出不同的季相特征：春季繁花似锦，夏季绿树成荫，秋季硕果累累，冬季枝干遒劲。这种盛衰荣枯的生命节律，为创造园林四时演变的时序造景提供了条件。根据植物的季相变化，把不同花期的植物搭配种植，使同一地点在不同时期产生某种特有造景，给人以不同的感受，让人体会时令的变化。

利用园林植物表现时序造景，必须对植物材料的生长发育规律和四季的造景表现有深入的了解，根据植物材料在不同季节的不同色彩来创造园林景色供人欣赏，引起人们的不同观感。自然界花草树木的色彩变化是非常丰富的：春天开花的植物最多，加之叶、芽萌发，给人以山花烂漫、生机盎然的造景效果；夏季开花的植物也较多，但更显著的季相是绿荫匝地、林草茂盛；金秋时节开花的植物较少，却也有丹桂飘香、秋菊傲霜，而丰富多彩的秋叶、秋果更使秋景美不胜收；隆冬草木凋零，山寒水瘦，呈现的是萧条悲凉的造景。四季的演替使植物呈现不同的季相，而把植物的不同季相应用到园林艺术中，就构成了四时演替的时序造景。

1.2.2.2 利用园林植物形成空间变化

植物是园林造景营造中组成空间结构的主要成分。枝繁叶茂的高大乔木可视为单体建筑，各种藤本植物爬满棚架及屋顶，绿篱整形修剪后颇似墙体，平坦整齐的草坪铺展于水平地面。因此植物也像建筑、山水一样，具有构成空间、分隔空间、引起空间变化的功能。植物造景在空间上的变化，也可通过人们视点、视线、视境的改变而产生“步移景异”的空间造景变化。造园中运用植物组合来划分空间，形成不同的景区和景点，往往是根据空间的大小，树木的种类、姿态、株数多少及配置方式来组织空间造景。一般来讲，植物布局应根据实际需要，做到疏密错落，在有景可借的地方，植物配置要以不遮挡景点为原则，树木要栽得稀疏，树冠要高于或低于视线以保持透视线。对视觉效果差、杂乱无章的地方要用植物材料加以遮挡。大片的草坪地被，四面没有高于视平线的景物屏障，视界空旷、空间开朗，极目四望令人心旷神怡，适于观赏远景。而用高于视平线的乔、灌木围合环抱起来形成闭锁空间，仰角越大，闭锁性也随之增大。闭锁空间适于观赏近景，感染力强，景物清晰，但由于视线闭塞，容易产生视觉疲劳。所以，在园林造景中要应用植物材料营造既要开朗又要有闭锁的空间造景，两者巧妙衔接，相得益彰，使人既不感到单调，又不觉得疲劳。

1.2.2.3 利用园林植物创造观赏景点

园林植物作为营造园林造景的主要材料，本身具有独特的姿态、色彩、风韵之美。不同的园林植物形态各异、变化万千，既可孤植，以展示个体之美；又能按照一定的构图方式配置，表现植物的群体美；还可根据各自的生态习性合理安排、巧妙搭配，营造出乔、灌、草结合的群落造景。不同的植物材料具有不同的造景特色：棕榈、槟榔等营造的是一派热带风光；雪松、悬铃木与大片的草坪形成的疏林草地展现的是欧陆风情；而竹径通幽、梅影疏斜表现的是中国传统园林的清雅之态。

1.2.2.4 利用园林植物进行意境创作

利用园林植物进行意境创作是中国传统园林的典型造景风格。中国植物栽培历史悠久、文化灿烂，留下了许多歌咏植物的优美篇章，并为各种植物材料赋予了人格化内容，从欣赏植物的形态美升华到欣赏植物的意境美，达到了天人合一的理想境界。在园林造景创造中可借助植物抒发情怀，寓情于景，情景交融。太湖水岸就是利用植物进行意境创作的典型例子，如图 1–1 所示。

图 1–1 太湖水岸

◎观察太湖水岸最原生的土地生长，岁月情怀在这里凝聚，用质朴简约的方式，使人与自然的相处十分和谐。

1.2.2.5 利用园林植物达到对城市环境生态的保护作用

园林植物除了在造景形成中起到直接作用之外，还对城市环境生态的保护起到一定的作用。随着时代的发展，环境污染越来越严重，植物在净化空气、保持水土、涵养水源、调节气候等方面的生态作用备受重视。因此，在有限的城市绿地建设中尽可能多地营造植物群落造景是改善城市生态环境的重要手段之一。随着生态园林的深入和发展，以及造景生态学等多学科的引入，植物造景的内涵也随着造景的概念而不断扩展。植物设计不再是仅仅利用植物营造视觉艺术效果的造景，而是从传统的游憩、观赏功能发展到维持生态平衡、保护生物多样性和再现自然的高层次阶段。园林植物的生态作用主要体现在以下两个方面：

（1）园林植物的首要生态功能就是制造氧气，可为园林提供有益的锻炼环境。特别是具有保健功能的植物，如银杏、松柏、香樟、桂花等树种，在这些树林中结合起伏的地势，可使游人在林中上下走动锻炼的同时，呼吸树木释放的有益气体；雨林、雾林中更能产生丰富的负离子，可以起到颐神养性、疗养保健的作用。

（2）园林植物可营造森林的氛围，构建人与自然和谐共存的环境。如森林湿地，通过营造两栖类和有益昆虫的栖境，在湿地中种植多种湿生植物，如芦苇、菖蒲等，放养两栖类动物，如青蛙，再在草丛中放养益虫，既能逐步实现生物的多样性，又能创造出极富自然野趣的园林造景。在公园内适当配置鸟嗜植物与蜜源植物，如侧柏、紫荆、桑、枸杞、枇杷、国槐等，并在树上安置巢穴，可以吸引鸟类和其他动物，人们也就更能贴近自然和享受自然。如图 1–2 所示的花园一角，就体现了园林植物的生态作用。

1.2.2.6 利用园林植物达到呈现文化的作用

植物作为园林的主要构成要素，不但能起到美化环境、体现艺术、构成空间等作用，还担负着文化符号的角色，以及传递设计者所寄寓的思想感情。在漫长的植物栽培历史过程中，植物与人类生活的关系日趋紧密，加之与各地文化相互影响、相互融合，衍生出与植物相关的文化体系，即透过植物这一载体，反映出不同的传统价值观念、哲学意识、审美情趣、文化心态等。这种文化功能在中国古典园林中表现得最为突出。深刻的文化内涵、意境深邃的植物配置手法是中国古典园林闻名于世的鲜明特色，如图 1–3 所示的苏州独墅湾。

图 1-2 花园一角

◎一片受树木荫蔽的花园，繁茂的植物和蜿蜒的小溪创造了凉爽的微气候。

图 1-3 苏州独墅湾

◎苏州独墅湾以苏州园林为蓝本，结合现代的造园工艺，运用框景、对景、漏景、夹景、透景、障景等设计手法，打造出具有人文情怀与气息的园林。

在营造造景的过程中，植物的多种作用往往是互相渗透、互相支持的。如既有较高观赏价值又能净化水质的水生植物，利用美学原理和生态园林理论可以营造出造景价值和生态意义俱佳的环境造景。如攀缘植物在城市中的应用，使得绿色在三维空间中得以延伸，能增加城市绿量、改善城市气候、减少热辐射及大气污染，同时也可以美化城市环境。

总之，掌握植物在园林造景营造中的功能和作用，是顺利开展园林植物设计工作的前提，而各种园林植物材料更是园林植物设计的基石。

1.3 园林植物造景的特点

植物是有机生命体，这就决定了园林植物造景在满足观赏特性的同时，与建筑、园林小品等硬质造景存在本质的区别。

1.3.1 可持续性

植物生长状况直接影响植物造景的建成效果。因此，要依据当地的气候、土壤、水源、光照等环境条件以及植物与其他生物的关系，合理安排绿化用地及植物的选用与配置。植物自身以及合理的植物群落可以起到防风固沙、降噪除尘、吸收有害气体、杀菌抗污、净化水体、涵养水源及保护生物多样性等一系列保护、改善和修复环境的作用，而这些功能随着时间的推移会逐步得到强化。因此，科学的植物造景能更好地服务于生态系统的长期稳定，满足人们休闲、游憩、观赏需要的同时，还能促进人、城市与自然的持续、共生和发展。

贝弗利山 Kronish House 修复项目就是为了造景的可持续发展，如图 1–4、图 1–5 所示。

1.3.2 时序性

植物自身的年生长周期决定了植物造景具有很强的自然规律性和“静中有动”的季相变化，不同的植物在不同的时期具有不同的造景特色。一年四季的生长过程中，叶、花、果的形状和色彩随季节而变化，表现出植物特有的艺术效果。如春季山花烂漫，夏季荷花映日，秋季硕果满园，冬季蜡梅飘香，等等。

图 1–4 Kronish House 入口门厅室内和中央花园

◎1955 年朱利乌斯·舒尔曼（Julius Shulman）拍摄的入口门厅室内和中央花园（左上）；2011 年修复前（左下）；2015 年修复后（右）。

◎由于多年的荒置，基地上杂草丛生，几乎没有适合野生动物生活的空间。经过四年的改造，地块内增添了几百株大树和无数的花丛、多年生植物和地被植物，大量鸟儿在此筑巢，传粉昆虫也忙碌于花草之间。修复后丰富多样的植物拥有不同的开花期，保证了一年中都有传粉昆虫穿梭其间，并且为多种鸟类和小型哺乳动物提供了舒适的栖息地。如今的项目已经成为一片葱郁的城市绿洲，与物种单一的相邻区域形成了鲜明对比。

图 1–5 Kronish House 南侧露台和游泳池

◎1955 年朱利乌斯·舒尔曼（Julius Shulman）拍摄的南侧露台和游泳池（左上）；2011 年修复前（右上）；2015 年修复后（下）。

在不同的地区或气候带，植物季相表现的时间不同，如北方的春色季相一般比南方来得迟，而秋色季相比南方出现得早。所以，可以人工掌控某些季相变化，如引种驯化、花期的促进或延迟等，将不同观赏时期的植物进行合理配置，人为地延长甚至控制植物造景的观赏期。

1.3.3 生产性

植物造景的生产性可理解为植物造景具有满足人们物质生活需要的原料或产品的功能性，如提供果品、药业、工业原料及枝叶工艺产品等。

油菜花海、麦浪、金色稻田等风光是人们比较熟悉的农田粮食生产作物构成的一种造景，此类作物造景即可展现造景的生产性。观光农业是目前能够体现园林生产功能的产业，是农业、园林业与旅游业的交叉产物，它将造景、生产、经济融为一体。

1.3.4 社会性

园林植物造景的社会性指的是植物造景具有康复保健、有益于人类文化生活等功能。其中，文化功能包括纪念、教育、学习、科学研究等，身心健康功能包括休闲、观光、保健、医疗等。游憩带来效益，但属于次生功能，其直接功能是为参与者身心健康服务。这也是植物造景与硬质造景的区别，即植物造景具有保健、医疗方面的社会特性。

在现代城市中，茂密的植物造景享有“城市绿肺”的美誉，园林绿地设计尤其重视“植物氧”建设。不仅是因为植物自身具有提供氧气、净化空气的功能，丰富的植物群落更具有造福人类健康的功能。研究表明，通过不同颜色、形态的观赏花木的视觉刺激，植物自身或与外界产生的声响如萧瑟之声、雨打芭蕉、松涛等的听觉刺激，芳香花园、味觉果园等的嗅觉刺激，不同质地植物的触觉刺激，可以达到减轻压力、消减病情、增强活力、提高认知、促进交流等一系列康复、保健功效。

园林植物造景不是孤立存在的，必须与其他造景要素如环境、水体、地形、园路、建筑及其他生物乃至自然界生态系统结合起来，这样才能营造有益于人类、自然、环境和谐共处的可持续发展的绿色造景空间。华东师范大学植物造景布置如图1-6所示，华东师范大学沿河步道如图1-7所示。

图 1–6 华东师范大学植物造景布置

◎华东师范大学在植物造景布置上，采用花境植物丰富林下空间，四季繁花绽放，姹紫嫣红，清冷背景中不乏几许活泼，引人驻足遐思。

图 1–7 华东师范大学沿河步道

◎沿河步道采用灰色石材的折线铺装，两侧是品相姿态各异的地被，化雨斋的墙体大面积是反射玻璃，保证室内私密性的同时，视野上形成通道空间对景，达到了内外空间条件与自然条件的无界。

1.4 国内外园林植物造景概况

1.4.1 国内园林植物造景概况

中国具有悠久的园林历史，特别是中国古典园林，推动了世界园林的发展。中国传统园林从应用类型来说，更侧重遮阴、营造山林气氛，植物单体如盆景、孤植树在庭园中广泛运用。古代造园家们抓住自然中各种美景的典型特征，提炼剪裁，利用乔、灌、草、地被植物把峰峦沟壑在小小的庭园中再现。在二维的园址上突出三维的空间效果，“以有限面积，造无限空间”，创造“小中见大”的空间表现形式和造园手法，以建筑空间满足人们的物质要求；以清风明月、树影扶摇、山涧林泉、烟雨迷蒙的自然造景满足人们的心理需求；以自然山石、水体、植被等元素建构自然空间，形成令人心旷神怡的园林气氛。园林建造者们把大自然的美浓缩到园林中，使之成为大自然的缩影，它“师法自然而又高于自然”。

中国古典园林按照其隶属关系可以分为皇家园林、私家园林和寺庙园林。

中国古代的皇家园林作为封建帝王的离宫别苑，规模宏大、建筑雄伟、装饰奢华、色彩绚丽，象征着帝王权力的至高无上，体现了帝王唯我独尊的思想，是历代封建统治者追求奢侈享乐的场所。经过长期的演变，古拙庄重的苍松翠柏常常与色彩浓重的皇家建筑物相互辉映，形成了庄严雄浑的园林特色。另外，在中国皇家园林中，植物通常被认为是吉祥如意的象征。如在园林中常用玉兰、海棠、迎春花、牡丹、桂花象征“玉堂春富贵”，紫薇、榉树象征高官厚禄，石榴寓意多子多福，等等。这些都充分体现了皇室贵族们追求官运亨通、世代富贵的愿望。

私家园林是贵族、官僚、富商、文人等为自己建造的园林，其规模一般比皇家园林要小得多，常用“以小见大”的手法和含蓄隐晦的技巧来再现自然的美景，寄托园主特有的思想感情。江南私家园林最突出的代表是苏州古典园林。苏州古典园林多为自然山水园或写意山水园，崇尚自然，讲究造景的深、奥、幽，追求朴素淡雅的山林野趣，植物造景注重“匠”与“意”的结合，通过植物配置来体现诗画意境。常用方法主要有以下几种：按诗文、匾额、楹联来选用植物材料；按画理来布置植物素材；按色彩、姿态选择植物耗材。在长期的造园实践中，私家园林形成了植物配置的固定程式，如槐荫当庭、移竹当窗、栽梅绕屋、高山栽松、山中挂藤、水上放莲、堤弯宜柳、悬葛垂萝等，这对现代园林植物造景具有很大的指导意义。

寺庙园林是指附属于佛寺、道观或坛庙祠堂的园林，也包括寺观内部庭院和外围地段的园林化环境。寺观园林中果木花树多有栽植，除具有观赏特性外，往往还具有一定的宗教象征寓意。佛教规定的“五树六花”在有些寺院中是必不可少的。“五树”是指菩提树、大青树、贝叶棕、槟榔、糖棕，“六花”是指荷花、文殊兰、黄姜花、黄缅桂、鸡蛋花和地涌金莲。此外，寺庙园林中也常选用松柏、银杏、樟树、槐树、榕树、皂荚、柳杉、楸树、无患子等。除了精心选择、配置的园林植物以外，寺庙园林还常利用平淡无奇的当地野生花卉和乡土树种，使寺庙与自然环境更加融为一体，达到“虽由人作，宛自天开”“视道如花，化木为神”的境界，从而产生既有深厚文化底蕴又具蓬勃生机的园林艺术效果。

我国现代园林的发展道路较为曲折，但还是留下了一些经典作品。如早期的杭州花港观鱼公园，是中国古典园林与现代园林造景有机结合的杰出代表，植物造景异常丰富，植物品种以常绿乔木为主，配置侧重于林相、文化内涵以及因地制宜，景色层次分明，季相变化丰富多彩，传统园林之对景与借景、分景与框景等手法运用恰当合理。1978 年改革开放后，随着经济的发展，造园运动再度兴起。20 世纪 80 年代中期，我国现代公园开始重视运用植物造景，将丰富的形态与色彩变化融入公园的艺术构图中，同时充满大自然的活力。

20 世纪 90 年代以来，我国园林建设的目标是建设生态园林，植物材料的应用范围从传统的建筑物周围种植、假山上种植，发展到行道树、绿篱、广场遮阴、空间分割等；造景方式从传统的花台发展到花坛、花境、室内花园、屋顶花园等，极大地丰富了植物造景的功能。目前的园林植物造景已经超越了传统园林设计过于关注形式、功能及审美的价值取向，而转为关注生命安全、生存环境和生态平衡。

目前，国内园林植物造景还存在以下问题：

（1）园林植物种类更为丰富多彩，但盲目引种及栽植的现象依然存在。现代园林设计在植物选择上不再拘泥于少数具有观赏寓意、诗情画意的植物，而是更加注重植物材料的多样性和植物造景的多样性。大量新品种和外来植物，包括树木，各种草本植物，一、二年生草花，球根花卉，乡土地被植物，芳香植物等材料被引入园林中，创造了大量新奇的植物造景。但不少园林单位在引种过程中没有充分考虑当地的土壤、光照、温度、水分、海拔等条件，使得北方城市房地产开发项目中精心营造的“欧陆风情”“热带风情”等植物造景在当地日渐衰败。还有一些单位不考虑北方地区干旱少雨、水资源紧缺的现状，大面积栽植草坪，增加了养护管理成本，造成较大的水资源浪费。

（2）植物造景手法更为多样，但地域文化特色不鲜明。传统园林重木本、轻草本的现象非常突出，这与当时人们的欣赏习惯有关。改革开放带来了许多西方思想，在植物造景配置上也有所体现。如现代园林中应用西方的花坛、花境、立体绿化及屋顶花园等造景手法，使植物造景更为多样，深受大众喜爱。但有些设计师懒于对当地的地形地貌、造景结构、水文特征、环境设施、历史文脉等进行深入调查与分析，盲目抄袭国内外已有的经典案例，使得植物造景呈现出单一化、模式化的格局，丢失了其个性和文化内涵，千篇一律、毫无特色。应根据当今社会的发展形势和文化背景，在传统文化的基础上创造出新的、具有当代文化特色的植物造景，把时代所赋予的植物文化内涵与城市园林造景有机地结合起来，充分展示现代园林的植物文化特色。

1.4.2 国外园林植物造景概况

对植物造景的欣赏，世界各地人们的观点有所不同。法国、意大利、荷兰等国的古典园林中，植物造景以规则式为主。究其根源，主要是为了体现人类征服一切的思想，植物被整形修剪成各种几何形体及鸟兽形体，以体现植物服从人们的意志。当然，在总体布局上，这些规则式的植物造景与规则式建筑的线条、外形、体量较协调一致，有很高的人工美的艺术价值。如将欧洲紫杉修剪成又高又厚的绿墙，植于长方形水池四角的植物也常被修剪成正方形或长方形，锦熟黄杨常被剪成各种模纹或成片的绿毯，尖塔形的欧洲紫杉植于教堂四周，甚至一些行道树的树冠都被剪成几何形体。规则式的植物造景能营造出庄严、肃穆的气氛，常给人以雄伟的气魄感。

另一种则是自然式的植物造景。自然式的植物造景模拟自然界森林、草原、沼泽等造景及农村田园风光，结合地形、水体、道路来组织植物造景。从宏观的季相变化到枝、叶、花、果、刺等细致的欣赏，自然式的植物造景容易体现植物自然的个体美及群体美，也容易营造出宁静、深邃或活泼的气氛。随着各学科及经济的飞速发展，人们的艺术修养不断提高，加之不愿再将大笔金钱浪费在养护管理这些整形的植物造景上，使人们更向往自然，更愿意追求丰富多彩、变化无穷的自然式植物美。于是，在植物造景中提倡自然美，创造自然的植物造景已成为新的潮流。此外，人们更加重视的是植物所产生的生态效应。植物不仅能创造优美舒适的环境，更重要的是能创造适合于人类生存需求的生态环境。随着世界人口密度的加大、工业的飞速发展，人类赖以生存的生态环境日趋恶化，工业所产生的废气、废水、废渣到处污染环境，酸雨时常发生，温室效应造成了很多的反常气候。人们不禁惊呼，若再破坏植物资源，必将自己毁灭自己；只有重视和遍植植物，才能拯救自己。为此，当今世界园林这一概念的范畴已不仅局限在一个公园或景点中，有些国家从国土规划就开始注重植物造景了，在保护自然植被的前提下，有目的地规划和栽植了大片绿带。英国一些新城镇建立之前，先在四周营造大片森林，如桦木林，以创造良好的生态环境，然后在新城镇附近及中心进行重点美化。英国在规划高速公路时，先由风景设计师按地形设计蜿蜒曲折、波浪起伏的线路。前方常有美丽的植物造景，司机开车时，车移景异，一路上有景可赏，不易疲劳。在高速公路两旁结合自然资源保护，有 20 余米宽的林带，使野生小动物及植物有生存之处。

随着居民生活水平的提高及商业性需求，将植物造景引入室内已蔚然成风，由此耐阴的观叶植物、无土栽培技术大为发展。宾馆内外植物造景的好坏已成为其级别评比的重要条件之一。为了提高商业谈判的效果，一些出租以作商业谈判之用的办公楼内有底层花园、屋顶花园、层间花园，透过办公室的落地玻璃窗，可以看到四周和谐、安静的植物造景，为商业洽谈创造了良好的环境。超级市场内伴随着五光十色的霓虹灯，色彩艳丽的开花植物为商品增色不少。室内游泳池边种上几株高大的垂叶榕及一些其他热带植物，池边铺设大、小卵石，墙上画着椰子林、沙漠造景，真真假假，使游泳者犹如置身于热带环境中，可尽情地畅游嬉戏。富有的家庭还希望把每一个房间都布置成花园一般，这当然少不了各种植物，于是指导室内植物造景的书籍也不断出版。所有这些都体现了人们向往自然的心境，希望能够在植物的造景中满足自己的审美情趣，并置身于清新、幽静的环境中来消除疲劳，恢复精神和体力。

园林设计师对植物造景重视与否是决定植物造景成败的重要因素之一。值得一提的是英国园林设计师在设计植物造景时有一个很强烈的观点，那就是“没有量就没有美”，强调大片栽植。当然这与欣赏植物个体美并不是矛盾和对立的。要体现群体效果，就需要大量种苗，这也促使植物繁殖、栽培水平大大提高。

英国谢菲尔德公园（Sheffield Park）内有四个湖面，遍植各种不同形体、色彩的乔灌木及奇花异卉，在介绍公园的导游小册子中就明确地指出，该园不是为欣赏喷泉、建筑等园林设施而设置的，主要是让游人欣赏植物造景的。

1.4.3 园林植物造景发展趋势

当代植物造景的发展趋势在于充分地认识地域性自然造景的形成过程和演变规律，并顺应这种规律进行植物设计。因此，设计师不仅要重视植物的造景视觉效果，更要营造出适宜当地自然条件、具有自我更新能力、能够体现当地自然造景风貌的设计类型，使之成为一个园林造景作品乃至一个地区的主要特色。因此，未来应当从以下几个方面进行深入的研究。

1.4.3.1 城市整体发展优先，以“文化建园”引领植物造景

现代城市发展与建设，是以保护生态环境为前提，利用先进科学技术与材料降低发展成本，增加城市的功能，完善配套设施建设，实现经济快速发展与环境的可持续发展。因此，园林植物造景必须基于城市的整体发展，将生态城市建设与现代城市发展相结合，对园林植物造景内容进行合理布局，突出现代化气息与生态特征，并以“文化建园”为指导思想，充分挖掘不同地域城市的山水文化、建筑文化、历史文化、地域特色文化、生态修复文化等，深入了解当地的植物资源、植物利用和栽培的历史，不断丰富园林植物造景建设过程中的文化属性，对城市所在地的植物造景进行合理保护或科学改建，使城市建设与自然环境和谐共生、永续发展，使人们在享受城市发展带来的幸福生活时可以不忘历史、尊重自然。这样的园林植物造景作品才能体现地方风格，突出文化特色，让人记忆犹新、流连忘返。

1.4.3.2 积极探索野花、野草在园林绿地中的应用

园林建设中各城市大面积铺设单一草坪的现象曾经风靡一时。随着时间的推移和草坪管理养护中诸多问题的出现，人们逐渐认识到这种做法不仅破坏了原有生态环境，使城市的生物多样性日趋减少，而且持续消耗地下水，还需大量使用除草剂和化肥，对土壤和地下水造成不可逆转的污染。而城市里的野花、野草生命力旺盛，在石缝里、砖头下、墙角边这样恶劣的条件下都可顽强地存活，它们抗旱、抗寒、耐

贫瘠、抗病虫害，而且可以迅速覆盖地面；其吸纳雨水、防尘、防涝、保持水土、增加城市生物多样性的能力远在草坪之上，具有较高的造景价值和生态意义。野花种植简单方便、成本低、收效快、美化时间长、需水量少、管理省工，有些种类可以自播繁殖，是草坪草很好的替代品。因此野花、野草不仅可以形成特色的园林地被植物造景，而且可以突出城市的个性和魅力，具有广阔的发展前景，极有可能成为较重要的造景元素。

地被植物作为公园绿地的底色，是园林绿化的重要组成部分，对防止水土流失、吸附尘土、滞纳杨柳絮、净化空气、减少噪声污染有着非常好的效果，特别是各种生机勃勃的野花、野草，相比普通的绿化植物生命力更顽强。同样一块绿地，如果种冷季型草坪，一年需要浇 20 多次水、修剪 10 多次，费钱又费力；如果种野花、野草，一年浇几次水就能保证成活，养护成本低，还省心，造景效果也毫不逊色。

1.4.3.3 注重植物造景的公众参与性

根据现代心理学的研究与园林设计理念，互动的方式在休闲娱乐中能为人们带来更多的乐趣，激发参与者的热情。因此互动式造景是现代城市园林造景规划与设计的方向之一。园林植物造景建造在满足观赏性的同时也应增加群众参与性，如将树木进行拉枝处理，枝条相连，整形修剪成凉亭状，人们可以在树下乘凉、休息。又如在园中开展主题、内容多样的文化活动，像梅花节、牡丹花会、海棠文化节、紫荆花节等来满足群众亲近自然、感受文化的身心需求，以此扩展延伸园林植物文化内涵。再如借助古树名木的挂牌识别活动，宣传植物相关知识及其文化内涵，也可充分利用说明牌、电子触摸显示屏、印刷资料和书籍等举办科普展览和讲座，宣传园林植物本身的科学价值、养护繁殖知识。

第2章 园林植物造景基本原则

植物是构成园林造景的主要素材，由乔木、灌木、草本、藤本、水生等植物所形成的园林造景，在形态、线条、色彩、季相变化等方面都是相当丰富和无与伦比的。园林植物造景，要考虑方方面面的问题和原则，在设计之初就要顺应场地特征，植物选择要根据当地情况而定，适应土壤和气候条件，确定合适的种类，这样选择的植物才更适宜生长。植物本身具有其他要素不可比拟的姿态万千的造型，而且有丰富多彩的色彩、形象，因此还要遵循一定的形式美法则；另外，植物还具有明显的季相变化，生物都需要特定的生态环境，因此，既要考虑动态的造景效果，又要遵循植物和群落生长、演替的生态法则。

以西安为例，当地下发的文件中明确提出，西安市绿化植物配置设计原则为“四季常绿，一路一景”，全市广场绿地及城市道路绿地植物配置的总体要求为：城市规划必须总体安排，绿地设计也需要符合地区规划，树种的选择要考虑综合功能，既具有美观性，又有生态特征，同时兼顾实用与经济，适合地域及气候，以乔木为骨架，其他植物相互融合，形成稳定的植物群落，并且保证其合理性；要从总体出发，局部与整体相统一，但也要富于变化，互相协调，注重季相，充分利用植物本身的特色，营造出不一样的造景，既保证多样性，又极具丰富性。

2.1 科学性原则

科学性是植物造景原则的基础，没有科学性，其他一切原则都不存在。科学性的核心就是要符合自然规律。因此师法自然是唯一正确的途径。最忌在南方设计北国植物造景，或在北方滥用南方树种，这种做法很欠妥。既然要师法自然，就要熟悉自然界的南、北植物种类及自然的植物造景，如密林、疏林、树丛、灌丛、纯林、混交林、林中空地、自然群落、草甸、湿地等。由于南北各气候带的自然植物造景及植物种类差异很大，不同海拔植物造景及植物种类也迥然不同，所以要顺应自然。但也有特例，如西安与北京同属暖温带，西安南靠秦岭，因此形成了良好的小气候环境，竟然有近 60 种常绿阔叶植物生长良好，可以恰当地利用这些植物，以体现北亚热带植物造景。一些中亚热带城市，如温州、柳州、重庆及云南的澄江，露地生长的棕榈科植物竟有近 10 种之多，多数榕属树种也生长良好，一些原产热带、南亚热带的开花藤本，诸如三角花、炮仗花、大花老鸦嘴、西番莲均能生长良好，安全过冬，因此为营建热带或南亚热带植物造景奠定了物质基础。

目前随着各地社会经济的发展，植物园规划设计项目在各中小城市也纷纷被提上日程。植物园不比一般公园绿地，要具备科学内容、园林外貌和艺术内涵。在科学内容上首先要展示植物之间的亲缘和进化的关系。全世界有 30 余个植物分类系统，在分类系统中植物进化的亲缘关系都非常严谨，它们之间虽有联系，但都相对独立，不像其他分类系统有严格的前后次序。因此可以根据现场及通过竖向设计改造形成不同的生态环境，对植物进行合理的布置。由于各亚纲植物科属不同，有的可设计成绚丽多彩的各种专类园，有的可设计成疏林草地、密林以及缀花草地，由这些内容组成园林造景。在园中可介绍中国的花文化，并按一般艺术规律来塑造植物造景，展示我国独特的民族文化的同时也彰显艺术感染力。

2.1.1 合理搭配园林绿化植物

2.1.1.1 以落叶乔木为主，合理搭配常绿植物和灌木

我国是温带季风性气候，大部分地区夏季酷热，时间较长，冬季寒冷，阳光充足，因此在进行树种选择时也要充分考虑到这一点。所选植物在夏季要能够遮挡阳光，加速空气流动，达到迅速降温的目的；冬季不能遮挡阳光，又能起到增温的效果。一般落叶乔木能够达到上述要求，这种植物相对较高，夏日树叶比较繁盛，可以遮挡阳光，还会产生斑驳之感；冬日树叶落尽，阳光透射进来，可以提高树下温度。同时数量大，生长周期长，具有很好的生态效应，优势较为明显。由于具备上述特征，因此城市绿化树种规划中，落叶乔木往往占有较大的优势。

根据当地的气候及绿地情况，为了做到四季常青，需要设置合适的常绿乔木和落叶乔木的比例，一般总体来看 4：6 可以达到上述要求，一些重点地段可以达到 5：5，但是最好保持在 7：3 以上。

园林造景并不仅仅要考虑功能，还要注意美观问题，因此常绿乔木和灌木是必不可少的，尤其在冬天，落叶乔木的叶子落尽，只剩下枝干部分，色彩相对单一，而常绿植物能够提供更多的绿色，在冬日里更具有风采。但是常绿乔木所占比例应控制在20%以下，否则不利于绿化功能和效益的发挥。

2.1.1.2 以速生树种为主，慢生、长寿树种相结合

一个新建城市要考虑自身的绿化问题，就要选择合适的树种。如果是珍贵树种，往往生长较慢，不容易获得，成本相对较高，迅速普及也存在难度，因此大多会选择速生树种。速生树种生长速度较快，可以迅速扩大绿化面积，但寿命较短，可能会迅速进入衰老期，因此必须不断重新种植。由于需要不断更新，因此难以得到当地居民理解，认为浪费较大；同时过快的更新速度也使得园林景色受到影响。生长较慢的树种也有其自身优势，如相对稳定，不需要不断更新，进入衰老期较慢，可以保证绿化造景的完整性。但由于生长速度较慢，难以达到快速绿化的目的。不同类型的树种特征不同，优势互补，因此可以间隔配置。速生林生长速度较快，可以满足快速绿化的要求，为慢长树的生长提供了缓冲时间。当速生树种衰老时，慢长树已经成材，这时候再将速生树种砍伐，而将慢长树保留下来，这样可以保证绿化面貌的持续性，同时也更加合理。

速生树种短期内就可以成形、见绿，甚至开花结果，对于追求高效的现代园林来说无疑是不错的选择。但是速生树种也存在着一些不足，比如寿命短、衰老快等。而与之相反，慢生树种寿命较长，但生长缓慢，短期内不能形成绿化效果。两者正好形成“优势互补”，因此需要慎重选择树种，结合当地实际情况，满足实际要求，这是最基本的原则。比如行道树，希望其能够快速形成遮阴效果，所以一般选择速生树种，迁移后容易成活，修剪难度也较小。但是在公园庭院中，则应该以比较长寿的慢生树种为主，能够逐渐形成美丽的造景。

2.1.2 营造多样性

选择植物种类要遵循多样化原则，维持生态平衡，稳定城市环境，使其变得更好。可以将不同种类的植物融合在一起，通过综合配置达到要求，促进多样性的平衡。造景的设置首先要满足美观要求，与美学原则相一致，同时要兼顾生态要求，与生态学相统一。一般会选择乔木为骨架，将花卉点缀于其中，起到画龙点睛的效果。

草地往往也必不可少，充分利用藤本植物的形态，使它们合理地搭配在一起，形成完整的复层混交，维持长期稳定共生的关系，以此提高环境多样性和园林的自然度，从而得到较高的生态效益。许多科研单位在这方面进行了研究，从草本植物中选择合适的品种，着重培育，使其成为观赏植物，为植物的多样性奠定了基础，同时也带来了巨大的生态效益。

2.1.3 顺应地域特点

古人早在《齐民要术》中就明确了因地而制宜的原则，即根据地势情况种植树木，这样能够获得更好的效果。由此可见，植物的选择必须因地制宜，以当地的地理及气候条件为依据，确定适当的品种，这是选择园林植物的一项基本原则。在此原则下可以从两方面入手：首先要了解当地的地理条件，进行细致分析、充分调查，从多方面获取数据；其次就是对生态和植物进行充分了解，加强调查，这样才能选择合适的植物，更加适应当地的环境。一般来讲，乡土植物比较容易适应当地的土地条件，外来植物则不然，所以在大面积应用外来植物之前一定要做试验，确保万无一失才可以加以推广。对于一个城市来说，虽然地域特点具有相似性，但从细节来看不会完全相同，不同的场地必然会有所差别，土壤质地不同，水分存在差异，光照条件不统一，空气质量不一样，这些都是微气候的表现，如图 2–1 所示。这种情况就导致了城市中各个区域之间的区别，造景效果也会有所不同。对于场地特征来说，区别在于朝向的不同、地形的不同、现有资源的不同（例如，是否有水源，是否有大树，土壤是否适合植栽，等等）。在中国大部分地区，太阳每日行走路线为从东升起，略微向南偏移，最后沉落西方。因此，对于场地来说，其朝向就决定了日照的多寡，最佳的朝向应是坐北朝南；对于建筑环境来说，坐向应略微向西，这样可以保证每个房间都能晒到太阳，并根据朝向选择喜阳植物。

如果仅从该地区的气候条件来看，那么可选择植物较多，选择过程中就需要参照植物个体的习性，不同植物的要求不同，了解栽植植物的抵抗力，各种环境因素都会发挥作用，需要全面考虑、综合判别。经过上述过程，可以确定适合的植物种类，然后再进行适当选择。

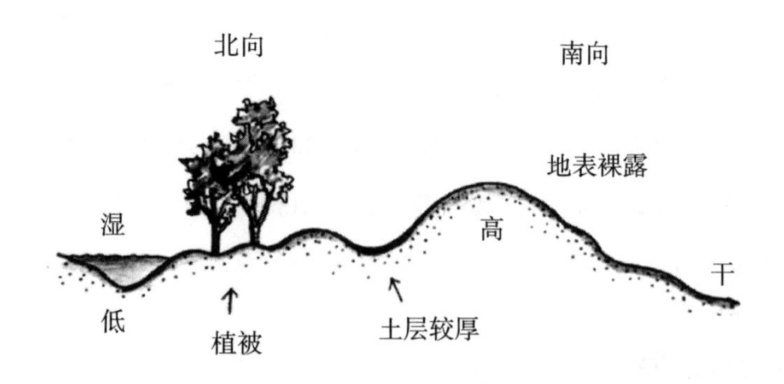

图 2-1 地形、朝向、地面资源不同造成微气候

2.1.4 尊重本土历史文化需求

任何城市都有自己的发展历史以及地域文化，这些可以在园林中体现出来。这就对植物造景的设计提出了更高要求，故而植物造景应当作为一门学科来研究。在设计前首先要了解当地的历史，查阅文献，将其融入设计当中，并且引入先进的技术手段，从多方面进行处理，从而对设计进行补充与完善。每个城市都有自己的特色，既可以体现在自然方面，又可以展现在文化方面。各地都有乡土树种，它们可以适应当地的环境与土壤，满足气候条件特征，因此在宏观角度上进行造景控制时，可以选择此类树种。微观层面上则需要引入多种手法，可以借鉴其他国家的经验，将造景效果和生态效果融合在一起，使二者更为协调，从而满足各种功能，并保留自身特色。总之，在植物造景中既要看到当地植物的风采，又要能够体味到文化的延续，同时要利用科技手段，还要融入先进的设计手法，这样的绿色造景才更富有吸引力，与时代相契合。

2.2 艺术性原则

植物造景的艺术性原则主要包括五方面内容，即整齐与统一、对称与均衡、对比与调和、韵律与节奏、比例与尺度。一个合理、美观、优秀的园林植物造景必须遵循这五个原则。

2.2.1 整齐与统一

整齐与统一原则，也称变化与统一或多样与统一原则。进行植物造景规划设计时，树形、色彩、线条、质地及比例都要有一定的差异和变化，显示多样性，但又要使它们之间保持一定的相似性，产生统一感。这样既生动活泼，又和谐统一。变化太多，整体就会显得杂乱无章，甚至一些局部让人感到支离破碎，失去美感。过于繁杂的色彩容易使人心烦意乱、无所适从。但平铺直叙、没有变化，又会单调呆板。因此要掌握“在统一中求变化，在变化中求统一”的原则。

运用重复的方法最能体现植物造景的统一感。如街道绿化带中的行道树绿化带，用等距离设计同种、同龄乔木树种，或在乔木下设计同种、同龄花灌木，这种精确的重复最具统一感。在一座城市中规划树种时，分基调树种、骨干树种和一般树种进行设计安排。基调树种种类少，但数量多，形成该城市的基调及特色，起到统一作用；而一般树种则是种类多，每种数量少，五彩缤纷，可丰富植物造景，起到变化的作用。

保持冬天常绿的裸子植物区或俗称的松柏园是造景统一的一面。松属植物都统一于松针、松果，但黑松针叶质地粗硬、浓绿，而华山松、乔松针叶质地细柔、淡绿；油松、黑松树皮褐色、粗糙，而华山松树皮灰绿、细腻；白皮松树皮白色、斑驳，而美人松树皮棕红、富有变化。柏科植物有鳞叶、刺叶或钻叶等，而塔形台湾桧、塔柏、铅笔柏，圆锥形的花柏、凤尾柏，球形、倒卵形的球桧、千头柏，低矮的匍地柏、鹿角桧，则体现出柏科植物的姿态万千。合理搭配这些植物，即可形成特色鲜明、四季常青的植物造景。

整齐与统一的美学特征是庄重、威严、气魄。在植物造景中，常大量种植单一的品种，或将外貌特征差异很小的几个品种一起种植来表现整齐与统一的美。这具体表现在园林植物造景中，如大片的草地、树林、竹林，以及整齐的行道树、绿篱等。整齐与统一原则植物配置立面效果如表 2-1 所示。

表 2−1 整齐与统一原则植物配置立面效果

原则	立面效果图
以重复的方法，将形态、种类相同的植物进行配置，表现植物的整齐与统一	

2.2.2 对称与均衡

对称与均衡是造景时植物布局所要遵循的重要原则。将体量、质地各异的植物种类按均衡的原则组成造景，其造景就显得稳定、顺眼。如色彩浓重、体量庞大、数量繁多、质地粗厚、枝叶茂密的植物种类，给人以凝重的感觉；相反，色彩素淡、体量小巧、数量较少、质地细柔、枝叶疏朗的植物种类，则给人以轻盈的感觉。对称与均衡原则根据周围环境，在设计时分为规则式均衡（对称式）和自然式均衡（不对称式）。规则式均衡常用于规则式建筑及庄严的陵园或雄伟的皇家园林中，如门前两旁设计对称的两株桂花，楼前设计等距离、左右对称的南洋杉、龙爪槐等，陵墓前、主路两侧设计对称的松树或柏树等。自然式均衡常用于花园、公园、植物园、风景区等较自然的环境中，如一条蜿蜒曲折的园路两旁，路的一侧若种植一棵高大的雪松，则另一侧可种植数量较多、单株体量较小、成丛成片的花灌木，以求均衡。

园林植物造景是利用各种植物或其构成要素在形体、数量、色彩、质地、线条等方面展现的量的感觉。这种植物造景有的展现对称均衡之美，有的展现不对称均衡之美。

对称均衡——规则式园林的构图呈各种对称的几何形状，其中运用的各种园林植物在各方面也均衡，会给人以不同的感受，身在其中充满庄重之感。自然式园林绿地中，常用对植的方式来强调公园、建筑、广场、道路的出入口。

不对称均衡——在自然式园林绿地中，植物造景通常表现为不对称均衡的美，自然、活泼，如一棵体量很大的乔木和一丛灌木对照配置。不对称均衡的植物配置平面与立面效果如表 2−2 所示。

表 2-2 不对称均衡植物配置平面与立面效果

原则	平面效果图	立面效果图
桥的一侧种植几株高大的针叶乔木，而另一侧则采用成丛的大灌木来美化，虽然体量不同，但却形成了完美的视觉均衡，呈现出高低错落的层次之美，属于不均衡对称的处理手法		

2.2.3 对比与调和

对比与调和原则，即协调和对比原则。进行植物造景时要注意相互联系与配合，体现调和的原则，让人产生柔和、平静、舒适和愉悦的美感。找出近似性和一致性，才能产生协调感。相反，用差异和变化可产生对比的效果，具有强烈的刺激感，让人产生兴奋、热烈和奔放的感受。因此，植物造景规划设计中常用对比的手法来突出主题或引人注目。

当植物与建筑物组景时要注意体量、重量等比例的协调。英国勃莱汉姆公园大桥两端各用 9 棵椴树和 9 棵欧洲七叶树丛植组成如一棵完整大树，与之相协调，高大的主建筑前用 9 棵大柏树紧密地丛植在一起，形成的外观犹如一棵巨大的柏树，与主建筑相协调。一些质地粗糙的建筑墙面可用粗壮的紫藤等植物来美化；但对于质地细腻的瓷砖、马赛克瓷砖以及较精细的耐火砖墙，则应选择纤细的攀缘植物来美化。我国南方一些与建筑廊柱相邻的小庭院中，宜栽植竹类，竹竿与廊柱在线条上极为协调。反之，庞大的立交桥附近的植物造景宜采用大片色彩鲜艳的花灌木或花卉组成大色块，才能与之在气魄上相协调。

在植物各种单独成景的要素特性中，越具有相近特性的，在搭配上越具有调和性，如质地中的粗质与中质、色彩中的相近色。相反，当属性间的差异极为显著时，就形成对比，如红色与绿色、粗质与细质等。植物造景中应用对比，会使造景丰富多彩、生动活泼、引人注目、突出主题；同时运用调和原理，能使造景统一和谐，衬托出美妙的植物造景。对比与调和原则植物配置平面与立面效果如表 2-3 所示。

表 2-3　对比与调和原则植物配置平面与立面效果

原则	平面效果图	立面效果图
将形态、种类完全不同的植物搭配在一起，产生强烈的对比效果		

形象的对比与调和，是指在植物造景中，需要考虑不同植物之间形象的对比与调和；体量的对比与调和，是指不同植物之间或同一种类不同树龄植物之间，往往在体量上存在很大差别，利用这个对比也可以体现不同的造景效果；色彩的对比与调和，是指色彩因搭配与使用的不同，会在人的心中产生不同的感受。

2.2.4 韵律与节奏

韵律本来是用来表明音乐和诗歌中音调起伏和节奏感的，但是从另一角度来看，韵律无处不在，在许多事物当中，无论是动态的还是静态的，都可以从中体会到韵律之美。

园林植物造景中同样会有节奏和韵律感。如在街道绿化中，行道树绿带或分车绿带，常等距离配置同种同龄树，在这同种树木之间配置同种同龄的花灌木等。这种配置方式虽然简单，却具有节奏和韵律感。在具体的植物造景种植设计中，韵律与节奏的运用要根据实际情况进行。杭州白堤上“间棵桃树间棵柳”就是一例。又如数十千米长的分车带，取 2km 为一段植物造景单位，在这 2km 中应用不同树形、色彩、图案、树阵等设计手法尽显其变化及多样，以后不断地进行同样的重复，则会产生韵律感。这种韵律与节奏易发生在规律变化的事物当中，也同样可以体现在园林设计当中，通过多种手法合理运用，创造出节奏和韵律美的园林绿地。韵律与节奏原则植物配置立面效果如表 2-4 所示。

表 2-4　韵律与节奏原则植物配置立面效果

原则	立面效果图
高大的乔木配置与后面起伏的林缘线很好地诠释了“韵律与节奏”的概念，其中乔木的配置属于“严格韵律”，而整体的构图则具有“自由韵律”的感觉	

2.2.5 比例与尺度

只有比例和尺度适合，才能使造景更为美好，使其在形体上富有变化，从而产生不同的质感，建立必然的联系。这种关系不一定要用数字来表示，它是属于人们感觉上、经验上的审美概念。

在植物种植设计中，首先要注意植物本身尺度与周围环境的比例关系。如在庞大的建筑物旁边，可以种植高大的乔木，使比例关系协调，并且使建筑物更好地融合于自然环境。在空间比较小的绿化环境中，常选择一些形体较小、质感较为细腻的乔灌木进行配置，使整个环境小巧而精致、虽小却不拥挤，使比例关系协调。在假山的植物配置中，要求植物的形体、枝叶较小，且是慢生树种，如五针松、羽毛枫、南天竹等小型乔灌木，以及一些枝叶较小的藤本植物如络石、迎春、凌霄等，以植物的小来衬托假山的大。比例与尺度原则植物配置立面效果如表 2-5 所示。

表 2-5 比例与尺度原则植物配置立面效果

原则	立面效果图
大型的园林空间必须应用高大的乔木进行绿化，能够与宽敞的造景空间相协调；而小型的园林空间就必须选择体量较小的植物以及适宜的用量与之匹配；小型庭院造景应用小规格的植物，如整形修剪的绿篱球和宿根花卉为主进行绿化，更显精致美观	 大型园林空间植物配置效果  小型园林空间植物配置效果

2.3 文化性原则

通过植物进行创作，是我国古典园林的特点。中国植物的栽培历史非常悠久，早在 7000 年前的河姆渡文化中，就已经有作为观赏的盆栽植物出现。在中华民族的灿烂文化中，很多诗、词、歌、赋和民间习俗都赋予植物人格化。人们借助植物来抒发自己的思想情感，寄托美好的愿望，从而使单纯的植物的形态美承载了更多内容，进一步得到升华，达到了意境美的高度。通过这种方式展现出的天人合一的理念，极具韵味。

我国古人在造园中对于植物的运用匠心独具，创造了具有鲜明民族特色和独特文化意趣的植物造景。我国古典园林中的植物造景受儒、释、道的思想影响很深。儒家思想主张以仁为本，以乐为熏陶，“仁者乐山，智者乐水”，注重人格的锤炼和品性的培养。而园林植物造景的营造在此基础上提出了意境，即将植物造景和欣赏者的思想感情融为一体，升华成情景交融的境界。禅宗主张“一切众生皆有佛性”，重视人的“悟性”。道家思想则强调自然和无为。通过植物造景的比德、比兴等手法，并将诗情画意写入园林，形成了园林植物造景中的意境、情境、画境，达到“虽由人作，宛自天开”的效果。比德是儒家的自然审美观，它主张从伦理道德（善）的角度来体验自然美，在植物造景中欣赏和体会到人格美。在特有的文化氛围中，人们总会寻找植物的某些内在特性，赋予文化的内涵，构成赏景、赏花与文化相关联的特有的传统审美方式。如以松柏的凌寒不凋比德于君子的坚强性格，“岁不寒，无以知松柏；事不难，无以知君子”；竹被喻为君子，虚心劲节，“未曾出土先有节，纵使凌云仍虚心”；同样被誉为“岁寒三友”之一的梅也是古来传颂的名花，陆游赞其“零落成泥碾作尘，只有香如故”；东晋陶渊明以爱菊著称，“怀此贞秀姿，卓为霜下杰”，比颂菊花高洁、卓尔不群；牡丹多被认为是“富贵花”，然而它不与百花众香争春斗妍，单选谷雨潮、百花盛开之后开放，“非君子而实亦君子者也，非隐逸而实亦隐逸者也”，象征中华民族虚怀若谷、谦虚礼让、宽厚容人的品格；再如荷花之出淤泥而不染，蜡梅之标清，木樨之香胜，梨之韵，李之洁，凡此种种，不胜枚举。

比兴是借花木形象含蓄地传达某种情趣、理趣，“比者，以彼物比此物也”，“兴者，先言他物以引起所咏之词也”。早在《诗经》中，人们在用比兴手法咏志、抒情时，就已引用了逾百种植物，这些植物渗透着人们的好恶和爱憎，成为某种精神寄托。如“维士与女，伊其相谑，赠之以芍药”“参差荇菜，左右流之。窈窕淑女，寤寐求之”，都是借植物表达爱慕之情。《楚辞》中也有赞美柑橘的《橘颂》——“后皇嘉树，橘徕服兮。受命不迁，生南国兮”，以比拟人的坚贞和忠诚。我国传统的花文化还赋予众多植物象征意义，如紫薇象征高官，桂花意为折桂中状元，桑梓代表故乡，竹报平安，石榴有多子多福之意，紫荆象征兄弟和睦，等等。这些花文化都在古典园林植物造景中得到了体现。

在现代园林设计中，我们应在继承发扬古典园林精华的基础上，结合新时代对植物造景的需求，融入现代文化。从植物规划的层面上看，市树、市花的应用对于保持和塑造城市文脉和特色具有重要作用。如北京的市树槐树、侧柏都是长寿的乡土树种，在旧城区和历代园林中种植较多，广泛应用于现代园林绿地中有助于体现古都风貌；而市花月季和菊花都是传统名花，装点城市的同时也赋予了植物造景深刻的文化内涵。此外，其他乡土植物的应用不仅符合科学性，也是最能体现地域文化的，如棕榈类植物是南国风光的代表，“生而千年不死，死而千年不倒，倒而千年不朽”的胡杨则构成了西部荒漠地区一道独特的风景线。引种驯化外来植物也是园林绿化中必不可少的一项工作。新优植物的应用可以丰富城市面貌，为传统文化注入新鲜血液。曾是“十里洋场”的上海中西文化兼容并蓄，充满异国风情的法租界离不开法国梧桐的点缀，现代园林中新优植物的应用也总是走在我国的最前沿。古树名木是一个城市历史的见证，是活的文物，加强对古树名木的保护和管理对于保护城市的文脉尤为重要。如北京潭柘寺有两棵植于辽代的银杏，被乾隆皇帝分别封为帝王树和配王树，至今已有千年树龄，仍枝繁叶茂，成为著名的人文造景。

在进行具体的植物造景时，要根据园林绿地的文化环境来选择相应的植物材料和配置形式。如作为纪念性公园或者陵墓等的环境中，植物配置的方式和植物材料的选择则要充分体现所要表达的环境，如烈士陵园庄严肃穆，植物配置多采用对植、列植，树木多采用冷色调树种，如松、柏类等；花木要选择开白色、蓝紫色花等。松柏苍劲古雅，不畏霜雪风寒的恶劣环境，严寒中挺立于高山之巅，具有坚贞不屈、高风亮节的品格，以表达烈士英魂不朽的设计立意。再如公园的儿童游乐区和幼儿园的种植设计要活泼有趣，多用鲜艳的彩叶植物如紫叶小檗、金叶女贞等修剪成绿篱或各种造型，以及叶形奇特的银杏、马褂木等，以满足儿童的好奇心。

2.4 生态学原则

近年来由于气候变化、环境污染等原因，人们对生态的重视度不断提高。在这种背景下，园林界提出了园林生态学理论，这种理论以人类生态学为基础，融汇造景学、造景生态学、植物生态学和有关城市生态系统等理论，研究风景园林和城市绿化影响范围内的人类生活、资源利用和环境质量三者之间的关系及调节的途径，并提出了园林生态设计的原则。园林种植设计是园林设计的重要组成部分，是以植物材料来营造具有视觉美感的造景，而具有美感的植物造景首先要符合植物的生态要求。在对环境要求日益提高、对生态效益和环境影响考虑日益增加的情况下，尤其需要把生态学的相关原则和发挥生态效益的思想融入设计中。

植物是园林要素的重要组成部分，它不仅能满足园林空间构成和艺术表现的需要，还可以为人们提供防风、降噪、保持水土、遮阳降温、防火抗灾等功能需求。绿色植物更是生态系统的初级生产者，是园林造景中极其重要的生命象征。在园林种植设计中，一定要以生态学为依据，最大限度地发挥“绿”的效益，具体可表现在以下几个方面。

2.4.1 重视提高绿地比例和绿化覆盖率

随着工业化迅猛发展，人类对自然资源进行掠夺性开发，同时城市人口急剧膨胀，造成大量自然造景被破坏，使得人类生存环境日益恶化。同时，随着时代的发展，人们的生活水平逐步改善，精神文化层次也相应提高，人们的审美情趣发生了变化，文化娱乐生活要求多元化，从而对美的认识较古代也有了较大的变化。古代园林中造景及赏景的标准常注重意境，不求实际比例，着力画意，对园林植物造景常以个体美及人格化为主；而现代人更偏重欣赏群体美，强调“有量才有美”。园林也由诸多皇家园林和私家园林转变为现代公园，其服务对象也由君王、地主或具有一定经济基础的文人雅士而转变为普通大众。现代公园对所有民众开放，各种公共绿地、游园几乎都遵循“以人为本”的原则，为人们创造出可居、可赏、可游的美学天地。

这种趋势反映在植物造景的营造中，表现为现代园林与古代园林相比，建筑比重在下降；皇家、私家园林中的建筑比例很大，园林中多以建筑来划分园林空间。而现代公园设计都有标准规范：综合性公园按其陆地面积计算，绿化面积不小于 70%，大型公园绿化面积不小于 80%。因为现代园林不仅是人们休憩游赏的优美环境，更是缓解人类对自然的破坏、改善生活质量的重要手段。

2.4.2 注重普遍绿化，重视生态效益

植物是有生命的个体，每一种植物对其生态环境都有特定的要求，在进行种植设计时必须首先满足植物的生态要求。如果植物种类不能与种植地点的环境和生态条件相适应，就不能存活或会生长不良，就更不能达到预期的造景效果。在种植的过程中选择与种植地生态条件相符合的植物时还应多考虑以乡土植物为主。因为它们在长期的生长进化过程中已对当地环境有了高度的适应性，这样种植才能发挥其所具有的生态效益，同时它们也是体现当地特色的主要植物材料。由于快速发展的城市化进程，城市硬质造景不断扩张，导致生态环境恶化，产生热岛效应。而缓解热岛效应以及改善生态环境，必须注重普遍绿化和生态效益。除了合理规划外，最主要的手段就是要加强大面积和大范围内的绿化效应，从而提高整体环境质量。以上海市为例，上海市一直人多地少，1949 年人均绿地面积为 0.12m^2，园林局当时既定的方针是“见缝插绿”；经过 50 余年普遍绿化，人均绿地面积从 3～4m^2 达到目前的 6.5m^2。而目前既定的方针是“规划建绿”，即有目的地规划绿地建设。如上海建成区内部拆迁扩绿建公园（徐家汇中心公园，黄浦江、苏州河两岸的环境改造等）；重要干道两侧的大型绿地林带建设，如城市规划的外环线外侧建 100m 宽林带，林带外侧（局部内侧）建 400m 宽的绿带，以此限定城市的无限发展，并结合绿带建设集团式绿地。全长 97km 的外环绿带在不同地段与城市内部的绿地通过绿色廊道联系，加强了外环绿带与城市内部的联系，起到很好的改善环境的作用；沿江两岸结合产业调整，将驳岸码头、深水码头等搬走，加强绿化，形成自然驳岸；市内开辟各种类型服务半径为 500m 的公共绿地，即居民小区方圆半径 500m 即可见到一个 3 万m^2 的绿地。近年来在市区南部规划海岸线长 10km、进深约 3km、整体面积约 30km^2 的“碧水金沙”，形成“水清、沙软、林密、景美”回归大自然优美环境的黄金岸线造景。这些变化是从“见缝插绿”到“规划建绿”过程中重视普遍绿化的重要见证。

2.4.3 复层混交群落，增加叶面积系数

园林种植设计必须要遵循生态学原理，建设多层次、多结构、多功能的科学的植物群落。建立人类、动物、植物相联系的新秩序，达到生态美、科学美、文化美

和艺术美。种植设计所构建的园林植物造景除了要有观赏性、艺术性，能美化环境，还要改善环境（包括通过植物的光合作用及蒸腾作用，来达到吸收和吸附飘浮物及有害物质、调节小气候的目的，同时利用植物的枝叶减弱噪声，防风降尘），最重要的是，它必须具有合理的生态结构配置，能够满足各种植物的生态要求，从而形成合理的时间结构、空间结构和营养结构，达到与周围环境组成和谐统一体的目的。因此，首先要在改善城市生态环境、在运用生态学原理和技术的基础上，借鉴当地植物群落种类组成、结构特点和演替规律，科学而艺术地进行植物种植。具体而言，就是要做到乔、灌、草的结合，高、中、低的搭配，利用植物不同的生态习性，在立面形成丰富的层次，从而在单位面积上有效地提高“绿量”，增加叶面积系数，从而增强改善环境的作用。另外，复层混交结构的群落，不仅能在视觉上形成丰富的变化，还能提供不同生物（动物）的生态位，从而可以形成植物、动物以及人类关系上的和谐。这里强调增加叶面积系数而组成复层混交群落结构，并非在种植设计中全部千篇一律地照此应用。为满足功能、造景所需，在一个绿地中除了复层混交群落外，还运用植物围合空间，形成疏林草地、林中空地、开阔草坪等满足人们对不同活动空间的需要。从绿化实践来看，北京城市隔离片林中基本以乔木为主，较少有灌木，下层多以野生地被及草坪为主，复层混交做得不够；而上海外环线绿地一般为乔木、中层小乔木、耐阴灌木（八角金盘、洒金东瀛珊瑚、南天竹、十大功劳等）和草本地被互相搭配，在垂直面上植物层次丰富，增加了叶面积系数，改善环境的生态效益显著。

2.4.4 重视生物多样性，尤其是植物种类的多样性

要组成生态健全、造景优良的复层混交群落结构，就要重视生物多样性，尤其是植物种类的多样性，要充分考虑到物种的生态学特性，合理选配植物，避免种间竞争，从而形成结构合理、功能健全、种群稳定的复层结构，以利种间互补，形成具有自生能力、可自我维护、能抵抗干扰的生态环境。

中国是“世界园林之母”，既在野生观赏植物种质资源上具有突出的生物多样性，又在城市园林建设中表现出良好的生物多样性，这不仅是园林建设可持续发展、保持园林外貌丰富多彩的物质基础，更是维系城市园林绿地系统长盛不衰的根本保证。

但是，我国又是一个观赏植物资源多样性受到威胁和严重破坏的国家。虽然在

城市园林建设中，自古以来就重视诗情画意、师法自然，注重天人合一，强调宏观上的“虽由人作，宛自天开”，但对细节上的生物多样性，包括植物之复层混交以及地面用植物覆盖等，则一贯重视不够。近数十年来，由于迅速追求园林绿化表面效果，以致珍稀、慢长植物日益罕见，在个体园林乃至整个城市园林绿地系统中，观赏植物种类与品种应用总数增长速度非常缓慢，生物多样性在应用中竟走向了反面。从我国城市园林生物多样性削弱的现状及其与国外多样性的对比来看，以北京为例，北京露地常见栽培应用的树木花草总计不过 300～400 种，近年略有增加，但很多新增种类尚无普遍应用。武汉、杭州、南京、大连、西安、沈阳等地情况与北京相似。上海原来园林生物多样性情况也很差，近年来不断注意改进，使其城市公私园林绿地植物总数已增至 800 种左右。而国外，一般每个城市均应用 2000～3000 种或更多的树木花草。以上只是若干不完全统计和粗略估计，但已对比强烈、触目惊心，足以提醒我们必须迅速给予极大重视。

2.5 经济性原则

城市的发展离不开各种资源，虽然绿色造景是重要的一部分，但是也会耗费大量资源，因此必须严格遵守经济节约原则。经济性原则就是做到在种植的设计和施工环节能够从“节流”和“开源”两个方面，通过适当结合生产以及进行合理配置，来降低工程造价和后期养护管理费用。“节流”主要是指通过合理配置、适当用苗来设法降低成本；“开源”就是在园林植物配置中妥善合理地结合生产，通过植物的副产品来产生一定经济收入。还有一点就是合理选择改善环境质量的植物，提高环境质量，也可增强环境的经济产出功能。但在“开源”和“节流”两方面的考虑中，要以充分发挥植物配置主要功能为前提。

2.5.1 合理选择树种来降低成本

2.5.1.1 节约并合理使用名贵树种

在植物配置中应该摒弃名贵树种的概念，园林植物配置中的植物不应该有普通和名贵之分，要以最能体现设计目的为出发点来选用树种。所谓的名贵树种也许具有其他树种所不具有的特色，如白皮松，树干白色（愈老愈白），而其幼年生长缓慢，所以价格也较高。但这个树种的使用只有通过与大量的其他树种进行合理搭配，才能体现出该树种的特别之处。如果园林中过多地使用名贵树种，不仅增加造价，造成浪费，而且使得珍贵树种也显得平淡无奇。其实，很多常见的树种如桑树、槐树、悬铃木等，只要安排管理得好，可以构成很美的景色。如杭州花港公园牡丹亭西侧的 10 余株悬铃木丛植，具有相当好的造景效果。当然，在重要风景点或建筑物迎面处等重点部位，为了体现建筑的重要或突出，可将名贵树种酌量搭配、重点使用。

2.5.1.2 合理保留原有树木

在进行园林种植设计的过程中还要综合考虑众多因素。要考虑保留现场，尽力保护现场古树、大树。改造绿地原地貌上的植物材料应大力保留，尤其是观赏价值高、长势好的古树、大树。古树、大树一方面已经成材，可以有效地改善周边小环境；另一方面其本身就是设计场地历史的缩影，很好地体现了历史的延续性。因此要尽力保护好场地内现有的古树、大树。同时，保留现场的树木可以减少外购树木数量，也是经济性的重要体现。

造景营造难免需要移植植物，但是这一过程有可能造成更大伤害，因为植物在移植时离开了原有环境，养分有可能流失。新环境与原有环境存在差异，对生长产生影响，处于停顿和缓慢的状态，这些都不利于造景的营造。上述问题尤其体现在大树移植上，因为体积较大，移植难度相对较高，对各方面要求较多；大树的生存能力较差，移植后不易存活。针对上述情况，可以考虑适当地保留原有树木，维持造景的完整性。这些都要纳入设计当中，早期就应该考虑进去，再在此基础上展开进一步规划。

2.5.1.3 以乡土植物为主进行植物配置

乡土植物主要是指原产于本地的植物，或者有可能是以往引进的品种，但是在本地生长时间较长，已经适应了当地的环境，能够在现有的土地气候下很好地生长。乡土植物优势较为显著。各地都具有适合本地环境的乡土植物，其适应本地风土能力最强，而且种源和苗木易得，以其为主的配置可突出本地园林的地方风格，既可降低成本又可以减少种植后的养护管理费用。当然，外地的优良树种在经过引种驯化成功后，已经很好地适应了本地环境，也可与乡土植物配合应用。

乡土树种是经历了漫长的时期而被沉淀下来的植物，适应当地的气候与土壤条件，生存能力较强，因此适合园林绿化，成为主要的种类，这样可以保证成活率，确保绿地苗木能够相对稳定，同时也能反映出当地特征，体现出当地的特色。乡土树种本身不需要长远运输，大大降低了成本，种植费用也可以控制，经济性较强，既能够保证园林造景的档次，又能够有效控制花费，性价比较高。因此，可以大量开发与栽培乔木、灌木及草本植物等乡土树种，用于该地区城市绿地建设。

2.5.1.4 合理选用苗木规格

对于栽培要求管理粗放、生长迅速而又大量栽植的树种，考虑到小苗成本低，应该较多应用。用小苗可获得良好效果时，就不用或少用大苗。但重点与精细布置的地区应当别论。另外，当前种植中往往使用大量的色块，需考虑到植物日后的生长状况，开始时不要过密栽植，采用合理的栽植密度，可合理地降低造价。

2.5.1.5 适地适树，审慎安排植物的种间关系

城市的发展趋势是越来越向绿色生态看齐，将与城市发展方向一致的植物配置造景保留下来，这样才能带来长期生态效益。在植物配置方面可以将多种植物引入其中，达到互补的作用，从而提高群落生态效益，使其达到最大化，并且能够长期稳定。稳定性对于植物造景来说至关重要，也是其保持长期生态效益的根源所在。

根据栽植环境的当地条件来选择适宜的植物，避免因环境不适宜而造成植物死亡；合理安排种植顺序，避免无计划的返工，同时合理进行植物间的配置，避免几年后计划之外的大调整。至于计划之内的调整，如分批间伐“填充树种”等，则是符合经济原则的必要措施。

2.5.2 注重改善环境质量的植物配置方式

园林植物具有多种功能，如环境功能、生产功能以及美学功能，进行园林种植设计时，在实现设计需要的功能的前提下，即达到美学和功能空间要求的前提下，可适当种植具有生产功能和净化防护功能的植物材料。

当今日益重视环境，人为环境也是一种生产力，良好的环境也是一种重要的经济贡献。而且植物所具有的改善环境的功能，也有很多人对其进行了经济上的核算，不管其具体结果如何，可以肯定的是通过植物的吸收和吸附作用，其改善环境的作用能减少采用其他人工方法改善环境的巨大投入。因此，在保证种植设计美学效果和艺术性要求的前提下，合理选择针对主要环境问题具有较好改善效果的植物，如

厂区绿化中多采用对污染物具有净化吸收作用的树种，其实就是一种经济的产出，这也应该是经济原则的体现。

2.5.3 利用高标准艺术效果节省成本

植物造景配置方面的设计，各个城市有不同特点，但许多地方品质不高，这也是一个问题。城市的发展带来了更高要求，植物造景设计中要提高品位，这样才能满足人们的需求，带来视觉的冲击，为更多人所欣赏，获取更好的艺术效果。对于一些低品位的造景，应该尽量加以摒除，否则难以维持较长时间。经典的设计为人们所喜爱，所以出来的效果是永恒的，重复的低品位建设会造成巨大浪费。例如，虽然草坪是许多城市装饰中的一部分，但是其高昂的养护费用一直被人们所诟病，如果长期经营，那么这部分的费用需要认真考虑。设计中应用木质类地被，在美观的同时也兼顾了经济性，作为点缀，可起到画龙点睛的作用。

第3章　园林植物概述

3.1　园林植物的分类与造景

3.1.1 特征分类与造景

对植物进行分类，主要是便于对植物进行识别和应用。根据植物的生长类型，可将植物分为木本植物和草本植物。

3.1.1.1 木本植物

木本植物根据特征不同，又可分为乔木类、灌木类、竹类、藤本类、匍地类。

（1）乔木类

一般来说，乔木植物体形高大，主干明显，分枝点高，寿命比较长，如二球悬铃木、榉树、银杏、香樟、桂花等。根据体形高矮的不同，乔木常分为大乔木（20m以上）、中乔木（8～20m）和小乔木（8m以下）。按其冬季是否落叶可将乔木分为常绿乔木和落叶乔木两类。叶形宽大者，称为阔叶常绿乔木和阔叶落叶乔木；叶片纤细如针或呈鳞形者，则称为针叶常绿乔木和针叶落叶乔木。

①针叶乔木。针叶树一般指松柏类树木，有常绿针叶树也有落叶针叶树。

常绿针叶树色彩一般偏绿灰色，带有沉着、庄重、严肃的视觉感受。高大的针叶乔木，树姿挺拔高耸，富有雄壮的气势，因此，针叶树一般适合于在庄严肃静的场合下配置，如政府办公楼周围的庭院、学校校园、有历史意义的博物馆和纪念馆等环境。它营造出的气氛是一种独特的宁静、怀念、永久、深沉的情感。常用的树木有黑松、雪松、五针松、马尾松、罗汉松、铁杉、金冠柏、龙柏、桧柏、蜀桧、圆柏等。

落叶针叶树色彩大多数偏黄绿色，如水杉、落羽杉、金钱松等。与常绿针叶树相反，落叶针叶树具有明亮、活泼的个性。

针叶乔木耐干燥，病虫害少，群植可抗风沙、防噪声，形成独特的“绿色墙壁”。

②常绿阔叶乔木。常绿阔叶乔木种类很多，在绿化环境中起着重要作用。常绿阔叶乔木作为街道树木可以减少落叶的清扫。

常绿阔叶乔木树姿丰富，有开花树，有结果树，具有一定的观赏价值。常见的开花树木有广玉兰、桂花、厚皮香、红花木莲、山茶、月桂树等；结果树有铁冬青、石栎、乌冈栎、青冈栎、厚皮香、女贞树、珊瑚树等。常绿阔叶乔木的树叶也丰富多彩，如罗汉松的新叶带有粉绿色，红叶石楠的新叶是红色，柊树的叶片像被剪出了棱角一样等，都具有观赏价值。

③落叶阔叶乔木。落叶阔叶乔木的特性是富有一年四季的变化美，可以说它是季节的传讯大使。春天树枝新芽吐露，嫩绿的色彩给人们带来一种明亮、清新、舒展、美丽的感受；夏天树叶丰满，呈现浓绿之美，给人们带来一片舒适的阴凉；初秋是落叶阔叶乔木的色彩世界，叶色十分丰富，给人们带来了热烈、兴奋、温暖的情调；冬天是观赏落叶阔叶乔木的树干、树枝、树姿的季节，特别是雪后银装素裹的树姿景色，格外令人流连忘返。

落叶阔叶乔木一般比常绿阔叶乔木具有更好的观赏价值。果树大多数都是落叶树，果树一般都开花、结果。与常绿树相比，观赏层次要丰富得多，可观嫩芽、观花、观果、观叶、观树姿等。

落叶阔叶乔木与常绿阔叶乔木相比，树枝显得柔软、轻盈、美丽，富有丰富多彩的姿色，是比较理想的造景植物。但是，落叶会给清扫带来麻烦。有的造景需要落叶的气氛和感觉，有的造景却不需要落叶，这得根据具体情况具体对待，如游泳池旁、喷泉边就不适合落叶树的配置。常用作秋季观赏叶色的落叶树有榉树、七叶树、枫叶、枫香、银杏、黄连木等。

（2）灌木类

灌木植物是指没有明显的主干、呈丛生状态，或自基部分枝的木本植物，如海桐、连翘、金叶女贞、火棘等，按其冬季是否落叶可分为常绿灌木、落叶灌木两类，依其体形高矮分为大灌木（2m 以上）、中灌木（1～2m）和小灌木（1m 以下）。它的特性是增添栽植的层次感，可起到空间划分、分隔植物带的作用，还可以装饰路边起到导向作用。灌木的配置可以填补乔木树干光秃单调、缺乏层次的不足。

①常绿灌木。常绿灌木品种较多，树枝较落叶灌木坚硬，适合修剪成形，通常被人们用作绿篱。一般小灌木高低尺寸接近人的上下尺度，围绕在人们的身边，令人有一种融于自然的亲和感。常用的树木有女贞、黄杨、栀子花、金丝桃、火棘、海桐、茶梅、鹅掌藤、八角金盘、杜鹃、冬青等。

②落叶灌木。落叶灌木的树枝一般秀而长、柔软，枝条下垂，十分优美，花色花形也多种多样，如迎春花、雪柳、金雀花、连翘等。它们是点缀广场、草坪和衔接乔木层次的好材料。落叶灌木对自然形态的布局尤其擅长，群植比孤植要显特色，孤植一般做庭园边角的点缀运用较多。落叶灌木在衬托造景建筑小品上也非常出色，不仅可以柔化生硬的建筑，还可以装饰美化造景建筑，加强造景整体美感。

（3）竹类

竹类属乔木本科，是特殊的树木类型。竹类主干清晰直立，竿节分明，节间内空，如毛竹、佛肚竹、黄皮刚竹、花竹等；也有灌木竹类，如维奇赤竹、菲白竹、五叶竹等。竹一直是中国文人喜爱的植物，被赋予“清高亮节”的性格特征，而成片栽植的竹类给人们带来洁净、清爽、宁静之感，具有独特的高雅之美。

（4）藤本类

藤本植物一般指不能直立生长，必须依附一定物体攀缘的植物类。藤本植物有常绿藤本，也有落叶藤本。常绿藤本植物有常春藤、长春蔓、鸡血藤、扶芳藤等。落叶藤本植物有凌霄花、紫藤、葡萄、爬山虎、五叶地锦等。藤本植物的攀缘性是它的特征。人们利用这种攀缘性，搭建不同的框架就可使植物整体形状变化无穷，从而丰富造景形态。藤本植物可以在立面上做文章，也可以在立体空间上发挥优势。藤本植物的依附物成了藤本植物造型的关键。藤本植物的依附物有的是可用来划分空间的立面花架，多数是立体花架，可用作人们夏天纳凉的凉亭或一般的休息亭。

3.1.1.2 草本植物

（1）草花类

草花类属草本类，有一年生、二年生和多年生的草花，还有宿根草花、球根草花。

①一年生草花。从早春播种，经萌芽生长，夏秋季开花，秋季种子成熟，整个周期在当年完成，到冬季植物枯死而生命结束，这样的草花称一年生草花，如凤仙

花、鸡冠花、青箱、千日红、醉蝶花、向日葵、金鸡菊、天人菊、孔雀草、万寿菊等。

②二年生草花。秋季播种，经过短期的低温（0℃～10℃）春化阶段促进花芽分化，于翌年春季开花，夏秋季结籽，之后植物自然衰亡，整个周期是跨年度完成的草花类称二年生草花。如风铃草、羽衣甘蓝、诸葛菜等。

③多年生草花。凡生命过程需两年以上才能完成的草花类统称多年生草花植物（包含宿根花卉），如葱兰、朱顶红、石蒜、百子莲、石竹、玉簪、红花酢浆草、白花三叶草等。

④宿根草花。植物当年开花后，地上的茎叶全部枯死，地下的根或茎却进入休眠状态，翌年春季继续萌芽生长，生命可延续多年的草花类称宿根草花。如萱草、火炬花、马齿牡丹、花毛茛、桔梗、五星花、紫松果菊等。

⑤球根草花。植物的根与地下茎发生变态而膨大成球形或块状的草花均称球根草花，如水仙、郁金香、凤仙子、香雪兰、百合等。

草花的形与色是构造造景、点缀环境气氛的最好元素。利用不同的草花进行形与色的艺术组合、巧妙搭配，会产生不同的植物造景视觉效果，可以有效提高其观赏价值。不同的草花有不同的观赏价值，除了选择观赏价值高的植物以外，还需要考虑选择生性比较强健的花草植物，这样的植物一般也是常用的植物，价格比较便宜。

（2）地被类

地被，一般指低矮的草本植物，包括匍匐的爬藤植物。以草坪为代表的地被种类很多，有四季常青的高羊茅草类，也有随着季节变换的巴根草类，如百慕大草、假俭草、地毯草、马尼拉草等，还有一些国外引进的草类。草坪的大面积铺植，可以给环境增添明快、宽敞、宁静、舒适之感，为人们提供视野开阔的空间，为孩子提供安全的活动场地。

匍匐的爬藤植物以柔软风格见长，花色品种也较繁多，如常青藤、黄金葛、大吊竹草等，草姿多样，色彩丰富，在打造环境气氛上起到一定的作用。有时根据需要，还可以配置不同的花草弥补大草坪一览无余的缺陷，增添植物配置的层次，使草坪更富于韵律和立体感。

地被植物的特性是固定土壤、涵养水分、抑制灰尘的飞扬、减少暴雨冲刷后的地表径流，大片的地被植物还能对净化空气起到一定的作用。茂盛的大草坪像天然地毯，有舒适明快的感觉。一般强健而不怕踩踏的草坪更受欢迎，是人们理想的休闲地。柔软而平坦的大草坪为孩子们初次学走路、玩耍提供了安全场所，是孩子们喜爱的天地。因此，草坪在造景园林设计中占有一定的位置，在居住密集的城市中更加显现出草坪的优势。大草坪的视觉心理特征是开阔、畅快、豪爽。

3.1.1.3 水生植物类

水生植物指在水中生长的植物，如荷花、睡莲、水葫芦、菱角等。水生植物的特性是生长在水中，漂浮或直立在水面上，为水面提供较好的装饰效果，还具有净化水质的功能。无论是植物的形态还是色彩，倒映在水面上都十分美丽。偶尔微风吹来，水面泛起漪涟，风把水面清晰的倒影轻轻吹散，十分浪漫；风停水如镜，多姿多彩的水中倒影又恢复了。这种变幻，不仅装扮了水面景色，更显现了水生植物独特的宁静之美。

如今水生植物已被广泛运用到植物造景中。有些水景池中还利用了容器栽植法，把栽植好的水生植物容器藏于水中，使水生植物限制在池内一个固定的范围内，起到水景布局的点缀作用。这种方法的使用展现了水景植物新的形态和新的场面，同时也便于人们栽培和管理。

3.1.2 观赏分类与造景

3.1.2.1 林木树

适合成片栽植，形成小森林式风景的树木为林木。林木树的特点是树干直立，高大挺拔，树冠丰满，如雪松林、白桦林、水杉林、柏树林、竹林等。人工造风景林一般以单一树种为主，用群植方式，栽植成独特的小森林风景。小森林可以引来鸟类在此停留筑巢。小森林中可设置弯弯曲曲的小路，供人们穿行，人们可以在观赏森林自然的同时，聆听到悦耳的鸟鸣，融入大自然的美感令人感到十分惬意和愉快。阳光下的小森林是氧气充沛的地方，人们常来小森林中漫步吸氧，会使精力充沛、精力旺盛，有益于身心健康。

风景林可以是自然式的，也可以设计成规整式。规整式小森林在城市办公楼群、商业中心、城市广场中也许更为适合，因为规整式的风景林的方向感比较清楚，不易迷路。林中可以设置与林木结合的座椅，供人们休憩。规整式风景林的特色就是体现整齐有序的美，与城市格局比较相符。

3.1.2.2 花木树

花色灿烂，花形美丽，花期较长，具有观赏价值的乔木、灌木均为花木树。一般的树木都有开花期，但有的树开的花很小、不显眼，几乎不被人们发现，因此不能称为花木树。花木树的花具有观赏价值，如梅花、樱花、茶花、紫薇、白玉兰、紫玉兰、丁香、四照花、山茱萸、泡桐、合欢、栾树、银荆树、槐树、木槿、夹竹桃、紫荆、结香、琼花、木绣球、迎春花、连翘、金雀花、紫藤、蔷薇、木香、凌霄花、麻叶绣线菊、雪柳、海棠、杜鹃、棣棠、八仙花、月季、玫瑰、牡丹、芍药等。

花木树可孤植，也可群植。孤植一般在小庭院内比较合适。在公共环境里，广场绿地、公园等较空旷的地带群植比较容易达到造景效果。

3.1.2.3 果木树

一般称可观可食的果实树木为果木。果木一般在开花期也具有观赏价值。果实不仅美丽可爱，还可以食用。如桃树、梨树、杏树、李树、枇杷树、橘子树、柿子树、山楂树、石榴树、金橘树、柠檬树、樱桃树、枣树、无花果树、银杏等。随着中国旅游业的发展，一些山村、农村也开辟了旅游加采摘苹果、梨子、山桃、葡萄等大众参与的活动项目，以此丰富了旅游内容，让游客不仅观赏到满枝果实累累的美丽造景，体会到亲自采摘果实的乐趣，还能品尝到果实的香甜。果木风景林具有花木风景林的观赏特点，因为大多数果木结果前都有开花期，花也非常漂亮。如：梨树的花是白色的，梨花盛开时满树白花，像雪一样洁白；桃花有玫瑰红、粉红色，开满枝头时也十分灿烂艳丽等。果木树在庭院中的配置一般以点栽为主，可观花、可观果、可食果，可丰富庭园的观赏内容。

果木树也是鸟类喜爱的树木。如果想把花园变得鸟语花香，可以选择栽植一些鸟类喜爱的果木树，如桑树、荚蒾、珊瑚树等，可引诱鸟类常来光顾。还可以放一些人工制造好的鸟窝小房子，吸引小鸟来花园内停留做窝，以此增添花园的热闹气氛。

3.1.2.4 叶木树

以观赏叶色叶形为主的树木称叶木树。观赏叶色除了叶的花纹和秋叶色彩以外，有些植物的新叶也具有观赏价值。如红叶石楠、山麻杆的新叶是红色的，罗汉松的新叶是粉绿色的。秋季树叶有观赏价值的常见树木有红枫、银杏、鸡爪槭、红叶李、七叶树、黄连木、红叶羽毛枫、枫香、元宝枫、密花槭、榉树、夏茶、橡皮树、马褂木、南天竹、小叶黄杨等。终年可以欣赏的斑纹花叶树木有花叶女贞、东瀛珊瑚、红背桂、小蜡树、菲白竹、洒金珊瑚、驳骨丹、六月雪等。叶形比较特殊的树木有马褂木、枫叶、合欢、羽毛枫、鸡爪槭、罗汉松等。

叶木树以观叶为主，可群植，也可孤植，要看树木的大小及栽植空间的大小和形态确定适当配置。庭院小，可以点栽；空间大，空旷地带可群植。这样树木的观赏特点比较集中，观叶效果更好，色彩气氛浓烈，视觉开阔醒目。

3.1.2.5 芳香树

芳香树一般都是花木，开花期间散发出独特的芳香气味。如蜡梅、桂花、海桐、九里香、米兰、茉莉花、白兰花、瑞香、六月雪、栀子花、含笑等。

芳香树一般成片栽植效果比较好，香味较为集中。如果想追求清淡的花香，可用散点的方式穿插栽植，这种分散布局可减弱植物浓香过于集中的现象。当然，具体情况具体对待，有的植物花香比较清淡，贴近时才能闻到；有的花香很浓，远处就能闻到。可以把清淡的花香植物集中栽植，让它于空气中飘香；把浓香的植物做点缀栽植。这需要对各种植物花香的浓淡度有所了解，才能配置好造景植物，有效地发挥植物的个性和特色。

3.1.3 用途分类与造景

3.1.3.1 成荫树

成荫树主要指乔木，一般指树冠大，树叶分布较密，可遮阳成荫的高大树木，包括常绿和落叶乔木，如香樟树、悬铃木、梧桐、合欢、银杏、槐树、枫杨、榉树、枫香、栾树、朴树、榆树、银荆树、石栎、毛白杨、元宝枫、泡桐、七叶树、鹅掌楸等。

成荫树具有遮阳的特点，在街道、小区、广场造景植物设计中运用较多。有效地发挥植物的功能与作用，是设计师坚持“以人为本”设计的基本原则。比如，在一些公共环境中选择落叶遮阴树与公共座椅相结合栽植，人们坐在公共座椅上冬季能晒太阳，夏季能遮阳，这样不仅发挥了落叶遮阴树的特点，同时也体现了人性化设计的意义。

3.1.3.2 行道树

行道树是沿街整齐排列栽植的树木，主要功能是划分快慢车道、人行道的行走空间，起导向作用。行道树虽然也有遮阳的要求，但还有自身的要求和布局特点。行道树一般有两种配置类型，即实用型与装饰型。实用型行道树一般指成荫的树种，树冠大可遮阳成荫，尤其夏天在树下可感到成荫的清凉舒畅，如香樟树、悬铃木、梧桐、合欢、银杏、槐树、枫杨、榉树、枫香、栾树、朴树、榆树、银荆树、石栎、臭椿、毛白杨、元宝枫、泡桐、七叶树等。装饰型行道树的配置主要是为了装饰美化城市和街道。一般选用装饰效果较强的树木，如以叶色叶形、花色花形、树形为特征的树木。装饰型行道树的配置有乔木也有灌木，花木用在步道为多。常用的树木有雪松、龙柏、水杉、杜英、红叶李、晚樱、香椿、龙爪槐、花石榴、黄杨、石楠、海桐、女贞、鹅掌楸等。

行道树植物设计要注意到一些果木树不适合栽植，果实成熟后会有过路人采摘，因而会引发交通事故，影响交通安全，有很大的交通隐患。还有，街道马路边的行道树果实长期被汽车尾气污染，不宜食用，为此选择行道树要避免选择果树类。

3.1.3.3 庭院树

庭院树即庭院中常种植的树木，一般指观赏部位较多、观赏价值较高的树木。观赏部位较多的树木有栾树（花与果）、火棘（花与果）、洒金桃叶珊瑚（叶与果）、八角金盘（叶与花）、阔叶十大功劳（叶、花、果）、紫薇（花叶与树干）、红花檵木（花与叶）、枸骨（叶与果）、南天竹（叶与果）、椤木石楠（新叶与花）等。另外，花木与果木均为庭院中常用树。而针叶树一般管理简单，耐旱耐贫瘠，色彩及树形都比较特殊，是西方人常用的庭院树种。近年来，受西方文化的影响，人们也把针叶树纳入了庭院树中，如雪松、侧柏、蜀桧、铺地柏等。

3.1.3.4 纪念树

纪念树一般是可以长大成材的，如建校纪念、建厂纪念等，以树木见证，作为建立单位后的历史纪念。如黑松、香樟、女贞、银杏、榉树、槐树、榕树、朴树、铁冬青、榆树、广玉兰等。一些有条件的家庭也会为了纪念孩子的出生日，在院子里栽植一棵纪念树，让孩子随着树木的生长而生长，体会到岁月的流逝。这种个人纪念树一般是根据家长的喜好来选择的，比如桂花树就是人们常用作出生纪念的树。出于吉祥之意，由“桂”的谐音而称作“贵子”。再如柿子树可谐音为“事事如意”，也是吉祥语意，因此赢得了人们的喜爱，传承至今。

3.1.3.5 绿篱树

绿篱树的特征一般是耐修剪的植物，树冠上下较均匀，适合排列密植，形成绿篱。按植物观赏特性，绿篱可分为彩叶篱、花篱、果篱、枝篱、刺篱等。绿篱的作用是分隔空间，也可起导向作用。常用的绿篱有小乔木，也有灌木。小乔木有石楠、珊瑚树、龙柏、茶梅、长梗冬青、柃木等。灌木有海桐、女贞、黄杨、九里香、火棘、矮紫杉、鹅掌楸、驳骨丹、大花六道木、瑞香、金叶女贞、十大功劳、六月雪等。选择植篱树种应该是具有萌芽力强、发枝力强、愈伤力强、耐修剪、病虫害少等习性的小乔木或灌木常绿植物。一般落叶乔木不做绿篱使用。

针叶树适合做绿篱，紧密的针叶具有针刺严谨感，老的针叶坚硬刺人，适合做防范绿篱，但不宜在小学和幼儿园内栽植，易刺伤幼儿的手，因此在设计时应该特别留意。

阔叶常绿树种类较多，却有不同的视觉效果。花篱，有花色花期的不同，还有花的大小形状、香味等差异；果篱，除了果实有大小、形状、色彩的不同外，还可引来鸟雀的光顾。总之，栽植绿篱要根据设计的实际需要，不能凭主观想象决定。绿篱可分为自然式和整形式，前者一般只施加少量的调节生长势的修剪，后者则需要定期进行整形修剪，以保持整齐的几何形体块，维持像墙体一样的外貌。

3.2 园林植物的应用功能

园林植物造景，不仅可以改善生活环境，为人们提供休息和进行文化娱乐活动的场所，而且还为人们创造游览、观赏的艺术空间。它给人以现实生活美的享受，是自然风景的再现和空间艺术的展示。园林植物除有净化空气、降低噪声、减少水土流失、改善环境以及防风、庇荫的基本功能外，在园林空间艺术表现中还具有明显的造景特色，而且具有陶冶情操、文化教育的功能。某些园林植物的种植还能带来一定的经济效益。

3.2.1 空间构筑功能

作为重要的园林实体要素，植物在造景营造过程中发挥着重要的作用。有生命的绿色植物是一种有生命的构建材料，除了能做设计的构成因素外，还能使环境充满生机和美感，是设计要素中的“活要素”，为造景提供灵感变化。

植物以其特有的点、线、面、形体以及个体和群体组合，形成有生命活力的、呈现时空变化性的复杂动态空间，这种空间具有的不同特性令人产生不同的视觉感受和心理感受，这正是人们利用植物形成空间的目的。在进行室外造景时，植物的空间构筑功能是应该优先考虑的，植物不仅可以限制空间、控制室外空间的私密性，还能构建空间序列和视线序列。

3.2.1.1 植物空间的特点

营建户外空间时，植物因其本身是一个三度空间的实体，故能成为构建空间结构的主要成分。由于植物的性质迥异于建筑物及其他人造物，所以界定出的空间个性，也异于建筑物所界定的空间。植物在构建空间过程中会呈现出因自身生长变化而形成的不同于其他人造物的软质性空间；因枝叶疏密程度不同，形成声音、光线及气流与相邻空间的相互渗透性空间；因常绿、落叶植物的生理特征，形成随季节更替的变化性空间；因不同植物所特有的文化象征性，形成丰富多样的文化性空间。因此，进行植物造景时，可充分发挥植物空间的特点，创造多样有机的柔性空间，丰富室外空间的构成类型，加强外部空间的亲和性。

3.2.1.2 植物空间的类型

植物构成空间的三个要素是地面要素、立面要素和顶面要素。在室外环境中，应选用恰当的方式将这三个要素以各种变化配合设计，相互组合形成各种不同的空间类型，给人以不同的心理感受及空间感。所谓空间感是指由地平面、垂直面，以及顶平面单独或共同围合成的具有实在的或暗示性的围合，即人意识到自身与周围事物的相对位置的过程。植物具有的各种天然特征，如色彩、形姿、大小、质地及季相变化等，可以形成各种各样的自然空间，与其他的造景要素搭配、组合，就能创造出更加丰富多变的空间类型。

3.2.1.3 植物组织空间

在植物造景的设计过程中，设计师除能用植物材料造出各种有特色的空间外，还应具备利用植物构成互有联系的空间序列和利用植物解决现状条件带来设计影响的能力，通过与其他设计要素的相互配合，共同构成空间轮廓，营造出变化多样、类型丰富的外部空间。

3.2.1.4 植物的空间拓展功能

在造景时，可借助植物运用大小、明暗对比的方式，创建室内外过渡型空间，使室内空间得以延续和拓展。例如，利用植物具有与天花板同等高度的树冠，形成覆盖性的方向空间，使建筑室内空间向室外延续和渗透，并在视觉和功能上协调统一，见图3–1。

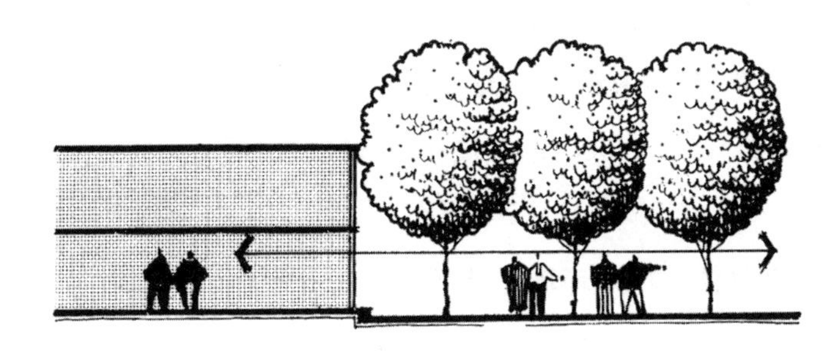

图3–1　树冠构筑的“屋顶”拓展了建筑空间

3.2.2 生态功能

园林植物是城市生态系统的第一生产者，在改善小气候、净化空气和土壤、蓄水防洪，以及维护生态平衡、改善生态环境中起着主导和不可替代的作用。

3.2.2.1 改善城市小气候

（1）调节气温。树木有浓密的树冠，其叶面积一般是树冠面积的20倍。太阳光辐射到树冠时，有20%～25%的热量被反射回天空，35%的热量被树冠吸收，加上树木蒸腾作用所消耗的热量，使得树木可有效降低空气温度。据测定，有树荫的地方比没有树荫的地方温度一般要低3℃～5℃；在冬季，一般在林内比对照地点温度提高1℃左右。

（2）增加空气湿度。据测定，每公顷阔叶林比同面积裸地蒸发的水量高20倍。每公顷油松林一天的蒸腾量为43600～50200kg。宽10.5m的乔木林带，可使近600m范围内的空气湿度显著增加。

（3）控制强光与反光。应用栽植树木的方式，可遮挡或柔化直射光或反射光。树木控制强光与反光的效果，取决于其体积及密度。单数叶片的日射量，随着叶质不同而异，一般为 10%～30%。若多数叶片重叠，则透过的日射量更少。

（4）防风。乔木或灌木可以通过阻碍、引导、渗透等方式控制风速，也因树木体积、树形、叶密度与滞留度，以及树木栽植地点，而影响控制风速的效应。群植树木可形成防风带，其大小因树高与渗透度而异。一般而言，防风植物带的高度与宽度比为 1∶11.5 时以及防风植物带密度在 50%～60%时防风效率最佳。

3.2.2.2 净化空气

（1）维持空气中二氧化碳和氧气的平衡。园林植物在进行光合作用时，大量吸收二氧化碳，释放氧气。通常情况下，大气中的二氧化碳含量约为 0.032%，但在城市环境中有时高达 0.05%～0.07%。绿色植物每积累 1000kg 干物质，要从大气中吸收 1800kg 二氧化碳，放出 1300kg 氧气，对维持城市环境中的氧气和二氧化碳的平衡有着重要作用。

（2）吸收有害气体。城市环境尤其是工矿区空气中的污染物很多，最主要的有二氧化硫、酸雾、氯气、氟化氢、苯、酚、氨及铅汞蒸气等，这些气体虽然对植物生长是有害的，但在一定浓度下，有许多植物对它们亦具有吸收能力和净化作用。在上述有害气体中，以二氧化硫的数量最多、分布最广、危害最大。绿色植物的叶片表面吸收二氧化硫的能力最强，夹竹桃、广玉兰、龙柏、罗汉松、银杏、臭椿、垂柳及悬铃木等树木吸收二氧化硫的能力较强；刺槐、构树、合欢、紫荆等有较强的吸氯能力；很多植物如大叶黄杨、女贞、悬铃木、石榴、白榆等可在铅、汞等重金属存在的环境中正常生长；樟树、悬铃木、刺槐以及海桐等有较强的吸收臭氧的能力；女贞、泡桐、刺槐、大叶黄杨等有较强的吸氟能力，其中女贞吸氟能力比一般树木高 100 倍以上。

（3）吸滞粉尘。空气中的大量尘埃既危害人们的身体健康，也对精密仪器的产品质量有明显影响。树木的枝叶茂密，可以大大降低风速，从而使大尘埃下降，不少植物的躯干、枝叶外表粗糙，在小枝、叶子处生长着绒毛，叶缘锯齿和叶脉凹凸处及一些植物分泌的黏液，都能对空气中的小尘埃有很好的黏附作用。沾满灰尘的叶片经雨水冲刷，又可恢复吸滞灰尘的能力。据观测，有绿化林带阻挡的地段，比无树木的空旷地降尘量少 23.4%～51.7%，飘尘少 37%～60%，铺草坪的运动场比裸地运动场上空的灰尘少 2/3～5/6。树木的滞尘能力与树冠高低、总叶面积、叶片大小、着生角度及表面粗糙程度等因素有关。白榆、朴树、重阳木、刺槐、臭椿、悬铃木、女贞、泡桐等树种的防尘效果较好。

（4）杀灭细菌。空气中有许多致病的细菌，而绿色植物如松树、侧柏等能分泌挥发植物杀菌素，可杀死空气中的细菌。地面水在经过 30～40m 林带后，水中含菌数量比不经过林带的减少 1/2。有些水生植物如水葱、水生薄荷等也能杀死水中的细菌。

3.2.2.3 净化土壤和水质

城市和郊区的水及土壤常受到工厂废水及居民生活污水的污染而影响环境卫生和人们的身体健康。绿色植物能够吸收污水及土壤中的硫化物、氰、磷酸盐、有机氯、悬浮物及许多有机化合物，可以减少污水中的细菌含量，起到净化污水及土壤的作用。绿色植物体内有许多酶的催化剂，有解毒能力。有机污染物渗入植物体后，可被酶改变而使毒性减轻。

3.2.2.4 降低噪声

城市的噪声污染已成为一大公害，是城市应着力解决的问题。声波的振动可以被树的枝叶、嫩枝所吸收，尤其是那些有许多又厚又新鲜叶子的树木。长着细叶柄，具有较大的弹性和振动程度的植物，可以反射声音。在阻隔噪声方面，植物的存在可使噪声减弱，其噪声控制效果受到植物高度、种类、种植密度、音源、听者相对位置的影响。大体而言，常绿树较落叶树效果为佳，若与地形、软质建材、硬面材料配合，会达到良好的隔音效果。一般来说，噪声通过林带后比空地上同距离的自然衰减量多 10～15dB。据南京环境保护办公室测定：噪声通过 18m 宽、由两行圆柏及一行雪松构成的林带后减少了 16dB；而通过 36m 宽同类林带后，则减少了 30dB。

3.2.2.5 保持水土

树木和草地对保持水土有非常显著的作用。当自然降雨时，约有 15%～40%的水量被树冠截留或蒸发，5%～10%的水量被地表蒸发，地表的径流量仅占 0～1%，即 50%～80%的水量被林地上一层厚而松的枯枝落叶所吸收，然后逐步渗入土壤中，变成地下径流。因此植物具有涵养水源、保持水土的作用。坡地上铺草能有效防止土壤被冲刷流失，这是由于植物的根系能够形成纤维网络，从而加固土壤。

3.2.3 美化功能

园林植物是一种有生命的造景材料，能使环境充满生机和美感，其美学观赏功能主要包括以下几方面：

（1）创造主景。园林植物作为营造园林造景的重要材料，植物本身具有独特的姿态、色彩、风韵之美，不同的园林植物形态各异、变化万千，既可孤植以展示个体之美，又能按照一定的构图方式造景，表现植物的群体之美，还可以根据各自的生态习性，合理安排，巧妙搭配，营造出乔、灌、草组合的群落造景。银杏、毛白杨树干通直，气势轩昂，油松曲虬苍劲，北美圆柏则亭亭玉立，这些树木孤立栽培，即可构成园林主景。而秋季变色树种如枫香、黄栌、火炬树等大片种植可以形成“霜叶红于二月花”的造景。许多观果树种如海棠、柿子、山楂、火棘、石榴等的累累硕果可表现出一派丰收的景象。由于植物还富有神秘的气味，从而会使观赏者产生浓厚的兴趣。许多园林植物芳香宜人，能使人产生愉悦的感受，如白兰花、桂花、蜡梅、丁香、茉莉、栀子花、兰花、月季和晚香玉等，在园林造景中可以利用各种香花植物进行造景，营造“芳香园”造景，也可单独种植于人们经常活动的场所，如在盛夏夜晚纳凉场所附近种植茉莉和晚香玉，微风送香，沁人心脾。

（2）烘托、柔化硬质造景。无论何种形态、质地的植物，都比那些呆板、生硬的建筑物、构筑物和无植被的环境更显得柔和及自然。因此，园林中经常用柔质的植物材料来软化生硬的建筑、构筑物或其他硬质造景，如基础栽植、墙角种植、墙壁绿化等形式。被植物所柔化的空间，比没有植物的空间更加自然和谐，见图 3–2。一般体形较大、耸立而庄严、视线开阔的建筑物附近，选干高枝粗、树冠开展的树种；在玲珑精致的建筑物四周，选枝态轻盈、叶小而致密的树种。现代园林中的雕塑、喷泉、建筑小品等也常用植物做装饰，或用绿篱做背景，通过色彩的对比和空间的围合来加强人们对景点的印象，产生烘托效果。

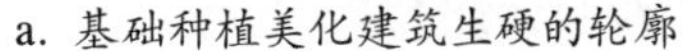
a. 基础种植美化建筑生硬的轮廓

b. 植物烘托景石

图 3-2　植物柔化空间

（3）统一和联系作用。园林造景中的植物，尤其是同一种植物，能够使得两个无关联的元素在视觉上联系起来，形成统一的效果。如在两栋缺少联系的建筑之间栽植上植物，可使两栋建筑物构成联系，整个造景的完整感得到加强。要想使独立的两个部分（如植物组团、建筑物或者构筑物等）产生视觉上的联系，只要在两者之间加入相同的元素，并且最好呈水平状态延展，比如球形植物或者匍匐生长的植物（如铺地柏、地被植物等），从而产生"你中有我、我中有你"的感觉，就可以保证造景的视觉连续性，获得统一的效果。

（4）强调及识别作用。强调作用就是指在户外环境中突出或强调某些特殊的景物。某些植物具有特殊的外形、色彩、质地等，格外引人注目，能将观赏者的注意力集中到植物造景上，植物能使空间或景物更加显而易见，更易被认识和辨明。这一点就是植物强调和标示的功能。植物的这一功能是借助与它截然不同的大小、形态、色彩或与邻近环绕物不同的质地来完成的，就如种植在一件雕塑作品之后的高大树木。在一些公共场合的出入口、道路交叉点、庭院大门、建筑入口及雕塑小品旁等需要强调、指示的位置合理配置植物，能够引起人们的注意。

（5）框景作用。植物对可见或不可见景物，以及对展现造景的空间序列，都具有直接的影响。植物以其大量浓密的叶片、有高度感的枝干屏蔽了两旁的景物，为主要景物提供开阔的、无阻拦的视野，从而达到将观赏者的注意力集中到景物上的目的。在这种方式中，植物如同众多的遮挡物，围绕在景物周围，形成一个景框，如同将照片和风景油画装入画框一样，见图 3-3。

图 3-3 树木的枝干形成“画框”

（6）表现时序造景。园林植物随着季节的变化表现出不同的季相特征，春季繁花似锦，夏季绿树成荫，秋季硕果累累，冬季枝干遒劲。这种盛衰荣枯的生命节律，为我们创造园林四时演变的时序造景提供了条件。根据植物的季相变化，把不同观赏特性的植物搭配种植，使得同一地点在不同时期产生特有造景，给人们不同感受，体会时令的变化。

（7）意境创作。中国植物栽培历史悠久、文化灿烂，很多诗、词、歌、赋和民风民俗都留下了歌咏植物的优美篇章，并为各种植物材料赋予了人格化内容，从欣赏植物的形态美升华到欣赏植物的意境美。因此，利用园林植物进行意境的创作是中国传统园林的典型造景风格和宝贵的文化遗产，亟须挖掘整理并发扬光大。在园林造景创造中可借助植物抒发情怀，寓情于景、情景交融。松苍劲古雅，不畏霜雪风寒的恶劣环境，能在严寒中挺立于高山之巅；梅不畏寒冷，傲雪怒放；竹则“未曾出土先有节，纵使凌云处仍虚心”。三种植物都具有坚贞不屈、高风亮节的品格，所以被称作“岁寒三友”。其造景形式、意境高雅而鲜明。莲花“出淤泥而不染，濯清涟而不妖，中通外直，不蔓不枝”，用来点缀水景，可营造出清静、脱俗的气氛。牡丹花花朵硕大，富丽华贵，植于高台显得雍容华贵。菊花迎霜开放，深秋吐芳，代表不畏风霜恶劣环境的君子风格。

3.2.4 实用功能

（1）组织交通和安全防护。在人行道、车行道、高速公路和停车场种植植物时，植物能有助于调节交通。例如，种植带刺的多茎植物是引导步行方向的极好方式。用植物影响车辆交通，依赖于选择的植物种类和车辆速度。高速公路隔离带的植物能将夜晚车灯的亮度减到最小，降低日光的反射。停车场种植植物也能降低热量的反射。从心理角度讲，行道树增添了道路造景，同时又为行人和车辆提供了遮阴的环境。同时，行道树对于减小交通事故危害具有一定作用。

（2）防灾避难。有些植物枝叶含有大量水分，一旦发生火灾，可阻止、隔离火势蔓延，减少火灾损失。如珊瑚树，即使其叶片全都烤焦，也不产生火焰。

（3）经济价值。园林植物具有一定经济价值，可以产生经济效益，其经济价值主要体现在以下两个方面：

①利用植物造景进行旅游开发。优美的园林植物造景，会吸引人们回到大自然中去享受无穷乐趣，这就可以促进旅游开发，为园林事业提供大量资金。

②生产植物产品。某些园林植物能够生产经济产品，如椰子树生产的果实（椰子）可食用；银杏树生产的叶片和种子（白果）可入药。在不影响园林植物美化和生态防护功能的前提下，可以利用园林植物生产的植物产品创造价值。

在园林植物应用中，应当注意园林植物的生态防护和美化作用是主导的、基本的，园林生产是次要的、派生的，应分清主次，充分发挥园林树木的作用，要防止片面强调生产而影响园林植物主要功能的发挥。

3.3　园林植物的生态学习性

3.3.1 园林植物与环境

环境一般是指有机体周围的生存空间。就园林植物而言，其环境就是植物体周围的园林空间，在这个空间中存在着阳光、温度、水分、土壤及空气等非生物因素和植物、动物、微生物以及人类等生物因素。这些非生物因素和生物因素错综复杂地交织在一起，构成了园林植物生存的环境条件，并直接或者间接地影响着园林植物的生存与生长。园林植物在生活过程中始终和周围环境进行着物质和能量交换，既受环境条件制约，又影响周围环境。一方面，园林植物以其自身的变异适应不断变化的环境，即环境对植物的塑造或改造作用；另一方面园林植物通过其自身的某些特性和功能具有一定程度和一定范围的环境改造作用。

组成环境的各种因素，即环境因子，如气候因子、土壤因子、地形因子等，在环境因子中对某种植物有直接作用的因子称为生态因子。特定园林植物长期生长在某种环境里，受到该环境条件的特定影响，通过新陈代谢，于是在植物的生活过程中就形成了对某些生态因子的特定需要，这就是其生态习性。植物造景要遵循植物生态学原理，尊重植物的生态习性，对各种环境因子进行综合研究分析，然后选择合适的园林植物种类，使得园林中每一种造景植物都有各自理想的生存环境，或者将环境对园林植物的不利影响降到最小，使植物能够正常地生长和发育。

环境中各生态因子对植物的影响是综合的，也就是说园林植物生活在综合的环境因子中。缺乏某一因子，园林植物均不可能正常生长。而环境中各生态因子又是相互联系及制约的，并非孤立的。常见的主导因子包括温度、水分、光照、空气、土壤。

3.3.1.1 温度

（1）温度的生态学意义

任何植物都是生活在具有一定温度的外界环境中并受温度变化的影响。植物的生理（如光合作用、呼吸作用、蒸腾作用等）生化反应，都必须在一定的温度条件下才能进行。每种植物的生长都有其特定的最低温度、最适温度和最高温度，即温度三基点。在最适温度范围内，植物各种生理活动进行旺盛，植物生长发育最好。通常情况下，温度升高，生理生化反应加快、生长发育加速；温度下降，生理生化反应变慢，生长发育迟缓。但当温度低于或高于植物所能忍受的温度范围时，生长逐渐缓慢、停止，发育受阻，植物开始受害甚至死亡。温度的变化还能引起环境中其他因子如湿度、降水、风、水中氧的溶解度等的变化，而环境诸因子的综合作用，又能影响植物的生长发育、作物的产量和质量。

（2）温度对植物分布的影响

温度能影响植物的生长发育，是制约植物分布最为关键的生态因子之一。根据植物与温度的关系，从植物分布的角度上可分为两种生态类型，即广温植物和窄温植物。广温植物是指能在较宽的温度范围内生活的植物，如松、桦、栎等。窄温植物是指只生活在很窄的温度范围内，不能适应温度较大变动的植物。其中凡是仅能在低温范围内生长发育、最怕高温的植物，称为低温窄温植物，如雪球藻、雪衣藻等只能在冰点温度范围发育繁殖。仅能在高温条件下生长发育、最怕低温的植物，称为高温窄温植物，如椰子、槟榔等只分布在热带高温地区。温度是影响园林植物的引种驯化、异地保护的重要因素，通常北种南移（或高海拔引种到低海拔）比南种北移（或低海拔引种到高海拔）更易成功，草本植物比木本植物更易引种成功，一年生植物比多年生植物更易引种成功，落叶植物比常绿植物更容易引种成功。

3.3.1.2 水分

（1）水分的生态学意义

水是植物生存的物质条件，也是影响植物形态结构、生长发育、繁殖及种子传播等的重要生态因子。但水分过多也不利于植物生长。水分对植物的不利影响可分为旱害和涝害两种。旱害主要是由大气干旱和土壤干旱引起的，它使植物体内的生理活动受到破坏，并使水分平衡失衡。轻则使植物生殖生长受阻，果实品质下降，抗病虫害能力减弱；重则导致植物长期处于萎蔫状态而死亡。涝害则是因土壤水分过多和大气湿度过高引起的，淹水条件下土壤严重缺氧，二氧化碳积累，造成植物生理活动和土壤中微生物活动不正常、土壤板结、养分流失或失效等。

（2）园林植物对水分的生态适应性

水分是影响植物分布和生态适应性的重要因素之一，根据环境中水的多少和植物对水分的依赖程度，可将植物分为湿生植物、挺水植物、浮叶植物、沉水植物、漂浮植物等几种生态类型，见图 3–4。

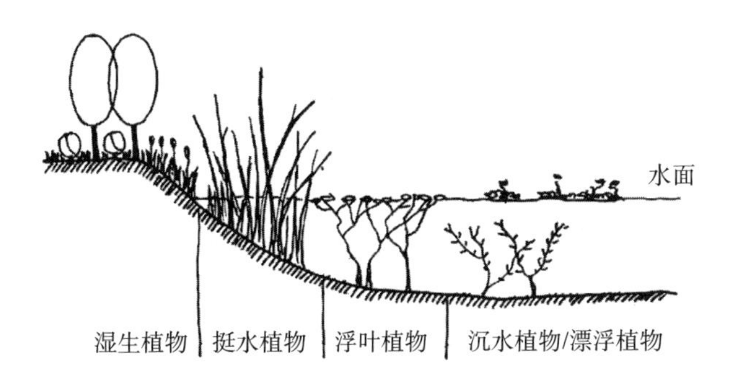

图 3–4　根据对水分的依赖程度划分植物生态类型

（3）水分与植物的分布

①水生植物。水生植物是指生长在水中的植物。其适应特点是体内有发达的通气系统，以保证氧气的供应；叶片常呈带状、丝状或极薄，有利于增加采光面积和对二氧化碳与无机盐的吸收；植物体具有较强的弹性和抗扭曲能力，以适应水的流动；淡水植物具有自动调节渗透压的能力，海水植物则是等渗的。水生植物可根据结构特征、生态习性等划分为挺水植物、浮叶植物、漂浮植物和沉水植物等类型，见表 3−1。

表 3−1　水生植物的生态型分类及特征

类型	特征	植物种类
挺水植物	植物体的基本体或下部生于水中，上面尤其是繁殖体挺出水面	红树林植物、荷花、菖蒲、香蒲、水葱、芦苇、水芹、雨久花、泽泻等
浮叶植物	植物的根系和地下茎生于淤泥中，叶片或植株大部分浮于水面而不挺出	睡莲、王莲、芡实
漂浮植物	植株完全自由地漂浮于水面，根系舒展于水中，可随水流而漂浮	凤眼莲、浮萍、满江红、槐叶萍
沉水植物	植物体在整个生活史中沉没于水中生活	金色藻、苦草、菹草

②陆生植物。此类植物是指在陆地上生长的植物，它包括湿生、中生和旱生植物三类。湿生植物在潮湿环境中生长，不能长时间忍受缺水，是一类抗旱能力最弱的陆生植物。在植物造景中可用的有落羽松、池杉、水松、垂柳及千屈菜等。中生植物生长在水湿条件适中的陆地上，是种类最多、分布最广和数量最大的陆生植物。旱生植物在干旱环境中生长，能忍受较长时间的干旱，主要分布在干热草原和荒漠地区，它又可分为少浆液植物和多浆液植物两类。少浆液植物叶面积缩小，根系发达，原生质渗透压高，含水量极少，如刺叶石竹、骆驼刺等；多浆液植物有发达的贮水组织，多数种类叶片退化而由绿色茎代行光合作用，如仙人掌、瓶子树等。

3.3.1.3 光照

植物依靠叶绿素吸收太阳光能，将二氧化碳和水转化为有机物（主要是淀粉），并释放出氧气，即光合作用。植物通过光合作用利用无机物生产有机物并且储存能量，是绿色植物赖以生存的关键。因此光照对植物的生长发育至关重要。

（1）光的物理性质及对植物的影响

太阳辐射的波长范围，大约在 0.15～4μm，其中可见光（0.4～0.76μm）具有最大的生态学意义，因为只有可见光才能在光合作用中被植物所利用并转化为化学能。植物叶片对可见光区中的红橙光和蓝紫光的吸收率最高，因此这两部分称为生理有效光；绿光被叶片吸收极少，称为生理无效光。

当太阳光透过复层结构的植物群落时，因植物群落对光的吸收、反射和透射，到达地表的光照强度和光质都大大改变了，光照强度大大减弱，而红橙光和蓝紫光也已所剩不多。因此，生长在生态系统不同层次的植物，对光的需求是不同的。

（2）光照强度对园林植物的影响

光照强度直接影响植物的生长发育，不同植物对光照强度的需求和适应性是不同的。在自然界的植物群落组成中，可以看到乔木层、灌木层、地被层。各层植物所处的光照条件都不相同，这是长期适应的结果，从而形成了植物对光的不同生态习性。根据植物对光强的要求，将植物分成阳性植物、阴性植物和居于这两者之间的耐阴植物，见表 3–2。但植物的耐阴性是相对的，其喜光程度与纬度、气候、年龄、土壤等条件有密切关系。在低纬度的湿润、温热气候条件下，同一种植物要比在高纬度较冷凉气候条件下耐阴。

表 3–2　阳性植物、阴性植物和耐阴植物的特征

分类	特征	植物种类
阳性植物	适应于强光照地区生活，要求较强的光照，不耐庇荫；一般需光度为全日照 70% 以上的光强，在自然植物群落中，常为上层乔木	大多数松柏类植物、桉树、椰子、杧果、柳、桦、槐、梅、木棉、银杏、广玉兰、鹅掌楸、白玉兰、紫玉兰、朴树、榆树、毛白杨、合欢等，以及矮牵牛、鸢尾等一、二年生及多年生草本花卉
阴性植物	一般需光度为全日照的 5%～20%，不能忍受过强的光照，在较弱的光照条件下比在强光下生长良好；常处于自然植物群落中、下层，或生长在潮湿背阴处	铁杉、红豆杉、云杉、冷杉、文竹、杜鹃、茶、中华常春藤、地锦、人参等
耐阴（中性）植物	一般需光度在阳性和阴性植物之间，对光的适应幅度较大，在全日照下生长良好，也能忍受适当的庇荫。大多数植物属于此类	八角金盘、罗汉松、竹柏、君迁子、棣棠、珍珠梅、绣线菊、玉蓉、山茶、栀子花、南天竹、海桐、珊瑚树、大叶黄杨、蚊母树、迎春、十大功劳、八仙花等

（3）日照长度对园林植物的影响

日照长度是指白昼的持续时数或太阳的可照时数。日照长度对植物的开花有重要影响，即植物的开花具有光周期现象。日照长度还对植物休眠和地下贮藏器官形成有明显的影响。根据植物开花过程与日照长度的关系，可以将植物分为长日照植物、短日照植物、中日照植物和日照中性植物，见表3−3。

表3−3 植物按所需日照长度不同的分类

类型	特征	植物种类
长日照植物	只有当日照长度超过一定数值（通常大于14h）时才开花，否则只进行营养生长、不能形成花芽的植物，人为延长光照时间可促使这些植物提前开花。通常自然分布于高纬度地区	唐菖蒲、牡丹、郁金香、睡莲、薰衣草、冬小麦、油菜、菠菜、甜菜、甘蓝、萝卜等
短日照植物	只有当日照长度短于一定数值（通常日照长度短于12h或具有14h 以上的黑暗）才开花，否则只进行营养生长的植物。这类植物通常是在早春或深秋开花	菊花、大丽花、波斯菊、长寿花、牵牛、玉米等
中日照植物	只有当昼夜长短比例接近时才能开花的植物	甘蔗等
日照中性植物	对光照时间长短不敏感的，只要温度、湿度等生长条件适宜，就能开花的植物	蒲公英、黄瓜、番茄等

3.3.1.4 空气

空气中的氧气对园林植物作用甚大，植物生长发育的各个时期都需要氧气进行呼吸作用，为植物生命活动提供能量。氮气是大气成分中组成最多的气体，也是植物体内不可缺少的成分，但是高等植物却不能直接利用它，仅有少数根瘤菌的植物可以用根瘤菌来固定大气中的游离氮。二氧化碳在空气中虽然含量不多，但作用极大，它是光合作用的原料，同时还具有吸收和释放辐射能的作用，影响地面和空气的温度。二氧化碳的含量与光合强度密切相关，在正常光照条件下，光照强度不变，随着二氧化碳浓度的增加，植物的光合作用强度也相应提高。因此在现代园林植物栽培技术中，可以对植物进行二氧化碳施肥，用提高植物周围二氧化碳含量的方法促使植物生长加快。另外，大气中还含有水汽、粉尘等，它们在气温作用下形成风、雨、霜、雪、露、雾和雹等，调节生物圈的水分平衡，有利于植物生长发育。

空气流动形成风，风既能直接影响植物，又能影响环境中湿度、温度、大气污染的变化，从而间接影响植物生长发育。风对植物有利的生态作用表现在帮助授粉和传播种子。各种园林植物的抗风能力差别很大，一般而言，凡树冠紧密、材质坚韧、根系强大深广的植物，抗风力就强；而树冠庞大、材质柔软或硬脆、根系浅的植物，抗风力就弱。但是同一树种又因繁殖方法、立地条件和配置方式不同而有异。用扦插繁殖的树木，其根系比用播种繁殖的浅，故易倒；在土壤松软而地下水位较高处根系浅，固着不牢亦易倒；孤立树和稀植的树比密植者易受风害，而以密植的抗风力最强。最佳防风林结构特征及组成，见表3-4。

表3-4　最佳防风林结构特征及组成

项目	特征及植物种类
林带结构	以均透林带（半透风林带）为最佳，疏透度50%、每隔一定距离重复设置、与主导风向呈90°夹角
最佳树种选择	深根性、抗风能力强、生长快、寿命长、叶小而密、树冠为尖塔或圆柱形的乡土树种
北方防风树种	杨、柳、榆、桑、白蜡、桂香柳、柽柳、柳杉、扁柏、花柏、紫穗槐、蒙古栎、水曲柳、银白杨、云杉、落叶松、冷杉、赤松、银杏、朴树、麻栎、榉树等
南方防风树种	马尾松、黑松、圆柏、榉树、柳、木麻黄、相思树、罗汉松、毛竹、青冈栎、栲树、山茶、珊瑚树、海桐等

空气污染对园林植物的生长、发育都有较大的负面影响。园林植物在进行正常生长发育的同时能吸收一定量的大气污染物并对其进行解毒，即抗性。不同植物对大气污染物的抗性不同，这与植物叶片的结构、叶细胞生理生化特性有关。通常，常绿阔叶植物的抗性比落叶阔叶植物强，落叶阔叶植物的抗性比针叶树强。另外，可以利用一些对有毒气体特别敏感的植物来监测大气中有毒气体的种类和浓度，这些植物在受到有毒气体危害时会表现出一定的伤害症状，从而推断出环境污染的范围与污染物的种类和浓度。用来监测环境污染的植物称为监测植物或指示植物，例如：矮牵牛和紫花苜蓿是二氧化硫的指示植物；雪松对二氧化硫和氟化氢敏感，当雪松针叶出现发黄、枯焦的症状时，周围大气中可能存在二氧化硫或者氟化氢污染。

3.3.1.5 土壤

土壤是岩石圈表面的疏松表层，是陆生植物生活的基质，是由固、液、气三相物质组成的多相分散的复杂体系。它提供了植物生活必需的营养和水分，肥沃的土壤同时能满足植物对水、肥、气及热的要求，是植物正常生长发育的基础。

（1）土壤的物理性质对园林植物的影响

具有团粒结构的土壤是结构良好的土壤，它能协调土壤中水分、空气和营养物质之间的关系，统一保肥和供肥的矛盾，有利于根系活动及吸取水分和养分，为植物的生长发育提供良好的条件。无结构或结构不良的土壤，土体坚实，通气透水性差，土壤中微生物和动物的活动受抑制，土壤肥力差，不利于植物根系扎根和生长。土壤质地和结构与土壤的水分、空气和温度状况有密切的关系。

土壤水分能直接被植物根系所吸收，土壤水分的适量增加有利于各种营养物质溶解和移动，有利于磷酸盐的水解和有机态磷的矿化，这些都能改善植物的营养状况。土壤水分还能调节土壤温度，但水分过多或过少都会影响植物的生长。水分过少时，植物会受干旱的威胁及缺氧；水分过多会使土壤中空气流通不畅并使营养物质流失，从而降低土壤肥力，或使有机质分解不完全而产生一些对植物有害的还原物质。

土壤通气不良会抑制好气性微生物，减缓有机物的分解活动，使植物可利用的营养物质减少，不利于植物生长；但若过分通气又会使有机物的分解速率太快，使土壤中腐殖质数量减少,不利于养分的长期供应。良好的土壤应该具有适当的孔隙度。

土壤温度能直接影响植物种子的萌发和实生苗的生长，还影响植物根系的生长、呼吸和吸收能力。大多数植物在10℃～35℃的范围内生长速度随温度的升高而加快。温带植物的根系在冬季因土温太低而停止生长。土温太高也不利于根系或地下贮藏器官的生长。土温太高或太低都会减弱根系的呼吸能力，如向日葵在土温低于10℃和高于25℃时其呼吸作用都会明显减弱。

（2）土壤的化学性质对园林植物的影响

土壤酸碱度是土壤最重要的化学性质，对土壤养分有效性有重要影响，在pH值为6～7的微酸条件下，土壤养分有效性最高，最有利于植物生长。在酸性土壤中易引起磷、钾、钙、镁等元素的短缺，在强碱性土壤中易引起铁、硼、铜、锰、锌等的短缺。土壤酸碱度还通过影响微生物的活动而影响养分的有效性和植物的生长。pH值在3.5～8.5区间是大多数维管束植物的生长范围，但其最适生长范围要比此范围窄得多。pH值大于3或小于9时，大多数维管束植物便不能生存。根据所生存环境的土壤酸碱度，可以将园林植物划分为酸性土植物、碱性土植物和中性土植物，见表3–5。

表 3-5 土壤酸碱度与植物的关系

类型	特征	植物种类
酸性土植物	酸性土植物在土壤pH值小于6.5时生长最好，在碱性土或钙质土中不能生长或生长不良。酸性土植物主要分布于暖热多雨地区，该地的土壤由于盐质如钾、钠、钙、镁被淋溶，而铝的浓度增加，土壤呈酸性。在寒冷潮湿地区，由于气候冷凉潮湿，在针叶林为主的森林区，土壤中形成富里酸，含灰分较少，土壤也呈酸性	马尾松、池杉、红松、白桦、山茶、油茶、映山红、高山杜鹃类、吊钟花、栀子、印度橡皮树、桉树、木荷、含笑、红千层等树种，以及多数兰科、凤梨科花卉等
碱性土植物	碱性土植物适宜生长于pH值大于7.5的土壤中，大多数是大陆性气候条件下的产物,多分布于炎热干燥的气候条件地区	柽柳、杠柳、沙棘、桂香柳等
中性土植物	中性土植物在土壤pH值为6.5～7.5最为适宜，大多数园林树木和花卉是中性土植物	水松、桑树、金鱼草、香豌豆、风信子、郁金香等

此外，在我国还有大面积的盐碱地，其中大部分是盐土，真正的碱土面积较小。真正的喜盐植物很少，但有不少树种耐盐碱能力强，可在盐碱地区用于园林植物造景营造，常见的耐盐碱园林植物有柽柳、侧柏、铅笔柏、白榆、榔榆、银白杨、新疆杨、苦楝、白蜡、绒毛白蜡、桑树、旱柳、臭椿、刺槐、杜梨、皂角、山杏、合欢、枣树、迎春、榆叶梅、紫穗槐、文冠果、枸杞、火炬树、桂香柳、沙棘及白刺等。

土壤有机质是土壤的重要组成部分，对植物的营养有重要的作用，能促进植物的生长和植物对养分的吸收。植物所需的无机元素主要来自土壤中的矿物质和有机质的分解。土壤中必须含有植物所必需的各种元素及这些元素的比例适当，才能使植物生长发育良好，因此通过合理施肥改善土壤的营养状况是促进植物生长的重要措施。

3.3.2 植物群落生态学

3.3.2.1 群落的内涵

植物群落是指在一定的生境条件下，不同种类的植物群居在一起，占据一定的空间和面积，按照自己的规律生长发育、演替更新，并同环境发生相互作用而成的一个整体，在环境相似的不同地段有规律地重复出现。植被是一个地区所有植物群落的总和。

植物群落包括自然群落和人工群落两类。自然群落是指在不同的气候条件及生境条件下自然形成的群落。自然群落都有自己独特的种类、外貌、层次、大小、边界及结构等。如西双版纳热带雨林群落，在很小的面积中往往就有数百种植物，群落结构复杂，常分为6~7个层次，林内大小藤本植物、附生植物丰富；而东北红松林群落中最小群落仅有40多种植物，群落结构简单，常分为2~3个层次。自然群落环境越优越，群落中植物种类就越多，群落结构也越复杂。

人工群落是指按人类需要把同种或不同种的植物配置在一起，模仿自然植物群落栽植的、具有合理空间结构的植物群体。其目的是满足生产、观赏、改善环境等需要，常见的类型有观赏型人工植物群落，主要表现植物造景之美及四季造景变化；抗污染型人工植物群落，以抗污染树种为主，改善污染环境，提高生态效益，有利于人的健康；保健型人工植物群落，以分泌或挥发有益物质的植物为主，达到增强人的健康、防病、治病的目的；知识型人工植物群落，在植物园、动物园或公园等建立科普性人工群落，既可形成植物造景，又使游人认识、了解植物，激发热爱自然、保护自然的意识。

3.3.2.2 群落的属性

（1）群落的种类组成。植物群落内不同的植物种类组成，每种植物都具有其结构和功能上的独特性，它们对周围的生态环境各有一定的要求和反应，在群落中的地位和作用也不同，即生态位不同。群落的组成是群落最重要的特征，是决定群落外貌及结构的基础条件。群落内各物种在数量上是不等同的，数量最多、占据群落面积最大的植物种叫优势种。优势种最能影响群落的发育和外貌特点，如云杉或冷杉群落的外轮廓线条是尖峭耸立的。

（2）群落的外貌。群落外貌除了决定于优势种外，还决定于植物种类的高度、生活型及季相。群落的高度是指群落中最高一群植物的高度，直接影响着群落的外貌。群落高度首先与自然环境中的海拔高度、温度及湿度有关。一般说来，在植物生长季节中温暖多湿的地区，群落的高度就大，如热带雨林；在植物生长季节中气候寒冷或干燥的地区，群落的高度就小。生活型是指植物长期适应环境而形成独特的外部形态、内部结构和生态习性，例如针叶、阔叶、落叶、常绿、干旱草木等都是植物长期适应外界环境而形成的生活型。植物群落是由多种生活型的植物组成的，如乔木、灌木、草本植物、水生植物、藤本植物等，这些植物的外在形态就构成了群落的外貌。植物群落外貌常随着气候季节性交替而发生周期性变化，呈现不同的外貌，是植物适应环境条件的一种表现形式，即季相。群落季相变化的主要标志是群落主要层尤其是优势种的物候变化。通常，温带地区各种群落的季相变化最为明显，亚热带次之，热带不明显。例如，温带地区落叶阔叶林群落的季相变化：春季树木萌芽，长出新叶，并开花；夏季树叶茂盛，整个群落绿意葱茏；秋季树叶变黄、变红；冬季，树叶凋落，枝干耸立。

（3）群落的结构。群落结构是指群落的所有种类及其个体在空间中的配置状态。它包括层片结构、垂直结构、水平结构、时间结构等。层片结构是指群落中属于同一生活型的不同种的个体的总体，它是群落最基本的结构单位。垂直结构是指群落的垂直分化或成层现象，它保证了群落对环境条件的充分利用；它有地上与地下成层现象之分，它们是相对应的。在成熟的森林群落中，通常可以分为乔木层、灌木层、草本层和地被层四个基本层次，另有藤本、附生等层间植物。水平结构是指群落在空间上的水平分化或镶嵌现象。水平分化的基本结构单位是小群落，它反映了群落的镶嵌性或异质性，形成原因是生境分布的异质性。时间结构是指群落结构在时间上的分化或配置，它反映了群落结构随着时间的周期性变化而相应地发生更替，主要是由层片结构的季节性等变化引起的。

（4）种群的数量特征。群落中的丰富度，表示某一种在群落中个体数的多少或丰富程度，通常多度为某一种类的个体数与同一生活型植物种类个体数的总和之比。密度，指单位面积上的植物个体数，它由某种植物的个体数与样方面积之比求得。盖度，指植物在地面上覆盖的面积比例，表示植物实际所占据的水平空间的面积，它可分为投影盖度和基部盖度。投影盖度指植物枝叶所覆盖的土地面积；而基部盖度是指植物基部所占的地面面积，通常用基部面积或胸高处断面面积来表征。频度是指某一种类的个体在群落中水平分布的均匀程度，表示个体与不同空间部分的关系，为某种植物出现的样方数与全部样方之比。

（5）群落动态。植物群落的形成，可以从裸地上开始，也可以从已有的另一个群落开始。一个植物群落形成后，会有一个发育过程，一般可把这个过程划分为三个时期，即群落发育的初期、盛期和末期，直到被另一群落替代（演替）。演替是一个植物群落被另一个植物群落所取代的过程，它是植物群落动态的一个最重要的特征。原生旱生演替系列是从岩石表面开始的，一般经过地衣植物阶段、苔藓植物阶段、草本植物阶段、木本植物阶段，这种演替使旱生生境变为中生生境。原生水生演替系列是从淡水湖沼中开始的，通常有自我漂浮植物阶段、沉水植物阶段、浮叶根生植物阶段、直立水生植物阶段、湿生草本植物阶段、木本植物阶段几个演替阶段，这种演替从水生生境趋向最终的中生生境。

3.3.2.3 群落原理在植物造景中的应用

植物群落生态学原理中的低碳、节约是风景园林规划设计的重要理论基础。

（1）植物造景设计之初不仅要考虑乔木、灌木、草本和藤本植物等形态特征，更要考虑植物的常绿落叶、喜阴喜阳、喜酸喜碱、耐水湿耐干旱等生理生态特征的差异。

（2）模拟地带性植物群落种类组成、结构特点，应用植物生态位互补、互惠共生的生态学原理，形成乔、灌、草及藤本、地被、水生植物的立体复层空间结构以及四季不同的季相特色，再现或还原疏密有致、高低错落的原生林造景、近自然园林造景。

（3）在植物造景构建过程中，应根据植物群落演替的规律，充分考虑群落的物种组成、结构，选配生态位重叠较少的物种，增强群落自我调节能力，减少病虫害的发生，维持植物群落平衡与稳定。

3.3.3 生物多样性与乡土植物应用

3.3.3.1 生物多样性

生物多样性是地球上的生命经过几十亿年进化的结果，是人类社会赖以生存发展的物质基础。生物多样性是指一定范围内多种多样的活的有机体（动物、植物、微生物）有规律地结合，所构成的稳定的生态综合体，包含遗传多样性、物种多样性和生态系统多样性三个层次，此外造景多样性也应纳入保护层面考虑。生物多样性保护是综合的生态概念，以往传统的植物造景设计和管理中，由于对植物生态习性缺乏了解，片面追求华丽美观的设计，忽视对当地特有生态系统和原生动植物资源的保护和利用，不恰当地引进大量外来物种造成“生物入侵”等生态危机，过多使用农药、化肥等，不仅无法构建稳定、有效的植物造景，并且给城市环境带来一系列的生态问题。

因此，植物造景伊始应对规划范围内的生物多样性物种资源保护和利用的基础数据进行调查，编制生物多样性保护规划，协调保护和利用之间的平衡点；加强城市原生自然植物群落的保护，并根据保护等级、生态敏感度等因素，划定生态敏感区和造景保护区；构筑地域植被特征的城市生物多样性格局，加强地带性植物的保护与可持续利用，保护地带性生态系统；植物造景规划设计应以保护城市的生物多样性和造景多样性为出发点之一，突出乡土物种的保护和利用，减少外来物种的引入，避免“生物入侵”现象的发生；对风景园林规划设计基址范围以内的珍稀、濒危植物和古树名木，因地制宜，以就地保护和迁地保护等手段引入植物造景，使其不仅成为植物造景可资利用的造景资源，且更能达到生物多样性保护的最终目的。

3.3.3.2 乡土植物应用

乡土植物是指原产于本地区（大到一个国家和地区，小到一个城市甚至乡镇）或通过长期引种、栽培和繁殖并证明了已经非常适应本地区的气候和生态环境、生长良好的一类植物。极具地域自然特色、积淀地域历史文脉的乡土植物是植物造景最能体现地方特色的造景符号和元素。这类植物在当地经历了漫长的演化过程，最能够适应当地的生境条件，其生理、遗传、形态特征与当地的自然条件相适应，具有较强的适应能力。

乡土植物资源是植物多样性的重要组成部分，因其适应当地的气候与土壤，生长势旺盛，能够自然形成稳定的生态群落。特别是在一些环境恶劣的土地上，种植乡土植物的优势会很快地显现出来，乡土植物平衡维系着植物生存和群落演替，可形成稳定和平衡的城市生态系统，其应用力度的加大必然会减小因“生物入侵”对本土生态环境及造景的破坏与改变的风险。植物造景中，与其他植物相比，乡土植物具有很多的优点：第一，乡土植物具有独特的观赏价值。乡土植物具有独特的地域特色和观赏特点，可改变园林植物种类较单一、群落结构简单、造景单调的弊病，为园林造景增添新的色彩，提供新的观赏内容，最终提升并增加园林造景的观赏水平与内涵。乡土植物体现了植物和人类长期活动的关系，这些植物往往具有很强的实用性，如作为食用、药用、香料、化工、造纸、建筑原材料，以及绿化观赏。第二，由于乡土植物经历过长时间的风雨洗礼，经受过各种恶劣气候的考验，通过自然竞争才得以生存下来，因此更适应当地环境和气候条件，在涵养水分、保持水土、遮阴降温、吸尘杀菌、绿化观赏等环境保护和美化中发挥主导作用，并且具有高度的抗逆性，可抗旱、抗寒、耐瘠薄、抗病虫害等，大大降低植物造景的成本。第三，乡土植物尤其是乡土树种真正体现了一个国家、一个地区植物区系的特色。乡土植物的应用，其代表着当地与其他地区不同的、独有的造景特色，可以突显出地方城市个性和魅力，营造独特的造景氛围。第四，由于乡土植物的应用大多具有悠久的历史，许多植物被赋予一些民间传说和典故，具有丰富的文化底蕴。此外，乡土植物还具有繁殖材料容易获得、繁殖方法简单、生产快、应用范围广等特点。

现代植物造景充分挖掘乡土植物自身的生物学特性和地域特色，将传统的艺术手法与现代精神相结合，探索在造景中利用乡土树种体现城市的地域文化内涵，从而创造出各具特色、丰富多彩、贴近自然、贴近该地区的植物造景环境。

在植物造景中，生物多样性原理与乡土植物原理并不矛盾，是辩证统一的。植物造景的园林植物材料选择，应该遵循植物物种多样性与生物遗传多样性的原则，在以乡土植物为主的前提下，选择应用园林植物自然种类（种、变种），重视选择应用人工选育的优良种类，引种驯化当地的野生植物资源，适当、科学地配置外来树种，丰富当地的园林植物资源，但避免造成生物入侵。

3.4 常用园林植物介绍

3.4.1 裸子植物门

裸子植物多乔木、灌木。叶多为针形、鳞片形、线形、椭圆形、披针形；花单性，罕两性，没有真正的花，而是单性球花。胚珠裸露，不为子房所包，不形成果实。多广布于北半球温带至寒带地区以及亚热带的高山地区。全世界共有 12 科 71 属约 800 种，中国有 11 科 41 属 243 种。

裸子植物中有很多重要的园林植物，某些裸子植物还有特殊的经济用途，树干通直，出材率高，材质较优良，供建筑、家具及工业用材，占世界木材供应量的 50% 以上，部分树种可割制松香和提取松节油，少数树种的种子可食用。

3.4.1.1 **苏铁科**

苏铁科共 9 属，约 110 种，分布于热带及亚热带地区。我国仅有苏铁属，共 8 种，产于台湾、华南及西南各省区，以苏铁栽培较广，供观赏和药用。

代表性植物为苏铁，别称铁树、避火蕉、凤尾蕉、凤尾松等，见图 3–5。

形态特征：树干高约 2m，稀达 8m 或更高；羽状叶从茎的顶部生出，下层的向下弯，上层的斜上伸展，整个羽状叶的轮廓呈倒卵状狭披针形；雄球花圆柱形，有短梗，下面中肋及顶端密生黄褐色绒毛；雌球花呈扁球形，大孢子叶长 14～22cm，密生淡黄色或淡灰黄色绒毛；种子红褐色或橘红色，倒卵圆形或卵圆形，稍扁。花期为 6—8 月，种子在 10 月成熟。

主要分布：分布于我国福建、台湾、广东，各地常有栽培。在福建、广东、广西、江西、云南、贵州及四川东部等地多栽植于庭园，江苏、浙江及华北各省区多栽于盆中，冬季置于温室越冬。日本南部、菲律宾和印度尼西亚也有分布。

生长习性：喜暖热湿润的环境，不耐寒冷，生长甚慢，寿命约 200 年。在中国南方热带及亚热带南部，树龄 10 年以上的树木几乎每年开花结实，长江流域及北方各地栽培的苏铁常终生不开花，或偶尔开花结实。

观赏特性及园林用途：树形古雅，主干粗壮，坚硬如铁；羽叶洁滑光亮，四季常青，为珍贵观赏树种，有反映热带风光的观赏效果，适宜做盆景、花坛中心，孤植或丛植草坪一角或对植门口。

其他用途：茎内含淀粉，可供食用；种子含油和丰富的淀粉，微有毒，可供食用和药用。

图 3–5　苏铁

3.4.1.2 银杏科

银杏科仅 1 属 1 种，银杏为中生代孑遗的稀有树种，系我国特产，我国浙江天目山有野生状态的树木，其他各地栽培很广。

代表性植物为银杏，别称白果、公孙树、鸭脚子、鸭掌树，见图 3–6。

图 3–6 银杏

形态特征：乔木，高达 40m，胸径可达 4m；树皮呈灰褐色，深纵裂，粗糙；叶扇形，有长柄，淡绿色，无毛，秋季落叶前变为黄色；球花雌雄异株，单性；种子具长梗，下垂，常为椭圆形、长倒卵形、卵圆形或近圆球形；花期为 3—4 月，种子在 9—10 月成熟。

雄株的识别要点：主枝与主干间夹角小；树冠梢瘦，且形成较迟；叶裂刻较深，常超过叶的中部；秋叶变色期较晚，落叶较迟；着生雄花的短枝较长（1～4cm）。

主要分布：栽培区甚广，北自东北沈阳，南达广州，东起华东海拔 40～1000m 地带，西南至贵州、云南西部（腾冲）海拔 2000m 以下地带均有栽培。

生长习性：喜光树种，深根性，对气候、土壤的适应性较宽，能在高温多雨及雨量稀少、冬季寒冷的地区生长但生长缓慢或不良。能生于酸性土壤（pH4.5）、石灰性土壤（pH8）及中性土壤中，但不耐盐破土及过湿的土壤。

观赏特性及园林用途：树形高大挺拔，树干通直，姿态优美，与松、柏、槐一起被列为中国四大长寿观赏树种。其叶似扇形，冠大荫状，春夏翠绿，深秋金黄，是理想的园林绿化行道树种。可用于园林绿化行道、公路、田间林网、防风林带的理想栽培树种。园林植物造景时还应注意街道绿化选用雄株；大面积用银杏绿化时，可多用雌株，并将雄株植于上风向。

其他用途：银杏为速生珍贵的用材树种，种子可供食用（多食易中毒）及药用，叶可做药用和制杀虫剂，也可做肥料。

3.4.1.3 松科

松科 10 属约 230 种，多产于北半球。我国有 10 属 113 种，分布遍于全国，几乎均系高大乔木，绝大多数都是森林树种及用材树种。园林植物造景常用的种有华山松、白皮松、马尾松、黑松、冷杉、云杉、雪松、金钱松等。

（1）华山松（别称白松、五须松、果松、五叶松等，见图 3–7）

形态特征：乔木，高可达 35m，胸径 1m；树冠广圆锥形；针叶 5 针一束，稀 6～7 针一束；雄球花黄色，卵状圆柱形，多数集生于新枝下部，呈穗状，排列较疏松；球果圆锥状长卵圆形，成熟时黄色或褐黄色，种子黄褐色、暗褐色或黑色，倒卵圆形，无翅或近无翅；花期为 4—5 月，球果第二年 9—10 月成熟。

主要分布：产于山西南部中条山（北至沁源，海拔 1200～1800m）、河南西南部及嵩山、陕西南部秦岭（东起华山，西至辛家山，海拔 1500～2000m）、甘肃南部（洮河及白龙江流域）、四川、湖北西部、贵州中部及西北部、云南及西藏雅鲁藏布江下游海拔 1000～3300m 地带，江西庐山、浙江杭州等地有栽培。

生长习性：阳性树，喜温和凉爽、湿润气候，不耐炎热，自然分布区年平均温度多在 15℃以下，年降水量 600～1500mm，年平均相对湿度大于 70%；耐寒力强，在其分布区北部，甚至可耐−31℃的绝对低温；喜排水良好，能适应多种土壤，宜深厚、湿润、疏松的中性或微酸性壤土；稍耐干燥瘠薄的土地，能生于石灰岩石缝间，耐瘠薄能力不如油松、白皮松。

观赏特性及园林用途：华山松高大挺拔，树皮灰绿色，叶 5 针一束，冠形优美，姿态奇特，为良好的绿化风景树，是点缀庭院、公园、校园的珍品。华山松针叶苍翠，生长迅速，是优良的庭院绿化树种，在园林中可用作园景树、庭荫树、行道树及林带树，也可用于丛植群植，并系高山风景区之优良风景林树种。华山松不仅属于风景名树及薪炭林，还能涵养水源，保持水土，防止风沙，同时也是盆景的优秀材料。

其他用途：华山松可供建筑、枕木、家具及木纤维工业原料等用材；树干可割取树脂；树皮可提取栲胶；针叶可提炼芳香油；种子可食用，也可榨油供食用或工业用油。

图 3-7 华山松

（2）白皮松（别称白骨松、三针松、白果松、虎皮松、蟠龙松等，见图 3-8）

形态特征：乔木，高可达 30m，胸径可达 3m；有明显的主干，宽塔形至伞形树冠；树皮呈淡褐灰色或灰白色，裂成不规则的鳞状块片脱落，脱落后近光滑，露出粉白色的内皮，白褐相间呈斑鳞状；针叶 3 针一束；球果通常单生，成熟前淡绿色，熟时淡黄褐色，卵圆形；种子灰褐色，近倒卵圆形；花期为 4—5 月，球果次年 9—11 月成熟。

主要分布：为我国特有树种，产于山西（吕梁山、中条山、太行山）、河南西部、陕西秦岭、甘肃南部及天水麦积山、四川北部江油观雾山及湖北西部等地，苏州、杭州、衡阳等地均有栽培。

生长习性：喜光树种，耐瘠薄土壤及较干冷的气候；在气候温凉、土层深厚、肥润的钙质土和黄土中生长良好。

观赏特性及园林用途：白皮松树姿优美，树皮奇特，干皮斑驳美观，针叶短粗亮丽，是不错的园林绿化传统树种。白皮松在园林配置上用途十分广，既可孤植、对植，也可丛植成林或做行道树，均能获得良好效果，尤适于庭院中堂前、亭侧栽植，使苍松奇峰相映成趣，颇为壮观。同时，白皮松又是一个适应范围广泛、能在钙质土壤和轻度盐碱地生长良好的常绿针叶树种。

其他用途：白皮松可供房屋建筑、家具、文具等用材，种子可食。

图 3-8 白皮松

（3）云杉（别称茂县云杉、大果云杉、粗皮云杉、异鳞云杉等，见图 3-9）

形态特征：乔木，高可达 45m，胸径达 1m；树皮淡灰褐色或淡褐灰色，裂成不规则鳞片或稍厚的块片脱落；主枝枝叶辐射伸展，侧枝上面枝叶向上伸展，下面及两侧枝叶向上方弯伸，四棱状条形；球果圆柱状矩圆形或圆柱形，熟时淡褐色或栗褐色；种子倒卵圆形；花期为 4—5 月，球果在 9—10 月成熟。

主要分布：我国特有树种，产于陕西西南部（凤县）、甘肃东部（两当）及白龙江流域、洮河流域、四川岷江流域上游及大小金川流域，常与紫果云杉、岷江冷杉、紫果冷杉混生，或成纯林。

图 3-9 云杉

生长习性：浅根性树种，稍耐阴，能耐干燥及寒冷的环境条件，在气候凉润且土层深厚、排水良好的微酸性棕色森林土地带生长迅速，发育良好。在全光下，天然更新的森林生长旺盛。

观赏特性及园林用途：盆栽可作为室内的观赏树种，多用在庄重肃穆的场合，冬季圣诞节前后，多置放在酒店宾馆和一些家庭中做圣诞树装饰。材质优良，生长快、适应性强，宜选为分布区内的造林树种。

其他用途：云杉可做建筑、飞机、枕木、电杆、舟车、器具、家具及木纤维工业原料等用材；树干可割取松脂；根、枝丫及叶均可提取芳香油；树皮可提制栲胶。

（4）雪松（别称香柏，见图 3－10）

形态特征：乔木，高可达 50m，胸径达 3m；树皮深灰色，裂成不规则的鳞状块片；枝平展、微斜展或微下垂；叶在长枝上辐射伸展，短枝枝叶呈簇生状；雄球花长卵圆形或椭圆状卵圆形；雌球花卵圆形；球果成熟前淡绿色，微有白粉，熟时红褐色，卵圆形或宽椭圆形；种子近三角状。

主要分布：分布于阿富汗至印度。我国北京、旅顺、大连、青岛、徐州、上海、南京、杭州、南平、庐山、武汉、长沙、昆明等地已广泛栽培。

生长习性：喜光，在气候温和凉润且土层深厚、排水良好的酸性土壤中生长旺盛。稍耐阴，不耐水湿，耐寒，在盐碱土中生长不良。浅根性，抗风性弱。不耐烟尘，对氯化氢极为敏感，受害后叶迅速枯萎脱落，严重时导致树木死亡。

图 3－10　雪松

观赏特性及园林用途：雪松树体高大，树形优美，是世界著名的庭院观赏树种之一，最适宜孤植于草坪中央、建筑前庭至中心广场中心或主要建筑物的两旁及园门的入口等处。此外，列植于园路两旁，形成甬道，极为壮观。它具有较强的防尘、减噪与杀菌能力，也适宜做工矿企业绿化树种。

其他用途：雪松可做建筑、桥梁、造船、家具及器具等用。

3.4.1.4 杉科

杉科共 10 属 16 种，主要分布于北温带，我国产 5 属 7 种。园林植物造景常用的种类有柳杉、水杉、金松北美红杉等。

代表性植物为水杉，见图 3−11。

图 3−11 水杉

形态特征：乔木，高可达 35m，胸径达 2.5m；树皮灰色、灰褐色或暗灰色；幼树树冠尖塔形，老树树冠广圆形；球果下垂，近四棱状球形或矩圆状球形，成熟前绿色，熟时深褐色；种子扁平，倒卵形或圆形或矩圆形；子叶 2 枚，条形；花期为 2 月下旬，球果在 11 月成熟。

主要分布：自水杉被发现以后，尤其在新中国成立后，我国各地普遍引种，北至辽宁草河口辽东半岛，南至广东广州，东至江苏、浙江，西至云南昆明、四川成都、陕西武功，已成为十分受欢迎的绿化树种之一。湖北、江苏、安徽、浙江、江西等省用之造林和四旁植树，其生长很快。

生长习性：喜光性强，速生，对环境条件的适应性较强。喜气候温暖湿润，耐寒性强，耐水湿能力强，在轻盐碱地可以生长。根系发达，生长的快慢常受土壤水分的支配，在长期积水排水不良的地方生长缓慢。水杉在酸性山地黄壤、紫色土或冲积土中生长良好。

观赏特性及园林用途：水杉是“活化石”树种，是秋叶观赏树种，也是我国特色树种。在园林中最适于列植，还可丛植、片植，可用于堤岸、湖滨、池畔、庭院等绿化，也可盆栽，还可成片栽植营造风景林，并适配常绿地被植物，还可栽于建筑物前或用作行道树。水杉对二氧化硫有一定的抵抗能力，是工矿区绿化的优良树种。

其他用途：水杉可供房屋建筑、板料、电杆、家具及木纤维工业原料等用。

3.4.1.5 **柏科**

柏科共22属约150种，分布于南北两半球。我国产8属29种，分布遍于全国，多数种类在造林、固沙及水土保持等方面占有重要地位，不少种类的树形优美，叶色翠绿或浓绿，常被栽培做庭院树。

（1）侧柏（别称黄柏、香柏、扁柏、香树、香柯树等，见图3－12）

形态特征：乔木，高可达20余米，胸径达1m；树皮薄，浅灰褐色，纵裂成条片；枝条向上伸展或斜展，幼树树冠卵状尖塔形，老树树冠则为广圆形；雄球花黄色，卵圆形，雌球花近球形，蓝绿色，被白粉；球果近卵圆形，成熟前蓝绿色，被白粉，成熟时红褐色；种子卵圆形或近椭圆形，灰褐色或紫褐色；花期为3—4月，球果在10月成熟。

主要分布：产于内蒙古南部、吉林、辽宁、河北、山西、山东、江苏、浙江、福建、安徽、江西、河南、陕西、甘肃、四川、云南、贵州、湖北、湖南、广东北部及广西北部等省区，西藏德庆等地有栽培。

生长习性：喜光，幼时稍耐阴，适应性强，对土壤要求不高，在酸性、中性、石灰性和轻盐碱土壤中均可生长。耐干旱瘠薄，萌芽能力强，耐寒力中等，耐强太阳光照射，耐高温，浅根性，抗风能力较弱。

图3－12 侧柏

观赏特性及园林用途：侧柏的耐污染性、耐寒性、耐干旱的特点，在绿化中得以很好发挥，在园林绿化中有着不可或缺的地位，可用于行道、亭园、大门两侧、绿地周围、路边花坛及墙垣内外，均极美观。小苗可做绿篱、隔离带围墙点缀。适合在市区街心、路旁丛植于窗下、门旁，极具点缀效果。侧柏配置于草坪花坛、山石、林下，可增加绿化层次，丰富观赏美感。

其他用途：侧柏可供建筑、器具、家具、农具及文具等用材；种子与生鳞叶的小枝可入药，具有药用价值。

（2）圆柏（别称刺柏、红心柏、珍珠柏等，见图3–13）

形态特征：乔木，高可达20m，胸径达3.5m；树皮深灰色，纵裂，成条片开裂；幼树尖塔形树冠，老树广圆形树冠；叶二型，即刺叶及鳞叶；雌雄异株，稀同株雄球花黄色，椭圆形；球果近圆球形，两年成熟，熟时暗褐色，被白粉或白粉脱落；种子卵圆形；子叶2枚。

主要分布：产于内蒙古乌拉山、河北、山西、山东、江苏、浙江、福建、安徽、江西、河南、陕西南部、甘肃南部、四川、湖北西部、湖南、贵州、广东、广西北部及云南等地。生于中性土、钙质土及微酸性土中，包括西藏在内的各地多栽培。朝鲜、日本也有分布。

图3–13 圆柏

生长习性：喜光树种，较耐阴，喜温凉、温暖气候及湿润土壤，耐寒、耐热，对土壤要求不高，能生于酸性、中性及石灰质土壤中，对土壤的干旱及潮湿均有一定的抗性，但以在中性、深厚而排水良好处生长最佳，忌积水，耐修剪，易整形。具深根性，侧根也很发达，生长速度中等而较侧柏略慢，25 年生者高 8m 左右，寿命极长。对多种有害气体有一定抗性，是针叶树中对氯气和氟化氢抗性较强的树种，对二氧化硫的抗性显著胜过油松，能吸收一定数量的硫和汞，防尘和隔声效果良好。

观赏特性及园林用途：圆柏幼龄树树冠整齐，呈圆锥形，树形优美，大树干枝扭曲，姿态奇古，可以独树成景，是中国传统的园林树种。该种在庭院中用途极广，耐修剪又有很强的耐阴性，故做绿篱比侧柏优良。其树形优美，青年期呈整齐之圆锥形，老树则干枝扭曲。古庭院、古寺庙等风景名胜区多有千年古柏，“清”“奇”“古”“怪”各具幽趣。中国古来多配置于庙宇陵墓做墓道树或柏林，可以群植草坪边缘做背景，或丛植片林、镶嵌于树丛边缘、建筑附近。

其他用途：圆柏可供房屋建筑、家具、文具及工艺品等用材；树根、树干及枝叶可提取柏木脑的原料及柏木油；枝叶可入药；种子可提炼润滑油。

（3）铺地柏（别称葡地柏、偃柏等，见图 3–14）

形态特征：匍匐灌木，高达 75cm；枝条沿地面扩展，褐色，密生小枝，枝梢及小枝向上斜展。刺形叶三叶交叉轮生，条状披针形；球果近球形，被白粉，成熟时黑色；种子长约 4mm，有棱脊。

主要分布：原产于日本，我国旅顺、大连、青岛、庐山、昆明及华东地区各大城市引种栽培做观赏树。

生长习性：阳性树，能在干燥的沙地上生长良好，喜石灰质的肥沃土壤，忌低湿地点。

图 3–14　铺地柏

观赏特性及园林用途：铺地柏在园林中可配置于岩石园或草坪角隅，也是缓土坡的良好地被植物，也经常盆栽观赏。在城市绿化中是常用的植物。铺地柏对污浊空气具有很强的耐力，在市区街心、路旁种植，生长良好，不影响视线，吸附尘埃、净化空气。丛植于窗下、门旁，极具点缀效果。夏绿冬青，不遮光线，不碍视野，尤其在雪中更显生机。与洒金柏配置于草坪、花坛、山石、林下，可增加绿化层次，丰富观赏美感。日本庭院中在水面上的传统配置技法“流枝”，即用本种造成，后有“银枝”“金枝”“多枝”等栽培变种。在春季抽生新傲枝叶时，观赏效果最佳。

3.4.1.6 罗汉松科

罗汉松科共 8 属约 130 种，分布于热带、亚热带及南温带地区，在南半球分布最多。我国产 2 属 14 种，分布于长江以南各省区，罗汉松、短叶罗汉松等为普遍栽培的庭院树种。

代表性植物为罗汉松，别称罗汉杉、土杉等，见图 3−15。

形态特征：乔木，高可达 20m，胸径达 60cm；树皮灰色或灰褐色；枝开展或斜展，较密，叶条状披针形，微弯，上面深绿色，有光泽，中脉显著隆起，下面带白色、灰绿色或淡绿色，中脉微隆起；种子卵圆形，红色或紫红色；花期为 4—5 月，种子在 8—9 月成熟。

图 3−15　罗汉松

主要分布：产于江苏、浙江、福建、安徽、江西、湖南、四川、云南、贵州、广西、广东等省区，栽培于庭院做观赏树，野生的树木极少。日本也有分布。

生长习性：喜温暖湿润气候，耐寒性弱，耐阴性强，喜排水良好湿润的沙壤土，对土壤适应性强，盐碱土中也能生存，对二氧化硫、硫化氢、氧化氮等多种污染气体抗性较强，抗病虫害能力强。

观赏特性及园林用途：罗汉松盆景树姿葱翠秀雅、苍古矫健，叶色四季鲜绿，有苍劲高洁之感，如附以山石，制作成鹰爪抱石的姿态，更为古雅别致。罗汉松与竹、石组景，极为雅致。丛林式罗汉松盆景，配以放牧景物，可给人以野趣的享受。如培养得法，经数十年乃至百年长荣不衰，即成一盆绝佳的罗汉松盆景。

其他用途：罗汉松材质细致均匀，易加工，可供家具、器具、文具及农具等用材。

3.4.1.7 红豆杉科

红豆杉科我国有 4 属 12 种，其中穗花杉、白豆杉、东北红豆杉、红豆杉及南方红豆杉等为常用庭院树种。

代表性植物为红豆杉，别称卷柏、扁柏、观音杉、红豆树，见图 3−16。

形态特征：乔木，高可达 30m，胸径达 60～100cm；树皮灰褐色、红褐色或暗褐色，裂成条片脱落；大枝开展；叶排列成两列，条形，微弯或较直；雄球花淡黄色；种子常呈卵圆形，微扁或圆，种脐近圆形或宽椭圆形。

主要分布：我国特有树种，产于甘肃南部、陕西南部、四川、云南东北部及东南部、贵州西部及东南部、湖北西部、湖南东北部、广西北部和安徽南部（黄山）。

图 3−16　红豆杉

生长习性：典型的阴性树种，常处于林冠下乔木第二、三层，散生，基本无纯林存在，也极少团块分布。只在排水良好的酸性灰棕壤、黄壤、黄棕壤上良好生长，苗喜阴忌晒。其种子种皮厚，处于深休眠状态，自然状态下经两冬一夏才能萌发，天然更新能力弱。

观赏特性及园林用途：红豆杉叶常绿，深绿色，假种皮肉质红色，颇为美观，是优良的观赏灌木，可做庭院置景树。

其他用途：红豆杉可供建筑、车辆、家具、器具、农具及文具等用材。

3.4.2 被子植物门

被子植物是植物界进化最高级、种类最多、分布最广、适应性最强的植物种群，在不同的分类系统中，被子植物有 300～400 科、1 万多属、20 万～25 万种，超过植物界总种数的一半。被子植物分布于各种气候带，以热带、亚热带为最多。

3.4.2.1 杨柳科

杨柳科共 3 属约 620 种，分布于寒温带、温带和亚热带。我国有 3 属约 320 种，各省（区）均有分布，尤以山地和北方较为普遍。园林植物造景常用银白杨、毛白杨、垂柳、旱柳等。

（1）银白杨（图 3-17）

形态特征：乔木，高 15～30m。树干不直，树冠宽阔。树皮白色至灰白色，平滑，下部常粗糙。小枝初被白色绒毛，萌条密被绒毛，圆筒形，灰绿或淡褐色。蒴果细圆锥形，无毛；花期为 4—5 月，果期为 5 月。

主要分布：辽宁南部、山东、河南、河北、山西、陕西、宁夏、甘肃、青海等省区栽培，仅新疆（额尔齐斯河）有野生。欧洲、北非、亚洲西部和北部也有分布。

生长习性：耐寒不耐湿热，深根性，抗风力强，对土壤条件要求不严，但以湿润肥沃的沙质土生长良好。

图 3-17　银白杨

观赏特性及园林用途：树形高耸，枝叶美观，幼叶红艳，银白色的叶片和灰白色的树干与众不同，叶子在微风中飘动有特殊的闪烁效果，高大的树形及卵圆形的树冠也颇美观，可做绿化树种，也为西北地区平原沙荒造林树种。

其他用途：银白杨可供建筑、家具、造纸等用材；树皮可制栲胶；叶磨碎可驱臭虫。

（2）毛白杨（别称大叶杨、响杨，见图 3–18）

形态特征：乔木，高可达 30m。树皮幼时暗灰色，壮时灰绿色，渐变为灰白色，老时基部黑灰色，纵裂、粗糙，干直或微弯；树冠圆锥形至卵圆形或圆形；长枝叶阔卵形或三角状卵形，上面暗绿色、光滑，下面密生毡毛；短枝叶通常较小，卵形或三角状卵形，上面暗绿色有金属光泽，下面光滑；花药红色；柱头 2 裂，粉红色；蒴果圆锥形或长卵形；花期为 3 月，果期为 4 月（河南、陕西）至 5 月（河北、山东）。

图 3–18 毛白杨

主要分布：分布广泛，在辽宁（南部）、河北、山东、山西、陕西、甘肃、河南、安徽、江苏、浙江等省均有分布，以黄河流域中、下游为中心分布区。

生长习性：深根性，耐旱力较强，黏土、壤土、沙壤土或低湿轻度盐碱土均能生长，在水肥条件充足的地方生长最快，20 年生即可成材，为我国良好的速生树种之一。

观赏特性及园林用途：毛白杨材质好，生长快、寿命长，较耐干旱和盐碱，树姿雄壮，冠形优美，为各地群众所喜欢栽植的优良庭园绿化或行道树，也为华北地区速生用材造林树种，应大力推广。

其他用途：毛白杨可供建筑、家具、箱板、火柴杆、造纸等用材，是人造纤维的原料；树皮含鞣质 5.18%，可提制栲胶。

（3）垂柳（别称垂丝柳、水柳、清明柳，见图 3−19）

形态特征：乔木或匍匐状、垫状、直立灌木，枝圆柱形；叶互生，稀对生，通常狭而长，多为披针形，羽状脉，有锯齿或全缘；叶柄短；柔荑花序直立或斜展，先叶开放，或与叶同时开放，稀后叶开放；种子小，多暗褐色；花期为 3—4 月，果期为 4—5 月。

主要分布：产于长江流域与黄河流域，其他各地均有栽培。

生长习性：喜光，喜温暖湿润气候及潮湿深厚的酸性及中性土壤，耐水湿，也能生于干旱处。根系发达，对有毒气体有一定的抗性，能吸收二氧化硫。

观赏特性及园林用途：枝条细长，生长迅速，自古以来深受中国人民热爱。最宜配置在水边，如桥头、池畔河流、湖泊等水系沿岸处。与桃花间植可形成桃红柳绿之景，是江南园林春景的特色配置方式之一。可做庭荫树、行道树、公路树，也适用于工厂绿化，还是固堤护岸的重要树种。

其他用途：木材可制家具；枝条可用于编织；树皮含鞣质，可提制栲胶；叶可做羊饲料。

图 3−19　垂柳

（4）旱柳（图 3−20）

形态特征：乔木，高可达 18m，胸径达 80cm。大枝斜上，树冠广圆形；树皮暗灰黑色，有裂沟；枝细长，直立或斜展，浅褐黄色或带绿色，后变褐色，无毛，幼枝有毛；叶披针形，上面绿色，无毛，有光泽，下面苍白色或带白色；花序与叶同时开放；花期为 4 月，果期为 4—5 月。

图 3-20　旱柳

主要分布：产于东北平原、华北平原、西北黄土高原，西至甘肃、青海，南至淮河流域以及浙江、江苏，为平原地区常见树种。

生长习性：喜光，耐寒，湿地、旱地皆能生长，但以湿润而排水良好的土壤中生长最好；根系发达，抗风能力强，生长快，易繁殖。

观赏特性及园林用途：旱柳枝条柔软，树冠丰满，是中国北方常用的庭荫树、行道树。适合于庭前道旁河堤溪畔、草坪栽植，常栽培在河湖岸边或孤植于草坪，对植于建筑两旁。也用作公路树，防护林及沙荒造林。

其他用途：旱柳可供建筑器具造纸、人造棉火药等用材；细枝可编筐；叶为冬季羊饲料。

3.4.2.2 **榆科**

榆科 16 属约 230 种，广泛分布于世界热带至温带地区。我国产 8 属 46 种，分布遍及全国。园林植物造景常用种为榉树、榔榆、榆树、朴树等。

（1）榉树（别称光叶榉、鸡油树、光光榆、马柳光树等，见图 3-21）

形态特征：乔木，高可达 30m，胸径达 100cm；树皮灰白色或褐灰色，呈不规则的片状剥落；叶薄纸质至厚纸质，大小形状变异很大，卵形、椭圆形或卵状披针形；叶柄粗短，被短柔毛；核果几乎无梗，淡绿色，斜卵状圆锥形，上面偏斜，凹陷，表面被柔毛；花期 4 月，果期 9—11 月。

图 3–21　榉树

主要分布：产于辽宁（大连）、陕西（秦岭）、甘肃（秦岭）、山东、江苏、安徽、浙江、江西、福建、台湾、河南、湖北、湖南和广东。

生长习性：阳性树种，喜光，喜温暖环境。耐烟尘及有害气体。适于深厚肥沃、湿润的土壤，对土壤的适应性强，酸性、中性、碱性土及轻度盐碱土均可生长。深根性，侧根广展，抗风力强。忌积水，不耐干旱和贫瘠。生长慢，寿命长。

观赏特性及园林用途：榉树树姿端庄，高大雄伟，秋叶变成褐红色，是观赏秋叶的优良树种，可孤植、丛植于公园和广场的草坪、建筑旁做庭荫树，与常绿树种混植做风景林，列植人行道、公路旁做行道树降噪防尘。榉树侧枝萌发能力强，在其主干截干后，可以形成大量的侧枝，是制作盆景的上佳植物材料，可脱盆或连盆种植于园林中或与假山、景石搭配，均能提高其观赏价值。榉树苗期侧根发达，长而密集，耐干旱瘠薄，固土、抗风能力强，可作为防护林带树种和水土保持树种加以推广。

其他用途：榉树可供桥梁家具用材；茎皮纤维可制人造棉和绳索；植株含有大量药效成分，有药用价值。

（2）榔榆（别称小叶榆、秋榆、掉皮榆、豺皮榆等，见图 3–22）

形态特征：落叶乔木，高可达 25m，胸径可达 1m；树冠广圆形；树皮灰色或灰褐色，裂成不规则鳞状薄片剥落；花秋季开放，簇状聚伞花序；翅果椭圆形或卵状椭圆形，果核部分位于翅果的中上部，花果期为 8—10 月。

主要分布：分布于河北、山东、江苏、安徽、浙江、福建、台湾、江西、广东、广西、湖南、湖北、贵州、四川、陕西、河南等省区。

生长习性：喜光，耐干旱，在酸性、中性及碱性土中均能生长，但以气候温暖、土壤肥沃、排水良好的中性土壤为最适宜的生境。

观赏特性及园林用途：榔榆干略弯，树皮斑驳雅致，小枝婉垂，秋日叶色变红，是良好的观赏树及工厂绿化、四旁绿化树种，常孤植成景，适宜种植于池畔、亭榭附近，也可配于山石之间；萌芽力强，是制作盆景的好材料，同时也可选作厂矿区绿化树种。

其他用途：榔榆可供家具、车辆、造船、器具、农具等用材；树皮可做蜡纸及人造棉原料，或织麻袋、编绳索；植株含有大量有效成分，可供药用。

图 3-22　榔榆

（3）榆树（别称榆钱、家榆、白榆、钻天榆等，见图 3-23）

形态特征：落叶乔木，高可达 25m，胸径达 1m，树皮暗灰色，不规则深纵裂，粗糙；叶椭圆状卵形、长卵形、椭圆状披针形或卵状披针形；花先叶开放，在上一年生枝的叶腋呈簇生状。翅果近圆形，稀倒卵状圆形，初淡绿色，后白黄色；花果期为 3—6 月（东北较晚）。

主要分布：分布于东北、华北、西北及西南各省区，生于海拔 1000 ~ 2500m 以下的山坡、山谷、川地、丘陵及沙岗等处，长江下游各省有栽培。

生长习性：阳性树种，喜光，耐旱，耐寒，耐瘠薄，不择土壤，适应性很强。根系发达，抗风力、保土力强。萌芽力强，耐修剪。生长快，寿命长。能耐干冷气候及中度盐碱，但不耐水湿（能耐雨季水涝）。

观赏特性及园林用途：榆树树干通直，树形高大，绿荫较浓，适应性强，生长快，是城市绿化行道树、庭荫树、工厂绿化、营造防护林的重要树种。在干瘠、严寒之地常呈灌木状，有用作绿篱者。又因其老茎残根萌芽力强，可自野外掘取制作盆景。榆树也是抗有毒气体（二氧化硫及氯气）较强的树种，可在工矿区使用。在林业上也是营造防风林、水土保持林和盐碱地造林的主要树种之一。

其他用途：榆树可供家具、车辆、农具、器具、桥梁、建筑等用材；树皮内含淀粉及黏性物，可食用，并为做醋原料；嫩果（俗称“榆钱”）可食；枝皮可代麻制绳索、麻袋或做人造棉与造纸原料；老果可供医药和轻工业、化工业用；叶可做饲料；树皮、叶及翅果均可药用。

图 3-23 榆树

（4）大叶朴（图 3-24）

形态特征：落叶乔木，高可达 15m；树皮灰色或暗灰色，浅微裂；叶椭圆形至倒卵状椭圆形，少有为倒广卵形，先端尾尖，长尖头由平截状顶端伸出；果单生叶腋，果近球形至球状椭圆形，成熟时为橙黄色至深褐色；花期为 4—5 月，果期为 9—10 月。

主要分布：产于辽宁（沈阳以南）、河北、山东、安徽北部、山西南部、河南西部、陕西南部和甘肃东部。多生于山坡、沟谷林中，海拔 100～1500m 的地方。朝鲜也有分布。

生长习性：喜光也稍耐阴，喜温暖湿润气候。对土壤要求不严，抗瘠薄干旱能力特强。抗风、抗烟、抗尘、抗轻度盐碱、抗有毒气体。根系发达，有固土保水能力。

观赏特性及园林用途：大叶朴是典型的遮阴兼观叶树种，常用作庭荫树、行道树。叶色浓绿，在秋末变为亮黄色；核果球形，橙色。是典型的秋景树种。

图 3–24　大叶朴

3.4.2.3 桑科

桑科约 53 属 1400 种。多产于热带、亚热带，少数分布在温带地区。全科在我国约产 12 属 153 种。

（1）桑（图 3–25）

形态特征：乔木或灌木，高 3～10m 或更高，胸径可达 50cm，树皮厚，灰色，具不规则浅纵裂。叶卵形或广卵形。花单性，与叶同时生出。聚花果卵状椭圆形，成熟时红色或暗紫色。花期为 4—5 月，果期为 5—8 月。

主要分布：本种原产于我国中部和北部，现由东北至西南各省区、西北直至新疆均有栽培。朝鲜、日本、蒙古国、中亚各国、俄罗斯、西欧等地以及印度、越南也有栽培。

生长习性：喜温暖湿润气候，稍耐阴。耐旱，不耐涝，耐瘠薄。对土壤的适应性强。

观赏特性及园林用途：桑树树冠宽阔，树叶茂密，秋季叶色变黄，颇为美观，且能抗烟尘及有毒气体，适于城市、工矿区及农村四旁绿化。适应性强，为良好的绿化及经济树种。

其他用途：桑树木材可制作家具、乐器、雕刻等；果实可食用，还可酿酒；植株具有药用价值；树皮可以作为药材、可造纸；桑木可造纸和用来制造农业生产工具；叶为养殖的主要饲料，并可做土农药。

图 3-25　桑

（2）榕树（别称细叶榕、万年青，见图 3-26）

形态特征：大乔木，高达 15～25m，胸径达 50cm，冠幅广展；老树常有锈褐色气根；树皮深灰色；叶薄革质，狭椭圆形；榕果成对腋生或生于已落叶枝叶腋，成熟时呈黄色或微红色，扁球形至广卵形；瘦果卵圆形；花期为 5—6 月。

主要分布：产于台湾、浙江（南部）、福建、广东（及沿海岛屿）、广西、湖北（武汉至十堰栽培）、贵州、云南。在国外的斯里兰卡、印度、缅甸、泰国、越南、马来西亚、菲律宾、日本（琉球和九州）、巴布亚新几内亚，以及澳大利亚北部、东部直至加罗林群岛均有分布。

生长习性：适应性强，喜疏松肥沃的酸性土，在贫瘠的沙质土中也能生长。不耐旱，较耐水湿，短时间水涝间不会烂根，在干燥的气候条件下生长不良。在潮湿的空气中能生长出大气生根，使观赏价值大大提高。喜阳光充足、温暖湿润气候，怕烈日暴晒，不耐寒，除华南地区外多做盆栽。

图 3-26　榕树

观赏特性及园林用途：在华南和西南等亚热带地区可用榕树来美化庭院，露地栽培，从树冠上垂挂下来的气生根能为园林环境创造出热带雨林的自然造景。大型盆栽植株通过造型可装饰厅、堂、馆、舍，也可在小型古典式园林中摆放；树桩盆景可用来布置家庭居室、办公室及茶室，也可常年在公共场所陈设，不需要精心管理和养护。

其他用途：榕树皮纤维可制渔网和人造棉；气根、树皮和叶芽可做清热解表的药材。

（3）无花果（图 3–27）

形态特征：落叶灌木，高 3～10m，多分枝；树皮灰褐色，皮孔明显；叶互生，厚纸质，广卵圆形；雌雄异株；榕果单生叶腋，大而梨形，成熟时呈紫红色或黄色；瘦果透镜状；花果期为 5—7 月。

主要分布：原产于地中海沿岸，分布于土耳其至阿富汗。我国唐代即从波斯传入，现南北方均有栽培，新疆南部尤多。

图 3–27　无花果

生长习性：喜温暖湿润气候，耐瘠，抗旱，不耐寒，不耐涝。以向阳、土层深厚、疏松肥沃、排水良好的沙质土壤或黏质土壤栽培为宜。

观赏特性及园林用途：无花果树势优雅，是庭院、公园的观赏树木，一般不用农药，是一种纯天然无公害树木。其叶片大，呈掌状裂，叶面粗糙，具有良好的吸尘效果，如与其他植物配置在一起，还可以形成良好的防噪声屏障。无花果树能抵抗一般植物不能忍受的有毒气体和大气污染，是化工污染区绿化的好树种。此外，无花果适应性强，抗风、耐旱、耐盐碱，在干旱的沙荒地区栽植，可以起到防风固沙、绿化荒滩的作用。

其他用途：无花果的新鲜幼果及鲜叶治痔疮疗效良好；果实味甜，可食或做蜜饯，也可入药。

（4）黄葛树（图 3–28）

形态特征：落叶或半落叶乔木，有板根或支柱根；叶薄革质或皮纸质，近披针形，全缘，干后表面无光泽；榕果单生或成对腋生或簇生于已落叶枝叶腋，球形，成熟时呈紫红色；瘦果表面有皱纹；花期为 5—8 月。

主要分布：分布区与原变种相同，在我国产于陕西南部、湖北（宜昌西南）、贵州、广西（百色和隆林）、四川（广布）、云南（除滇西北外几近全省）等地。

生长习性：喜光，有气生根；生于疏林中或溪边湿地，为阳性树种，喜温暖、高温湿润气候，耐旱而不耐寒，耐寒性比榕树稍强。抗风，抗大气污染，耐瘠薄，对土质要求不高，生长迅速，萌发力强，易栽植。

观赏特性及园林用途：新叶展放后，鲜红色的托叶纷纷落地，甚为美观。园林应用中适宜栽植于公园湖畔、草坪、河岸边、风景区。学校内可种植几株，既可以美化校园，又可以给师生提供良好的休息和娱乐的庇荫场地，可孤植或群植造景，供人们游憩、纳凉，也可用作行道树。

其他用途：黄葛树木材可供器具、农具等用材；茎皮纤维可替代黄麻编绳；根、叶可入药。

图 3–28 黄葛树

（5）构树（别称谷桑、谷树等，见图 3-29）

形态特征：乔木，高 10～20m，树皮暗灰色，小枝密生柔毛；叶螺旋状排列，广卵形至长椭圆状卵形；花雌雄异株；雄花序为柔荑花序，粗壮，雌花序球形头状，花被管状；聚花果成熟时为橙红色；花期为 4—5 月，果期为 6—7 月。

主要分布：产于我国南北各地，国外的锡金、缅甸、泰国、越南、马来西亚、日本、朝鲜均有分布，野生或栽培。

生长习性：喜光，适应性强，耐干旱，耐瘠薄，也能生于水边，多生于石灰岩山地，也能在酸性土及中性土中生长；耐烟尘，抗大气污染力强。

观赏特性及园林用途：构树能抗二氧化硫、氟化氢和氯气等有毒气体，可作为荒滩偏僻地带及污染严重的工厂的绿化树种，因其花序脱落容易污染，该种不适合做行道树。

其他用途：构树叶富含蛋白质，可用于生产全价畜禽饲料，植株具有药用价值。

图 3-29　构树

3.4.2.4 紫茉莉科

紫茉莉科约 30 属 300 种，分布于热带和亚热带地区，主产于热带美洲。我国有 7 属 11 种，主要分布于华南和西南。园林植物造景常用的是叶子花、光叶子花等。

代表性植物为叶子花（图 3-30），别称三角花、九重葛、勒杜鹃。

形态特征：藤状灌木；枝、叶密生柔毛；叶片椭圆形或卵形，基部圆形，有柄；花序腋生或顶生，呈暗红色或淡紫红色；花被管狭筒形，绿色，密被柔毛；花期在冬春间。

主要分布：原产于热带美洲，我国南方栽培供观赏。

生长习性：性喜温暖、湿润的气候和阳光充足的环境。不耐寒，耐瘠薄，耐干旱，耐盐碱，耐修剪，生长势强，喜水但忌积水。要求充足的光照，长江流域以及北方地区均盆栽养护。对土壤要求不高，但在肥沃、疏松、排水好的沙壤土能旺盛生长。

观赏特性及园林用途：叶子花的观赏部位是苞片，其苞片似叶，花于苞片中间，故称为“叶子花”，赞比亚将其定为国花。叶子花树势强健，花形奇特，色彩艳丽，缤纷多彩，花开时节格外鲜艳夺目，特别是冬季室内，当苞片开放时，大放异彩，热烈奔放，深受人们喜爱。中国南方常将其用于庭院绿化，做花篱、棚架植物，以及花坛、花带的配置，均有其独特的风姿。方盆栽，置于门廊、庭院和厅堂入口处，十分醒目。

其他用途：叶子花植株具有药用价值。

图 3-30　**叶子花**

3.4.2.5 连香树科

连香树科仅 1 属，即连香树属。代表性植物为连香树（图 3-31）。

形态特征：落叶大乔木，高 10～20cm，少数达 40m；树皮灰色或棕灰色；小枝无毛，短枝在长枝上对生；生于短枝上的叶呈近圆形、宽卵形或心形，生于长枝上的叶呈椭圆形或三角形；蓇葖果有 2～4 个，荚果状，褐色或黑色，微弯曲，先端渐细，有宿存花柱；种子数个，扁平四角形，褐色；花期为 4 月，果期为 8 月。

主要分布：产于山西西南部、河南、陕西、甘肃、安徽、浙江、江西、湖北及四川。生在山谷边缘或林中开阔地的杂木林中，海拔在 650～2700m 的地方。日本也有分布。

生长习性：耐阴性较强，幼树须长在林下弱光处，成年树要求一定的光照条件；深根性，抗风，耐湿，生长缓慢，结实稀少；萌蘖性强，于根基部常萌生多枝。

观赏特性及园林用途：连香树树体高大，树姿优美，叶形奇特，为圆形，大小与银杏（白果）叶相似，因此得名山白果。叶色季相变化丰富，春天为紫红色，夏天为翠绿色，秋天为金黄色，冬天为深红色，是典型的彩叶树种，极具观赏价值，是园林绿化、造景配置的优良树种。

其他用途：连香树为第三纪孑遗植物，有重要的科研价值；植株具有药用价值；木材是制作小提琴、室内装修制造实木家具的理想用材，并且还是重要的造币树种；树皮与叶片可提制栲胶；叶片可用于制作香料。

图 3-31　连香树

3.4.2.6 毛茛科

毛茛科约 50 属 2000 种，在世界各洲广布，主要分布在北半球温带和寒温带。我国有 42 属（包含引种的 1 个属黑种草属），约 720 种，在全国广布，大多数属、种分布于西南部山地。毛茛科种不少属有美丽的花，可供观赏，如牡丹、芍药、乌头都是我国著名的花卉。

（1）芍药（图 3-32）

形态特征：多年生草本，根粗壮，分枝黑褐色；下部茎生叶为二回三出复叶，上部茎生叶为三出复叶；小叶狭卵形、椭圆形或披针形；花数朵，生茎顶和叶腋，苞片 4～5 片，披针形，萼片 4 片，宽卵形或近圆形，花瓣 9～13 个，倒卵形，白色，有时基部具有深紫色斑块，花丝黄色；花期为 5—6 月，果期为 8 月。

主要分布：在我国分布于东北、华北地区及陕西和甘肃南部，在东北分布于海拔 480～700m 的山坡草地及林下，在其他各省分布于海拔 1000～2300m 的山坡草地；四川、贵州、安徽、山东、浙江等省份的城市公园也有栽培，各色均有。在朝鲜、日本、蒙古国及俄罗斯（西伯利亚地区）也有分布。

生长习性：喜光照，耐旱。

观赏特性及园林用途：芍药可做专类园、切花、花坛用花等；芍药花大色艳，观赏性佳，和牡丹搭配可在视觉效果上延长花期，因此常和牡丹搭配种植。芍药属于十大名花之一，也可做鲜切花。

其他用途：植株具有药用价值；种子可榨油，供制肥皂，掺和油漆做涂料用；根和叶可提制栲胶，也可用作土农药灭杀大豆蚜虫和防治小麦秆锈病等。

图 3–32　芍药

（2）牡丹（图 3–33）

形态特征：落叶灌木，茎高可达 2m，分枝短而粗；叶通常为二回三出复叶，表面绿色，无毛，背面淡绿色，有时具白粉；花单生枝顶，萼片 5 片，绿色，宽卵形；花瓣 5 片，或为重瓣，玫瑰色、红紫色、粉红色至白色，通常变异很大，倒卵形；雄蕊花丝呈紫红色、粉红色，上部白色；花盘革质，杯状，紫红色，顶端有数个锐齿或裂片；蓇葖长圆形，密生黄褐色硬毛；花期为 5 月，果期为 6 月。

主要分布：我国牡丹资源特别丰富，滇、黔、川、藏、新、青、甘、宁、陕、桂、湘、粤、晋、豫、鲁、闽、皖、赣、苏、浙、沪、冀、蒙、京、津、黑、辽、吉、琼、港、台等地均有牡丹种植。

生长习性：性喜温暖凉爽、干燥、阳光充足的环境。喜阳光，也耐半阴、耐寒、耐干旱、耐弱碱；忌积水，怕热，怕烈日直射。适宜在疏松、深厚、肥沃、地势高燥、排水良好的中性沙壤土中生长；酸性或黏重土壤中生长不良。

观赏特性及园林用途：牡丹色、姿、香、韵俱佳，花大色艳，花姿绰约，艳压群芳。我国菏泽、洛阳均以牡丹为市花，菏泽曹州牡丹园、曹州百花园、中国牡丹园、古今园，以及洛阳王城公园、牡丹公园和植物园，每年于 4 月 15—25 日举行牡丹花会。兰州、北京、西安、南京、苏州、杭州等地均有牡丹造景。此外，牡丹的形象还被广泛用于传统艺术，如刺绣、绘画、印花、雕刻。

其他用途：牡丹花瓣可煎食或酿酒；植株具有药用价值。

图 3–33　牡丹

3.4.2.7 小檗科

小檗科有 17 属约 650 种，主产于北温带和亚热带高山地区。中国有 17 属约 320 种，全国各地均有分布，但以四川、云南、西藏种类最多。该科中的许多植物具有观赏价值，十大功劳、南天竹等早已作为观赏植物在国内外广为栽培。

（1）黄芦木（别称小檗，见图 3–34）

形态特征：落叶灌木，高 2～3.5m；老枝淡黄色或灰色；叶纸质，倒卵状椭圆形、椭圆形或卵形，背面淡绿色，无光泽；总状花序具 10～25 朵，花黄色，花瓣椭圆形；浆果长圆形，红色，不被白粉或仅基部微被霜粉；花期为 4—5 月，果期为 8—9 月。

图 3–34　黄芦木

主要分布：产于黑龙江、吉林、辽宁、河北、内蒙古、山东、河南、山西、陕西、甘肃。生于山地灌丛中沟谷、林缘、疏林、溪旁或岩石旁。日本、朝鲜、俄罗斯（西伯利亚地区）也有分布。

生长习性：对光照要求不严，喜光也耐阴，喜温凉湿润的气候环境，耐寒性强，也较耐干旱瘠薄，忌积水涝洼，对土壤要求不严，但以肥沃且排水良好的沙壤土生长最好，萌芽力强，耐修剪。

观赏特性及园林用途：小檗的叶色有绿色、紫色、金色、红色等，根据品种的不同以及阳光照射的强度不同，呈现出不同的色彩。紫叶小檗初春新叶呈鲜红色，盛夏时变成深红色，入秋后又变成紫红色。小檗果实不但为鲜艳的红色，而且冬季落叶后可缀满枝头，丰富冬季园林的色彩，有明显的美化作用，无论是孤植还是群植都有较好的色彩效果。

其他用途：小檗具有药用价值。

（2）十大功劳（别称老鼠刺、猫刺叶、黄天竹，见图 3–35）

形态特征：灌木，高 0.5～4m；叶倒卵形至倒卵状披针形；总状花序 4～10 朵簇生，花黄色，花瓣长圆形；浆果球形，紫黑色，被白粉；花期为 7—9 月，果期为 9—11 月。

主要分布：产于广西、四川、贵州、湖北、江西、浙江等地。生于山坡沟谷林中、灌丛中、路边或河边。

图 3–35　十大功劳

生长习性：属暖温带植物，具有较强的抗寒能力，不耐暑热，喜温暖湿润的气候，性强健，耐阴，忌烈日暴晒，有一定的耐寒性，也比较抗干旱。它们在原产地多生长在阴湿峡谷和森林下面，属阴性植物，喜排水良好的酸性腐殖土，极不耐碱，怕水涝。

观赏特性及园林用途：十大功劳的叶形奇特，黄花似锦，典雅美观，果实成熟后呈蓝紫色，叶形秀丽，尖有刺。叶色艳美，外观形态雅致，是观赏花木珍贵者，在江南园林常丛植于假山一侧或定植在假山，或栽在房屋后作为基础种植，或植于绿篱、果园、菜园的四角作为境界林，还可盆栽放在会议室、招待所、会议厅，清幽可爱，作为切花更为独特。由于对二氧化硫的抗性较强，也是工矿区的优良美化植物。

其他用途：十大功劳具有药用价值。

（3）南天竹（别称南天竺、红杷子、天烛子、红枸子、钻石黄、天竹、兰竹，见图 3–36）

形态特征：常绿小灌木；叶互生，集生于茎的上部，三回羽状复叶；圆锥花序直立，花小，白色，具芳香，花瓣长圆形；浆果球形，熟时鲜红色；种子扁圆形；花期为 3—6 月，果期为 5—11 月。

图 3–36　南天竹

主要分布：产于福建、浙江、山东、江苏、江西、安徽、湖南、湖北、广西、广东、四川、云南、贵州、陕西、河南等地。生于山地林下沟旁、路边或灌丛中，海拔 1200m 以下。日本也有分布，北美东南部也有栽培。

生长习性：性喜温暖及湿润的环境，比较耐阴，也耐寒，容易养护。栽培土要求肥沃、排水良好的沙壤土。对水分要求不甚严格，既能耐湿也能耐旱。比较喜肥，可多施磷、钾肥。

观赏特性及园林用途：茎干丛生，枝叶扶疏，秋冬叶色变红，有红果，经久不落，各地庭院常有栽培，为赏叶观果的佳品。

其他用途：南天竹具有药用价值。

3.4.2.8 蔷薇科

蔷薇科约有 124 属 3300 种，分布于全世界，北温带较多。我国约有 51 属 1000 种，产于全国各地。本科植物做观赏用的非常多，如各种绣线菊、绣线梅、珍珠梅、蔷薇、月季、海棠、梅花、樱花、碧桃、棣棠和白鹃梅等，或具美丽可爱的枝叶和花朵，或具鲜艳多彩的果实，在全世界各地庭院中均占重要位置。

（1）刺蔷薇（别称大叶蔷薇，见图 3−37）

形态特征：灌木，高 1～3m；小枝圆柱形，稍微弯曲，红褐色或紫褐色，无毛；花单生或 2～3 朵簇生，苞片卵形至卵状披针形，花瓣粉红色，倒卵形，具芳香；果梨形、长椭圆形或倒卵球形，红色，有光泽；花期为 6—7 月，果期为 7—9 月。

主要分布：产于黑龙江、吉林、辽宁、内蒙古、河北、山西、陕西、甘肃、新疆等省区。北欧、北亚以至北美均有分布。

生长习性：生山坡阳处、灌丛中或桦木林下，砍伐后针叶林迹地以及路旁，长于海拔 450～1820m 之地。

观赏特性及园林用途：花朵美丽，是园林中布置花坛、花境、庭院的优良花材。

图 3−37　刺蔷薇

（2）月季（别称月月红、月月花等，见图 3–38）。

形态特征：直立灌木，高 1～2m；小枝粗壮，圆柱形；小叶 3～5m，边缘有锐锯齿，两面近无毛，上面暗绿色，常带光泽，下面颜色较浅；花瓣重瓣至半重瓣，红色、粉红色至白色，倒卵形；果卵球形或梨形，红色；花期为 4—9 月，果期为 6—11 月。

主要分布：原产于中国，各地普遍栽培。

图 3–38　月季

生长习性：对气候土壤要求虽不严格，但以疏松、肥沃、富含有机质、微酸性、排水良好的土壤较为适宜，喜温暖、日照充足、空气流通的环境。

观赏特性及园林用途：月季在园林绿化中有着不可或缺的作用。月季是南北园林中使用次数最多的一种花卉。月季花是春季主要的观赏花卉，其花期长、观赏价值高、价格低廉，受到各地园林的欢迎，可用于园林布置花坛、花境、庭院花材，可制作月季盆景，做切花、花篮、花束等。月季因其攀缘生长的特性，还可用于垂直绿化，构成赏心悦目的廊道和花柱，做成各种拱形、网格形、框架式架子供月季攀附，再经过适当的修剪整形，可装饰建筑物，成为联系建筑物与园林的巧妙“纽带”。

其他用途：植株具有药用价值；花可提取香料。

（3）玫瑰（图 3–39）

形态特征：直立灌木，高可达 2m；茎粗壮，丛生；小枝密被绒毛，并有针刺和腺毛，有直立或弯曲的淡黄色的皮刺，皮刺外被绒毛；小叶 5～9 片，小叶片呈椭圆形或椭圆状倒卵形，叶片上面呈深绿色，无毛，叶片下面呈灰绿色，密被绒毛和腺毛；花单生于叶腋，或数朵簇生；花瓣呈倒卵形，重瓣至半重瓣，呈紫红色至白色，具芳香；果扁球形，砖红色；花期为 5—6 月，果期为 8—9 月。

主要分布：原产于我国华北以及日本和朝鲜。我国各地均有栽培。

图 3－39 玫瑰

生长习性：喜阳光充足，日照充分则花色浓，香味也浓。生长季节日照少于 8h 则徒长而不开花。耐寒，但不耐早春的旱风。耐旱，对空气湿度要求不甚严格，气温低、湿度大时易发生锈病和白粉病。喜排水良好、疏松肥沃的壤土或轻壤土，在黏壤土中生长不良，开花不佳。宜栽植在通风良好、离墙壁较远的地方，以防日光反射，灼伤花苞，影响开花。

观赏特性及园林用途：玫瑰花色艳香浓，是著名的观花闻香花木。在北方园林应用较多，江南庭园少有栽培，可植花篱、花境、花坛，也可丛植于草坪，点缀坡地，布置专类园，风景区结合水土保持可大量种植。同时，玫瑰也是著名的切花材料。

其他用途：玫瑰鲜花可蒸制芳香油，可供食用及化妆品用；花瓣可食用，花蕾可入药；种子可炼油。

（4）苹果（图 3－40）

形态特征：乔木，高可达 15m；叶呈椭圆形、卵形或宽椭圆形；伞形花序，具 3～7 花，集生枝顶；苞片线状披针形，被绒毛；萼片三角状披针形或三角状卵形；花瓣倒卵形，白色，含苞时带粉红色；果呈扁球形，果柄粗短；花期为 5 月，果期为 7—10 月。

主要分布：原产于欧洲及亚洲中部，栽培历史悠久，全世界温带地区均有种植，辽宁、河北、山西、山东、陕西、甘肃、四川、云南、西藏常见栽培，适种植于山坡梯田、平原矿野以及黄土丘陵等处。

生长习性：能适应大多数的气候，南北纬 35°～50°地区是苹果生长的最佳选择。光照充足的地区有利于苹果的正常生长和结果，有利于提高果实的品质。不同品种的苹果对光照的要求有所差异。

观赏特性及园林用途：花形美丽，可作为观赏植物应用。

其他用途：苹果是著名落叶果树，经济价值很高。

图 3–40　苹果

（5）海棠（图 3–41）

形态特征：乔木，高可达 8m；小枝粗壮，圆柱形，老时呈红褐色或紫褐色，无毛；叶片椭圆形至长椭圆形，边缘有紧贴细锯齿，有时部分近于全缘；花序近伞形，有花 4～6 朵，花瓣卵形，白色，在芽中呈粉红色；果实近球形，黄色，萼片宿存；花期为 4—5 月，果期为 8—9 月。

主要分布：平原或山地，海拔在 50～2000m 之地。

图 3–41　海棠

生长习性：原产于我国，在山东、河南、陕西、安徽、江苏、湖北、四川、浙江、江西、广东、广西等地均有栽培，为我国著名观赏树种。

观赏特性及园林用途：海棠树姿优美，花形烂漫，入秋后金果满树，芳香袭人，宜孤植于庭院前后，对植大门厅入口处，丛植于草坪角隅，或与其他花木相配置。海棠对二氧化硫有较强的抗性，适用于城市街道绿地和矿区绿化。同时，海棠是制作盆景的好材料，切枝可供瓶插及其他装饰之用。

其他用途：海棠的花和果实可食用，又可供药用；种仁可食用并可制肥皂；树皮可提制栲胶。

（6）西府海棠（别称海红、小果海棠、子母海棠，见图 3–42）

形态特征：小乔木，高达 2.5～5m；树枝直立性强；小枝细弱，圆柱形，老时呈紫红色或暗褐色；叶片呈长椭圆形或椭圆形，边缘有尖锐锯齿，嫩叶被短柔毛，下面较密，老时脱落；花序为伞形总状，有花 4～7 朵，集生于小枝顶端，花瓣近圆形或长椭圆形，粉红色；果实近球形，红色；花期为 4—5 月，果期为 8—9 月。

图 3–42　西府海棠

主要分布：产于辽宁、河北、山西、山东、陕西、甘肃、云南等地，生长于海拔 100～2400m 之地。

生长习性：喜光，耐寒，忌水涝，忌空气过湿，较耐干旱。

观赏特性及园林用途：西府海棠是我国的传统名花之一，花姿潇洒，花开似锦，自古以来就是雅俗共赏的名花，素有“花中神仙”“花贵妃”之称，有“国艳”之誉，历代文人墨客题咏不绝。北京故宫御花园和颐和园中就植有西府海棠，每到春夏之交，花姿明媚动人、楚楚有致，与玉兰、牡丹、桂花相伴，形成“玉棠富贵”之意。

西府海棠在海棠花类中树态俏丽，似亭亭少女。花红，叶绿，果美，不论孤植、列植、丛植，均极为美观。

其他用途：植株具有药用价值；果实可鲜食或制作蜜饯。

（7）垂丝海棠（图 3–43）

形态特征：乔木，高可达 5m，小枝微弯曲；叶呈卵形、椭圆形至长椭圆状卵形，边缘有圆钝细锯齿；花有 4 ~ 6 朵，组成伞房花序；花梗呈紫色；花瓣常 5 瓣以上，粉红色，倒卵形；果呈梨形或倒卵圆形，稍带紫色；花期为 3—4 月，果期为 9—10 月。

主要分布：产于江苏、浙江、安徽、陕西、四川、云南等地，生于山坡丛林中或山溪边，海拔为 50 ~ 1200m 之地。

生长习性：垂丝海棠性喜阳光，不耐阴，也不甚耐寒，喜温暖湿润环境，适生于阳光充足、背风之处。对土壤要求不严，微酸或微碱性土壤均可生长，但以土层深厚、疏松、肥沃、排水良好略带黏质的更好。此花生性强健，栽培容易，不需要特殊技术管理，但不耐水涝，盆栽须防止水渍，以免烂根。

观赏特性及园林用途：垂丝海棠花色艳丽，花姿优美，朵朵弯曲下垂，如遇微风则飘飘荡荡，娇柔红艳。远望犹如彤云密布，美不胜收，是深受人们喜爱的庭院木本花卉，同时也是制作盆景的好材料。

其他用途：果可食用或制蜜饯；植株具有药用价值。

图 3–43 垂丝海棠

（8）贴梗海棠（别称贴梗木瓜等，见图 3–44）

形态特征：落叶灌木，高可达 2m；枝条直立开展，有刺；小枝圆柱形，微屈曲，无毛，呈紫褐色或黑褐色，有浅褐色皮孔；叶片呈卵形至椭圆形，边缘具有尖锐锯齿；花先叶开放，3 ~ 5 朵簇生于二年老枝上；花梗短粗，花瓣倒卵形或近圆形，基部延伸成短爪，猩红色，稀淡红色或白色；果实呈球形或卵球形，黄色或带黄绿色，有稀疏不明显斑点，味芳香；萼片脱落，果梗短或近于无梗；花期为 3—5 月，果期为 9—10 月。

主要分布：产于陕西、甘肃、四川、贵州、云南、广东等地，缅甸也有分布。

生长习性：温带树种，适应性强，喜光，也耐半阴、耐寒、耐旱。对土壤要求不严，在肥沃、排水良好的黏性壤土中均可正常生长，忌低洼和盐碱地。

观赏特性及园林用途：公园、庭院、校园、广场等道路两侧可栽植贴梗海棠，亭亭玉立，花果繁茂，灿若云锦，清香四溢，效果甚佳。贴梗海棠作为独特孤植观赏树，可三五成群地点缀于园林小品或园林绿地中，也可培育成独干或多干的乔灌木作为片林或庭院的点缀。春季观花，夏秋赏果，淡雅俏秀，多姿多彩，使人百看不厌，取悦其中。贴梗海棠可制作多种造型的盆景，可置于厅堂、花台、门廊角隅、休闲场地，可与建筑合理搭配，使庭院景致倍添风采，被点缀得更加幽雅清秀。

其他用途：果实具有食用价值和药用价值。

图 3-44 贴梗海棠

（9）桃（图 3-45）

形态特征：乔木，高 3～8m；树冠宽广而平展；树皮暗红褐色，老时粗糙呈鳞片状；叶片长圆披针形、椭圆披针形或倒卵状披针形，叶边具细锯齿或粗锯齿；花单生，先于叶开放，花瓣呈长圆状椭圆形至宽倒卵形，花呈粉红色，罕为白色；果实形状和大小均有变异，呈卵形、宽椭圆形或扁圆形，常在向阳面具红晕，外面密被短柔毛，稀无毛，腹缝明显，果梗短而深入果洼，果肉呈白色、浅绿色、黄色、橙黄色或红色，多汁有香味，甜或酸甜；种仁味苦，稀味甜；花期为 3—4 月，果实成熟期因品种而异，通常为 8—9 月。

主要分布：原产于我国，各省区广泛栽培。主要经济栽培地区在中国华北、华东各省，较为集中的地区有北京海淀区、平谷区，山东蒙阴、肥城、益都、青岛，河南商水、开封，河北抚宁、遵化、临漳，陕西宝鸡、西安，甘肃天水，四川成都，辽宁大连，浙江奉化，上海南汇，江苏无锡、徐州。世界各地均有栽植。

生长习性：喜光、耐旱、耐寒力强。在陕甘宁地区和新疆南部、东北吉林，冬季温度在−25℃以下时容易发生冻害，早春晚霜危害也时有发生。在南方冬季 3 个月平均气温超过 10℃的地区，多数品种落叶延迟，进入休眠不完全，翌春萌芽很迟，开花不齐，产量降低。栽培时要注意桃树的需寒量，不同品种对低温的需求量差异很大，一般用 7.2℃以下的积温来表示，大部分品种的需寒量为 500～1000h。桃最怕渍涝，淹水 24h 就会造成植株死亡，选择排水良好、土层深厚的沙质微酸性土壤最为理想。

观赏特性及园林用途：桃是中国传统的园林花木，其树态优美，枝叶扶疏，花朵丰腴，色彩艳丽，为早春重要观花树种之一，深受群众喜爱，现已经出现以桃树为主题的观光区，如四川成都龙泉驿，每年春季吸引了大量游客前往观赏。

其他用途：桃是一种深受人们喜爱的水果，树干上分泌的胶质俗称桃胶，可用作黏结剂等。

图 3−45　桃

（10）榆叶梅（图 3−46）

形态特征：灌木，高 2～3m；枝条开展，具多数短小枝；小枝灰色，一年生枝灰褐色，无毛或幼时微被短柔毛；叶片宽椭圆形至倒卵形，叶边具粗锯齿或重锯齿；

花有 1～2 朵，先于叶开放，花瓣近圆形或宽倒卵形，粉红色；果实近球形，红色，外被短柔毛；果肉薄，成熟时开裂；核近球形，有厚硬壳，顶端圆钝，表面具不整齐的网纹；花期为 4—5 月，果期为 5—7 月。

主要分布：原产于我国北部，黑龙江、吉林、辽宁、内蒙古、河北、山西、陕西、甘肃、山东、江西、江苏、浙江等省区。低至中海拔的坡地或沟旁的乔灌木林下或林缘下有生产。

生长习性：喜光，稍耐阴，耐寒，能在−35℃下越冬。对土壤要求不严，以中性至微碱性而肥沃土壤为佳。根系发达，耐旱力强，不耐涝，抗病力强。

观赏特性及园林用途：榆叶梅其叶像榆树，其花像梅花，因此而得名。榆叶梅枝叶茂密，花繁色艳，是我国北方园林街道、路边等重要的绿化观花灌木树种。其植物有较强的抗盐碱能力，适宜种植在公园的草地、路边或庭园中的角落、水池等地。如果将榆叶梅种植在常绿树周围或假山等地，其视觉效果更理想，能够让其具有良好的视觉观赏效果。与其他花色的植物搭配种植，在春季花盛开时，花形、花色均极美观，各色花争奇斗艳，美不胜收，是不可多得的园林绿化植物。

其他用途：种子具有药用价值。

图 3−46 榆叶梅

（11）杏（图 3−47）

形态特征：乔木，高 5～12m；树冠圆形、扁圆形或长圆形；树皮呈灰褐色，纵裂；多年生枝浅褐色，一年生枝浅红褐色；叶片宽卵形或圆卵形，叶边有圆钝锯齿，两面无毛或下面脉腋间具柔毛；花单生，先于叶开放；花梗短，被短柔毛；花萼呈紫绿色；萼片呈卵形至卵状长圆形；花瓣呈圆形至倒卵形，白色或带红色；果实呈球形，稀倒卵形，白色、黄色至黄红色，常具红晕，微被短柔毛；果肉多汁，成熟时不开裂；核呈卵形或椭圆形，两侧扁平，顶端圆钝，基部对称，表面稍粗糙或平滑；种仁味苦或甜；花期为3—4月，果期为6—7月。

图3-47　杏

主要分布：产于我国各地，尤以华北、西北和华东地区种植较多，在新疆伊犁一带野生成纯林或与新疆野苹果林混生，海拔可达3000m。世界各地均有栽培。

生长习性：阳性树种，适应性强，深根性，喜光，耐旱，抗寒，抗风，寿命可达百年以上，为低山丘陵地带的主要栽培果树。

观赏特性及园林用途：杏在早春开花，先花后叶，可与苍松、翠柏配置于池旁湖畔或植于山石崖边、庭院堂前，具观赏性。

其他用途：杏是常见的水果之一；杏木质地坚硬，是做家具的好材料；枝条可做燃料；叶可做饲料。

（12）东京樱花（别称日本樱花、樱花，见图3-48）

形态特征：乔木，高4～16m；树皮灰色；小枝淡紫褐色，无毛，嫩枝绿色，被疏柔毛；叶片呈椭圆卵形或倒卵形，叶边有尖锐重锯齿，叶片上面呈深绿色，无毛，叶片下面呈淡绿色，叶柄密被柔毛；花序为伞形总状，花3～4朵，先叶开放，总苞片呈褐色，椭圆卵形，两面被疏柔毛；花瓣呈白色或粉红色，椭圆卵形；核果近球形，黑色，核表面略具棱纹；花期为4月，果期为5月。

主要分布：原产于日本，我国北京、西安、青岛、南京、南昌等城市在庭院中也有栽培。

生长习性：喜光、喜温、喜湿、喜肥的果树，适合在年均气温为10℃～12℃、年降水量为600～700mm、年日照时数为2600～2800h以上的气候条件下生长。日平均气温高于 10℃的时间为 150～200d，冬季极端最低温度不低于-20℃的地方都能生长良好、正常结果。适宜在土层深厚、土质疏松、透气性好、保水力较强的沙壤土或砾质土壤中栽培。在土质黏重的土壤中栽培时，根系分布浅，不抗旱，不耐涝，也不抗风。

观赏特性及园林用途：东京樱花为著名的早春观赏树种，在开花时满树灿烂，但是花期很短，仅保持 1 周左右就凋谢。该种在日本栽培广泛，也是中国引种最多的种类，花期早，先叶开放，花色粉红，可孤植或群植于庭院、公园、草坪、湖边或居住小区等处，远观似一片云霞，绚丽多彩，也可以列植或与其他花灌木合理配置于道路两旁，或片植做专类园。

图 3-48　东京樱花

（13）石楠（别称千年红、扇骨木、笔树、将军梨、石楠柴等，见图 3-49）

形态特征：常绿灌木或小乔木，高 4～6m，有时可达 12m；枝褐灰色，无毛；叶片革质，呈长椭圆形、长倒卵形或倒卵状椭圆形；复伞房花序顶生，花密生，花瓣白色，近圆形，花药带紫色；果实球形，红色，后成褐紫色；种子卵形，棕色，平滑；花期为 4—5 月，果期为 10 月。

主要分布：产于我国陕西、甘肃、河南、江苏、安徽、浙江、江西、湖南、湖北、福建、台湾、广东、广西、四川、云南、贵州等省区。生于杂木林中，海拔为 1000～2500m 等地。日本、印度尼西亚也有分布。

生长习性：喜光，稍耐阴，深根性，对土壤要求不严，但以肥沃湿润、土层深厚、排水良好、微酸性的沙质土壤最为适宜。能耐短期-15℃的低温，喜温暖、湿润气候，在焦作、西安及山东等地能露地越冬。萌芽力强，耐修剪，对烟尘和有毒气体有一定的抗性。

观赏特性及园林用途：石楠枝繁叶茂，枝条能自然发展成圆形树冠，终年常绿。其叶片呈翠绿色，有光泽，早春幼枝嫩叶为紫红色，枝叶浓密，老叶经过秋季后部分出现赤红色，夏季密生白色花朵，秋后鲜红果实缀满枝头，鲜艳夺目，是一种观赏价值极高的常绿阔叶乔木，作为庭荫树或进行绿篱栽植效果更佳。根据园林绿化布局需要，可修剪成球形或圆锥形等不同的造型。在园林中孤植或基础栽植均可，丛植使其形成低矮的灌木丛，可与金叶女贞、红叶小檗、扶芳藤等组成美丽的图案，获得赏心悦目的效果。

其他用途：石楠木材可制车轮及器具柄；种子榨油供制油漆、肥皂或润滑油用；可做枇杷的砧木；叶和根具有药用价值。

图 3-49　石楠

（14）火棘（别称火把果、救军粮、红子等，见图 3-50）

形态特征：常绿灌木，高可达 3m；侧枝短，先端呈刺状，嫩枝外被锈色短柔毛，老枝呈暗褐色，无毛；叶片倒卵形或倒卵状长圆形，边缘有钝锯齿，齿尖向内弯，近基部全缘，两面皆无毛；花集成复伞房花序；花瓣为白色，近圆形；果实近球形，橘红色或深红色；花期为 3—5 月，果期为 8—11 月。

主要分布：产于陕西、河南、江苏、浙江、福建、湖北、湖南、广西、贵州、云南、四川、西藏等省区。生于山地、丘陵地阳坡，灌丛、草地及河沟路旁，海拔 500～2800m。

生长习性：喜光，稍耐阴，耐贫瘠，抗干旱，对土壤要求不高，以排水良好、湿润、疏松的中性或微酸性壤土为好；不耐寒，黄河以南露地种植，华北需盆栽，塑料棚或低温温室越冬，温度可低至 0℃。

图 3-50　火棘

观赏特性及园林用途：火棘适应性强，耐修剪；做绿篱具有优势，红彤彤的火棘果使人在寒冷的冬天里有一种温暖的感觉。火棘作为球形布置可以采取不同修剪整形的手法，错落有致地栽植于草坪之上，点缀于庭院深处，或者布置在道路两旁或中间绿化带，能起到绿化美化和醒目的作用。火棘耐修剪，主体枝干自然变化多端，是盆景和插花的优良材料。

其他用途：植株具有药用价值；果实可鲜食，也可加工成各种饮料。

（15）棣棠花（别称地棠、蜂棠花、黄度梅、金棣棠梅、黄榆梅等，见图 3-51）

形态特征：落叶灌木，高 1～2m，稀达 3m；小枝绿色，圆柱形；叶互生，呈三角状卵形或卵圆形，边缘有尖锐重锯齿，两面绿色，上面无毛或有稀疏柔毛，下面有柔毛；单花，着生在当年生侧枝顶端，花梗无毛；花瓣黄色，宽椭圆形；瘦果倒卵形至半球形，褐色或黑褐色，表面无毛，有皱褶；花期为 4—6 月，果期为 6—8 月。

图 3-51　棣棠花

主要分布：产于甘肃、陕西、山东、河南、湖北、江苏、安徽、浙江、福建、江西、湖南、四川、云南等省。生山坡灌丛中，海拔为 200～3000m 之地。日本也有分布。

生长习性：喜温暖湿润和半阴环境，耐寒性较差，对土壤要求不高，以肥沃、疏松的壤土生长最好。

观赏特性及园林用途：棣棠花枝叶翠绿细柔，金花满树，别具风姿，可栽在墙隅及管道旁，有遮蔽之效。宜做花篱、花径，群植于常绿树丛之前、古木之侧、山石缝隙之中或池畔、水边、溪流及湖沼沿岸成片栽种，均甚相宜；若配置疏林草地或山坡林下，则尤为雅致，野趣盎然；盆栽观赏也可。

其他用途：棣棠花具有药用价值。

（16）绣线菊（别称柳叶绣线菊、空心柳、珍珠梅等，见图 3–52）

形态特征：直立灌木，高 1～2m；枝条密集，小枝稍有棱角，黄褐色，嫩枝具短柔毛，老时脱落；叶片长圆披针形至披针形，边缘密生锐锯齿，有时为重锯齿，两面无毛；花序为长圆形或金字塔形的圆锥花序，被细短柔毛，花朵密集；花瓣卵形，粉红色；蓇葖果直立，无毛或沿腹缝有短柔毛；花期为 6—8 月，果期为 8—9 月。

图 3–52　绣线菊

主要分布：分布于中国、蒙古国、日本、朝鲜、俄罗斯西伯利亚以及欧洲东南部。在我国分布于黑龙江、吉林、辽宁、内蒙古、河北。

生长习性：喜光，稍耐阴，抗寒，抗旱，喜温暖湿润的气候和深厚肥沃的土壤。萌蘖力和萌芽力均强，耐修剪。生长于海拔 200～900m 的河流沿岸、湿草原、空旷地和山沟中。

观赏特性及园林用途：绣线菊在园林中应用较为广泛，因其花期为夏季，是缺花季节，花朵十分美丽，给炎热的夏季带来些许柔情与凉爽，是庭院观赏的良好植物材料。

其他用途：绣线菊为良好的蜜源植物；植株具有药用价值。

3.4.2.9 **木兰科**

木兰科有 18 属约 335 种，主要分布于亚洲东南部、南部、北部，北美东南部，中美、南美北部及中部较少。我国有 14 属约 165 种，主要分布于我国东南部至西南部，渐向东北及西北而减少。

木兰科植物是研究被子植物起源、发育、进化不可缺少的珍贵材料，科学研究价值极高。因其优美宜人，木兰科植物更是园林绿化树种的宝库，园林植物造景常用的种有玉兰、紫玉兰、荷花玉兰、含笑花、鹅掌楸等。

（1）玉兰（别称白玉兰、木兰、望春、应春花、玉堂春等，见图 3−53）

形态特征：落叶乔木，高可达 25m，胸径达 1m；枝广展形成宽阔的树冠；树皮深灰色，粗糙开裂；叶纸质，倒卵形、宽倒卵形或倒卵状椭圆形，叶上面呈深绿色，嫩时被柔毛，下面呈淡绿色；花蕾卵圆形，花先叶开放，直立，芳香；花梗显著膨大，密被淡黄色长绢毛；花被片 9 片，白色，基部常带粉红色；聚合果圆柱形；蓇葖厚木质，褐色，具白色皮孔；种子心形，侧扁，外种皮红色，内种皮黑色；花期为 2—3 月（亦常于 7—9 月再开一次花），果期为 8—9 月。

图 3−53　玉兰

主要分布：产于江西（庐山）、浙江（天目山）、湖南（衡山）、贵州。生于海拔 500～1000m 的林中。

生长习性：性喜光，较耐寒，可露地越冬。喜干燥，忌低湿，栽植地渍水易烂根。喜肥沃、排水良好而带微酸性的沙质土壤，在弱碱性的土壤中也可生长。在气温较高的南方，12 月至翌年 1 月即可开花。玉兰花对有害气体的抗性较强。如将此花栽在有二氧化硫和氯气污染的工厂中，具有一定的抗性和吸硫的能力。

观赏特性及园林用途：早春时分，玉兰花先于叶开放，洁白美丽，为驰名中外的庭院观赏树种，同时因为对有害气体抗性强，所以玉兰是大气污染地区很好的防污染绿化树种。

其他用途：玉兰具有药用价值；植株材质优良，可供家具、图板、细木工等用材；花可提取配制香精或制浸膏；花被片可食用或用以熏茶；种子榨油供工业使用。

（2）紫玉兰（别称辛夷、木笔等，见图 3−54）

形态特征：落叶灌木，高可达 3m；常丛生，树皮灰褐色，小枝绿紫色或淡褐紫色；叶椭圆状倒卵形或倒卵形，上面深绿色，幼嫩时疏生短柔毛，下面灰绿色；花蕾卵圆形，被淡黄色绢毛；花叶同时开放，稍有香气；花被片紫绿色，披针形，内面带白色，花瓣状，椭圆状倒卵形；雄蕊紫红色，雌蕊淡紫色；聚合果深紫褐色，圆柱形；成熟蓇葖近圆球形；花期为 3—4 月，果期为 8—9 月。

主要分布：产于福建、湖北、四川、云南西北部。生于海拔 300～1600m 的山坡林缘。

生长习性：喜温暖湿润和阳光充足的环境，较耐寒，但不耐旱和盐碱，怕水淹，要求肥沃、排水好的沙壤土。

观赏特性及园林用途：紫玉兰是著名的早春观赏花木，早春开花时，满树紫红色花朵，别具风情，适用于古典园林中厅、前院后配置，也可孤植或散植于小庭院内。

图 3−54　紫玉兰

其他用途：紫玉兰的树皮、叶、花蕾均可入药；也做玉兰、白兰等木兰科植物的嫁接砧木。

（3）荷花玉兰（别称广玉兰、洋玉兰、泽玉兰等，见图 3−55）

形态特征：常绿乔木，在原产地高可达 30m；树皮淡褐色或灰色，薄鳞片状开裂；小枝粗壮，小枝、芽、叶下面，叶柄均密被褐色或灰褐色短绒毛（幼树的叶下面无毛）；叶厚革质，椭圆形，长圆状椭圆形或倒卵状椭圆形，叶面深绿色，有光泽；花白色，有芳香；花被片为 9～12 片，厚肉质，倒卵形；聚合果圆柱状长圆形或卵圆形，密被褐色或淡灰黄色绒毛；种子近卵圆形或卵形；花期为 5—6 月，果期为 9—10 月。

图 3−55　荷花玉兰

主要分布：原产于北美洲东南部。我国长江流域以南各城市均有栽培，兰州及北京公园也有栽培。

生长习性：弱阳性，喜温暖湿润气候，抗污染，不耐碱土；幼苗期耐阴，喜温暖、湿润气候；较耐寒，能经受短期的−19℃低温。在肥沃、深厚、湿润而排水良好的酸性或中性土壤中生长良好。根系深广，颇能抗风，病虫害少，生长速度中等，实生苗生长缓慢，10 年后生长逐渐加快。

观赏特性及园林用途：荷花玉兰树姿雄伟壮丽，叶大荫浓，花似荷花，芳香馥郁，为美丽的园林绿化观赏树种，可做园景、行道树、庭荫树，宜孤植、丛植或成排种植。此外，荷花玉兰还能耐烟抗风，对二氧化硫等有毒气体有较强的抗性，故又是净化空气、保护环境的好树种。

其他用途：荷花玉兰木材可供装饰材用；叶、幼枝和花可提取芳香油；花制浸膏用；叶入药治高血压；种子可榨油。

3.4.2.10 蜡梅科

蜡梅科共 2 属 7 种，分布于亚洲东部和美洲北部。我国有 2 属 4 种，分布于山东、江苏、安徽、浙江、江西、福建、湖北、湖南、广东、广西、云南、贵州、四川、陕西等省区。蜡梅是园林植物造景常用的品种。

代表性植物为蜡梅，别称金梅、蜡花、蜡梅花、蜡木、麻木紫、石凉茶等，见图 3−56。

图 3−56　蜡梅

形态特征：落叶灌木，高可达 4m；幼枝四方形，老枝近圆柱形，灰褐色，无毛或被疏微毛；叶纸质至近革质，卵圆形、椭圆形、宽椭圆形至卵状椭圆形，有时长圆状披针形；花芳香，花被片有圆形、长圆形、倒卵形、椭圆形或匙形；花期为 11 月至翌年 3 月，果期为 4—11 月。

主要分布：野生于山东、江苏、安徽、浙江、福建、江西、湖南、湖北、河南、陕西、四川、贵州、云南、广西、广东等省区。生于山地林中。日本、朝鲜和欧洲、美洲均有引种栽培。

生长习性：性喜阳光，能耐阴、耐寒、耐旱，忌渍水，怕风；喜土层深厚、肥沃、疏松、排水良好的微酸性沙壤土，在盐碱地上生长不良。

观赏特性及园林用途：蜡梅花在霜雪寒天傲然开放，花黄似蜡，浓香扑鼻，适于庭院栽植，又适做古桩盆景和插花与造型艺术，是冬季主要的观赏花木。该种广泛地被应用于城乡园林建设，常见的配置方式有片状栽植、主景配置、混栽配置、漏窗透景、岩石和假山配置。蜡梅在百花凋零的隆冬绽蕾，斗寒傲霜，表现了中华民族在困难面前永不屈服的性格，给人以精神力量的启发。

其他用途：蜡梅的花是制作高级花茶的香花之一；植株含有大量的有效成分，具有药用价值。

3.4.2.11 虎耳草科

虎耳草科约有 80 属 1200 种，分布极广，遍及全球，主产于温带。我国有 28 属约 500 种，南北均产，主产于西南。八仙花、太平花、西南绣球、草绣球、黄山梅、冠盖藤等种类为园林植物造景常用种。

代表性植物为绣球，别称八仙花、紫绣球、粉团花、八仙绣球，见图 3−57。

图 3−57　绣球

形态特征：灌木，高 1～4m；茎常于基部发出多数放射枝而形成一圆形灌丛；枝圆柱形，粗壮，紫灰色至淡灰色，无毛；叶纸质或近革质，倒卵形或阔椭圆形；伞房状聚伞花序，近球形，花密集，多数不育，花呈粉红色、淡蓝色或白色；蒴果未成熟，长陀螺状；花期为 6—8 月。

主要分布：产于山东、江苏、安徽、浙江、福建、河南、湖北、湖南、广东及其沿海岛屿、广西、四川、贵州、云南等省区。野生或栽培，生于山谷溪旁或山顶疏林中，海拔在 380～1700m 的地方。日本、朝鲜有分布。

生长习性：喜温暖、湿润和半阴环境。绣球的生长适温为 18℃～28℃，冬季温度不低于 5℃。绣球盆土要保持湿润，但浇水不宜过多，雨季要注意排水，防止受涝引起烂根。绣球为短日照植物，平时栽培要避开烈日照射，以 60%～70%遮阴最为理想。土壤以疏松、肥沃和排水良好的沙壤土为好。但土壤 pH 值的变化，使绣球的花色变化较大，为了加深蓝色，可在花蕾形成期施用硫酸铝；为保持粉红色，可在土壤中施用石灰。

观赏特性及园林用途：绣球花大色美，是长江流域著名观赏植物。园林中可配置于稀疏的树荫下及林荫道旁，片植于阴向山坡。因对阳光要求不高，故最适宜栽植于阳光较差的小面积庭院中。建筑物入口处对植两株、沿建筑物列植一排、丛植于庭院一角，都很理想。更适于植为花篱、花境。如将整个花球剪下，瓶插于室内，也是上等点缀品。将花球悬挂于床帐之内，更觉雅趣。

其他用途：绣球具有药用价值。

3.4.2.12 悬铃木科

悬铃木科有 1 属约 7 种，分布于北美、东欧及亚洲西部。中国引种 3 种，以杂交种二球悬铃木最常见，各地广泛栽培，另两种为原产东欧及西亚的三球悬铃木和原产北美的一球悬铃木。

（1）一球悬铃木（别称美国梧桐，见图 3－58）

形态特征：落叶大乔木，高 40 余米；树皮有浅沟，呈小块状剥落；嫩枝有黄褐色绒毛被；叶大、阔卵形，边缘有数个粗大锯齿，上下两面初时被灰黄色绒毛，不久脱落，上面秃净，下面仅在脉上有毛；花通常为 4～6 数，单性，聚成圆球形头状花序；头状果序圆球形，单生。

主要分布：原产于北美洲，现广泛被引种我国北部及中部。

生长习性：喜温暖湿润气候，为阳性速生树种，在年降水量 800～1200mm 的地区生长良好。在北方，春季晚霜常使幼叶、嫩梢受冻害，并使树皮冻裂。抗性强，能适应城市街道透气性差的土壤条件，但因根系发育不良，易被大风吹倒。对土壤要求不高，以湿润肥沃的微酸性或中性壤土生长最盛，微碱性或石灰性土也能生长，但易发生黄叶病，短期水淹后能恢复生长，萌芽力强，耐修剪。

图 3－58　一球悬铃木

观赏特性及园林用途：一球悬铃木是世界著名的优良庭荫树和行道树，适应性强，又耐修剪整形，广泛应用于城市绿化，在园林中孤植于草坪或旷地，列植于甬道两旁，尤为雄伟壮观，又因其对多种有毒气体抗性较强，并能吸收有害气体，作为街坊、厂矿绿化颇为合适。

其他用途：木材可做手工艺品、家具及艺术品。

（2）二球悬铃木（别称英国梧桐，见图 3-59）

图 3-59　二球悬铃木

形态特征：落叶大乔木，高 30 余米；树皮光滑，大片块状脱落；嫩枝密生灰黄色绒毛；老枝秃净，红褐色；叶阔卵形，上下两面嫩时有灰黄色毛被，下面的毛被更厚而密，以后变秃净，仅在背脉腋内有毛，上部掌状 5 裂，有时 7 裂或 3 裂，中央裂片为阔三角形；花通常 4 数；果枝有头状果序 1～2 个，常下垂。

主要分布：本种是三球悬铃木与一球悬铃木的杂交种，原产于欧洲，现广植于全世界。中国东北、北京以南各地均有栽培，尤以长江中下游各城市为多见，在新疆北部伊犁河谷地带也可生长。

生长习性：喜光，不耐阴，生长迅速，成荫快，喜温暖湿润气候，在年平均气温 13℃～20℃、降水量 800～1200mm 的地区生长良好。对土壤要求不高，耐干旱、瘠薄，耐湿。根系浅，易风倒，萌芽力强，耐修剪。二球悬铃木对二氧化硫、氯气等有毒气体有较强的抗性。

观赏特性及园林用途：二球悬铃木生长速度快，主干高大，分枝能力强，树冠广阔，夏季具有很好的遮阴降温效果，并有滞积灰尘，吸收硫化氢、二氧化硫、氯气等有毒气体的作用，作为街坊、厂矿绿化颇为合适。同时，具有适应性广、生长快、繁殖与栽培比较容易等优点，已作为园林植物广植于世界各地，被称为“行道树之王”。

其他用途：二球悬铃木鲜叶可做食用菌培养基、肥料，可做牲畜食用的粗饲料；枯叶可做治虫烟雾剂的供热剂原料。

（3）三球悬铃木（别称法国梧桐、祛汗树，见图 3−60）

形态特征：落叶大乔木，高可达 30m；树皮薄片状脱落；嫩枝被黄褐色绒毛，老枝秃净，干后红褐色；叶大，轮廓阔卵形，上部掌状 5～7 裂，中央裂片深裂过半，边缘有少数裂片状粗齿，上下两面初时被灰黄色毛，以后脱落，仅在背脉上有毛；花 4 数；圆球形头状果序 3～5 个。

图 3−60　三球悬铃木

主要分布：原产于欧洲东南部及亚洲西部，现各地广为栽培。

生长习性：喜光，喜湿润温暖气候，较耐寒。对土壤要求不严，但适生于微酸性或中性、排水良好的土壤，微碱性土壤虽能生长，但易发生黄化。根系分布较浅，台风时易受害而倒斜。抗空气污染能力较强，叶片具有吸收有毒气体和滞尘的作用。该种树干高大，枝叶茂盛，生长迅速，适应性强，易成活，耐修剪，抗烟尘；对二氧化硫、氯气等有毒气体有较强的抗性。

观赏特性及园林用途：三球悬铃木树形雄伟端庄，叶大荫浓，干皮光滑，适应性强，又耐修剪整形，为世界著名的优良庭荫树和行道树。在园林中孤植于草坪或旷地，列植于甬道两旁，尤为雄伟壮观。又因其对多种有毒气体抗性较强，并能吸收有害气体，作为街坊、厂矿绿化颇为合适。

其他用途：果可入药；木材可制作家具。

3.4.2.13 杜鹃花科

杜鹃花科约有 103 属 3350 种，在世界植被组成中占有重要位置，全世界除沙漠地区外，广布于南北半球的温带及北半球亚寒带。我国有 15 属约 757 种，分布全国各地，主产地在西南部山区，尤以四川、云南、西藏三省区相邻地区为盛。杜鹃花、吊钟花等许多种是著名的园林观赏植物，已为世界各地广为利用。

（1）杜鹃（别名映山红、照山红、唐杜鹃等，见图 3-61）

形态特征：落叶灌木，高 2～5m；分枝多而纤细，密被亮棕褐色扁平糙伏毛；叶革质，常集生枝端，卵形、椭圆状卵形或倒卵形或倒卵形至倒披针形，上面深绿色，疏被糙伏毛，下面淡白色，密被褐色糙伏毛；花 2～3（6）朵簇生枝顶；花萼有 5 深裂，裂片三角状长卵形；花冠阔漏斗形或玫瑰色、鲜红色或暗红色，倒卵形，上部裂片具深红色斑点；蒴果卵球形，密被糙伏毛；花期为 4—5 月，果期为 6—8 月。

图 3-61　杜鹃

主要分布：产于江苏、安徽、浙江、江西、福建、台湾、湖北、湖南、广东、广西、四川、贵州和云南等省区。

生长习性：生于海拔 500～2500m 的山地疏灌丛或松林下，喜酸性土壤，在钙质土中生长得不好，甚至不生长，土壤学家常把杜鹃作为酸性土壤的指示作物。杜鹃性喜凉爽、湿润、通风的半阴环境，既怕酷热又怕严寒，生长适温为 12℃～25℃，夏季要防晒遮阴，冬季应注意保暖防寒。冬季露地栽培杜鹃要采取措施进行防寒，以保其安全越冬。观赏类的杜鹃中，西鹃抗寒力最弱，气温降至 0℃以下容易发生冻害。

观赏特性及园林用途：杜鹃经过人们多年的培育，已有大量栽培品种出现，花的色彩更多，花的形状也多种多样，有单瓣及重瓣的品种。中国是世界杜鹃花资源的宝库，江西、安徽、贵州以杜鹃为省花，有七八个城市将杜鹃定为市花。杜鹃最宜在林缘、溪边、池畔及岩石旁成丛成片栽植，也可于疏林下散植，还可经修剪培育成各种形态，很适合栽种在庭园中作为矮墙或屏障。杜鹃枝繁叶茂，绮丽多姿，萌发力强，耐修剪，根桩奇特，是优良的盆景材料。

其他用途：杜鹃叶花可入药或提取芳香油；树皮和叶可提制栲胶；木材可做工艺品等。

（2）吊钟花（别名铃儿花、灯笼花、吊钟海棠，见图 3–62）

形态特征：灌木或小乔木，高 1～3m；树皮灰黄色；多分枝，枝圆柱状，无毛；叶常密集于枝顶，互生，革质，两面无毛，长圆形或倒卵状长圆形，边缘反卷；花通常由 3～8（13）朵组成伞房花序；花萼 5 裂，裂片三角状披针形；花冠宽钟状，粉红色或红色，口部 5 裂；蒴果椭圆形，淡黄色；果梗直立、粗壮、绿色、无毛；花期为 1—6 月，果期为 6—9 月。

主要分布：分布于江西、福建、湖北、湖南、广东、广西、四川、贵州、云南等省区。生于海拔 600～2400m 的山坡灌丛中。越南也有分布。

生长习性：喜温暖湿润、避风向阳的环境，越冬温度 7℃以上，忌高温，要求肥沃而排水良好的酸性土壤，浅根性，萌蘖性强。

图 3–62　吊钟花

观赏特性及园林用途：吊钟花花形奇特美丽，花色白里透红，花冠半透明，花梗长而下垂，为优良的观花、观叶植物。花期正值元旦、春节，长期以来作为吉祥的象征，为广东一带传统的年花，为大型插花不可缺少的切花材料，在广州花市享有盛誉。

3.4.2.14 木樨科

我国产有 12 属 178 种，南北各地均有分布。木樨科有女贞、小叶女贞、茉莉、木樨、连翘、紫丁香、雪柳等许多重要的观赏树种。

（1）女贞（别称白蜡树、青蜡树、大叶蜡树、蜡树，见图 3－63）

形态特征：常灌木或乔木，高可达 25m；树皮灰褐色；枝黄褐色、灰色或紫红色，圆柱形；叶片常绿，革质，卵形、长卵形或椭圆形至宽椭圆形；圆锥花序顶生；果肾形或近肾形，深蓝黑色，成熟时呈红黑色，被白粉；花期为 5—7 月，果期为 7 月至翌年 5 月。

主要分布：产于长江以南至华南、西南各省区，向西北分布至陕西、甘肃。朝鲜也有分布，印度、尼泊尔有栽培。

生长习性：耐寒性好，耐水湿，喜温暖湿润气候，喜光耐阴。为深根性树种，须根发达，生长快，萌芽力强，耐修剪，但不耐瘠薄。对土壤要求不严，以沙壤土或黏质壤土栽培为宜，在红、黄壤土中也能生长。对大气污染的抗性较强，对二氧化硫、氯气、氟化氢均有较强抗性，也能忍受较高的粉尘、烟尘污染。

图 3－63　女贞

观赏特性及园林用途：女贞四季婆娑，枝干扶疏，枝叶茂密，树形整齐，是园林中常用的观赏树种，可用于庭院孤植或丛植，也作为行道树。因其适应性强，生长快又耐修剪，也用作绿篱。其播种繁殖育苗容易，还可作为砧木嫁接繁殖桂花、丁香、金叶女贞，同时也是工矿区优良树种。

其他用途：女贞果实具有药用价值。

（2）小叶女贞（图 3-64）

形态特征：落叶灌木，高 1～3m；小枝淡棕色，圆柱形，密被微柔毛；叶片薄革质，形状和大小变异较大，披针形、长圆状椭圆形、椭圆形、倒卵状长圆形至倒披针形或倒卵形；叶缘反卷，上面深绿色，下面淡绿色，两面无毛；圆锥花序顶生，近圆柱形；果倒卵形、宽椭圆形或近球形，呈紫黑色；花期为 5—7 月，果期为 8—11 月。

主要分布：陕西南部、山东、江苏、安徽、浙江、江西、河南、湖北、四川、贵州西北部、云南等地。

生长习性：喜光，稍耐阴，较耐寒，对二氧化硫、氯气、氟化氢、氯化氢等有毒气体抗性均强，萌枝力强，叶再生能力强。生于沟旁、路旁或河灌丛中或山坡。

观赏特性及园林用途：小叶女贞枝叶紧密、圆整，叶小、常绿，且耐修剪，主要做绿篱栽植、花坛道路绿化、公园绿化、住宅区绿化等，庭院中常栽植观赏，也是制作盆景的优良树种。小叶女贞抗多种有毒气体，是优良的抗污染树种。

其他用途：小叶女贞具有药用价值。

图 3-64 小叶女贞

（3）茉莉花（图 3-65）

形态特征：直立或攀缘灌木，高可达 3m；小枝圆柱形或稍压扁状，疏被柔毛。叶对生，单叶，叶片纸质，圆形、椭圆形、卵状椭圆形或倒卵形；聚伞花序顶生，通常有花 3 朵，有时单花或多达 5 朵；花极芳香；花冠白色，裂片长圆形至近圆形；果球形，呈紫黑色；花期为 5—8 月，果期为 7—9 月。

图 3–65 茉莉花

主要分布：原产于印度，中国南方和其他世界各地均广泛栽培。

生长习性：性喜温暖湿润，在通风良好、半阴的环境生长最好。土壤以含有大量腐殖质的微酸性沙质土壤最为适合。大多数品种畏寒、畏旱，不耐霜冻湿涝和碱土。

观赏特性及园林用途：常绿小灌木类的茉莉花叶色翠绿、花色洁白、香味浓厚，为常见庭园及盆栽观赏芳香花卉，多用盆栽，清新宜人，还可加工成花环等装饰品。

其他用途：茉莉花可提炼茉莉油，是制造香精的原料；可用于熏制茶叶；有一定的药用价值。

（4）迎春花（图 3–66）

形态特征：落叶灌木，直立或匍匐，高 0.3～5m；枝条下垂，枝梢扭曲，光滑无毛，小枝四棱形；叶对生，三出复叶，小叶片卵形、长卵形或椭圆形、狭椭圆形，叶缘反卷；花单生，花冠黄色，花期为 2—4 月。

主要分布：产于甘肃、陕西、四川、云南西北部、西藏东南部。生于山坡灌丛中，海拔 800～2000m 之地。

生长习性：性喜光，稍耐阴，较耐寒，喜湿润，也耐干旱，怕涝，耐碱，根部萌发力强。枝端着地部分也极易生根。要求温暖而湿润的气候，喜疏松肥沃和排水良好的沙质土壤，在酸性土壤中生长旺盛，碱性土壤中生长不良。

观赏特性及园林用途：迎春花枝条披垂，冬末至早春先花后叶，花色金黄，叶从翠绿，在园林绿化中宜配置在湖边、溪畔、桥头、墙隅，或在草坪、林缘、坡地，房屋周围也可栽植，可供早春观花，对我国冬季漫长的北方地区，装点冬春之景意义很大。迎春的绿化效果突出，栽植当年即有良好的绿化效果，在各地都有广泛使用，可栽植盆栽室内观赏，也可做切花瓶栽。

其他用途：迎春花具有药用价值。

图 3–66　迎春花

（5）木樨（别称桂花，见图 3–67）

形态特征：常绿乔木或灌木，高 3～5m，最高可达 18m；树皮灰褐色；小枝黄褐色，无毛；叶片革质，椭圆形、长椭圆形或椭圆状披针形，全缘或通常上半部有细锯齿，两面无毛；聚伞花序；花极芳香；花冠呈黄白色、淡黄色、黄色或橘红色；果歪斜，椭圆形，呈紫黑色；花期为 9—10 月上旬，果期为翌年 3 月。

图 3–67　木樨

主要分布：原产于我国西南喜马拉雅山东段，印度、尼泊尔、柬埔寨也有分布。我国西南部、陕西南部、广西、广东、湖南、湖北、江西、安徽等地，均有野生木樨生长，现广泛栽种于淮河流域及以南地区，其适生区北可抵黄河下游，南可至广东、广西、海南。

生长习性：喜温暖，抗逆性强，既耐高温，也较耐寒，在我国秦岭、淮河以南的地区均可露地越冬。木樨较喜阳光，也能耐阴，在全光照下其枝叶生长茂盛，开花繁密，在阴处枝叶生长稀疏、花稀少，在北方室内盆栽尤需注意有充足光照，以利于生长和花芽的形成。木樨喜湿润，切忌积水，但也有一定的耐干旱能力。以土层深厚疏松肥沃、排水良好的微酸性沙壤土最为适宜。对氯气、二氧化硫、氟化氢等有害气体有一定的抗性，还有较强的吸滞粉尘的能力，常被用于城市居住区及工矿区。

观赏特性及园林用途：中国人寓意木樨为“崇高”“美好”“吉祥”“友好”“忠贞之士”和“芳直不屈”“仙友”“仙客”，寓桂枝为“出类拔萃之人物”及“仕途”，从古至今受到人们的喜爱。木樨终年常绿，枝繁叶茂，秋季开花，芳香四溢，可谓“独占三秋压群芳”。在中国古典园林中，木樨常与建筑物、山、石相配，以丛生灌木型的植株植于亭、台、楼、阁附近，旧式庭园常用对植，古称“双桂当庭”或“双桂留芳”，在住宅四旁或窗前栽植木樨树，能收到“金风送香”的效果。校园中因取“蟾宫折桂”之意也大量地种植木樨。

其他用途：木樨含多种香料物质，可用于食用或提取香料。

（6）连翘（别称黄花杆、黄寿丹，见图 3–68）

形态特征：落叶灌木；枝开展或下垂，棕色、棕褐色或淡黄褐色，小枝土黄色或灰褐色；叶通常为单叶，或 3 裂至三出复叶，叶片卵形、宽卵形或椭圆状卵形至椭圆形，上面深绿色，下面淡黄绿色，两面无毛；花通常单生或 2 至数朵着生于叶腋，先于叶开放；花冠黄色，裂片倒卵状长圆形或长圆形；果卵球形、卵状椭圆形或长椭圆形；花期为 3—4 月，果期为 7—9 月。

主要分布：产于河北、山西、陕西、山东、安徽西部、河南、湖北、四川等地。生于山坡灌丛、林下、草丛，或山谷、山沟疏林中，海拔在 250～2200m 之地。我国除华南地区外，其他各地均有栽培。日本也有栽培。

生长习性：喜光，有一定程度的耐阴性。喜温暖、湿润气候，也很耐寒，经抗寒锻炼后，可耐受–50℃低温，其惊人的耐寒性，使其成为北方园林绿化的佼佼者。耐干旱瘠薄，怕涝，不择土壤，在中性微酸或碱性土壤中均能正常生长。生命力和适应性都非常强。

观赏特性及园林用途：连翘树姿优美、生长旺盛。早春先叶开花，且花期长、花量多，盛开时满枝金黄，芬芳四溢，令人赏心悦目，是早春优良观花灌木，可以做成花篱、花丛、花坛等，在绿化美化城市方面应用广泛，是观光农业和现代园林难得的优良树种。同时连翘萌发力强，树冠覆盖度增加较快，能有效防止雨滴击溅地面，减少侵蚀，具有良好的水土保持作用，是国家推荐的退耕还林优良生态树种和黄土高原防治水土流失的最佳经济作物。

其他用途：连翘是绝缘油漆工业和化妆品的良好原料；连翘提取物可作为天然防腐剂用于食品保鲜。

图 3-68　连翘

(7) 紫丁香（别称丁香、百结、情客、龙梢子、华北紫丁香、紫丁白，见图 3-69）

形态特征：灌木或小乔木，高可达 5m；树皮灰褐色或灰色；叶片革质或厚纸质，卵圆形至肾形，上面深绿色，下面淡绿色；圆锥花序直立，花冠紫色；果倒卵状椭圆形、卵形至长椭圆形；花期为 4—5 月，果期为 6—10 月。

主要分布：产于东北、华北、西北（除新疆）以至西南达四川西北部（松潘、南坪）。生于山坡丛林山沟溪边、山谷路旁及滩地水边，海拔 300～2400m 处。长江以北各庭院普遍栽培。

生长习性：喜光，稍耐阴，阴处或半阴处生长衰弱，开花稀少。喜温暖、湿润，有一定的耐寒性和较强的耐旱力。对土壤的要求不严，耐瘠薄，喜肥沃、排水良好的土壤，忌在低洼地种植，积水会引起病害，直至全株死亡。

观赏特性及园林用途：紫丁香是中国特有的名贵花木，已有 1000 多年的栽培历史。植株丰满秀丽，枝叶茂密，且具独特的芳香，广泛栽植于庭院、机关、厂矿、居民区等地。常丛植于建筑前、茶室凉亭周围，或散植于园路两旁、草坪之中，与其他种类丁香配置成专类园，形成青枝绿叶、花开不绝、美丽清雅、芳香迷人的景区，效果极佳；也可盆栽、促成做栽培、切花等用。

其他用途：紫丁香具有药用价值。

图 3-69 紫丁香

3.4.2.15 夹竹桃科

夹竹桃科有约 250 属 2000 种，分布于全世界热带、亚热带地区，少数在温带地区。我国产 46 属 176 种 33 变种，主要分布于长江以南各省区及台湾地区等沿海岛屿，少数分布于北部及西北部。

（1）夹竹桃（别称红花夹竹桃、柳叶桃树、洋桃、洋桃梅等，见图 3-70）

形态特征：常绿直立大灌木，高可达 5m；枝条灰绿色，含水液；叶 3~4 枚轮生，下枝为对生，窄披针形，叶缘反卷，叶面深绿色，无毛，叶背浅绿色；聚伞花序顶生；花芳香；花冠深红色或粉红色，栽培演变有白色或黄色；几乎全年花期，夏秋为最盛，果期一般在冬春季，栽培很少结果。

主要分布：野生于伊朗、印度、尼泊尔，现广植于世界热带地区。现在我国各省区均有栽培，尤以南方为多，长江以北栽培者须在温室越冬。

生长习性：喜温暖湿润的气候，耐寒力不强。在中国长江流域以南地区可以露地栽植，但在南京有时就会枝叶冻枯，小苗甚至冻死。在北方只能盆栽观赏，室内越冬，白花品种比红花品种耐寒力稍强。夹竹桃不耐水湿，要求在排水良好的地方栽植，喜光好肥，也能适应较阴的环境，但庇荫处栽植花少色淡。萌蘖力强，树体受害后容易恢复。

观赏特性及园林用途：夹竹桃的叶片如柳似竹，红花灼灼，胜似桃花，花冠粉红至深红或白色，有特殊香气，花期较长，是著名的观赏花卉。同时，夹竹桃有抗烟雾、抗灰尘、抗毒物，以及净化空气、保护环境的能力，叶片对二氧化硫、二氧化碳、氟化铵、氯气等有害气体有较强的抵抗作用，极适合栽种于工厂区、矿区等污染严重的区域；但夹竹桃是最毒的植物之一，全株都有毒，甚至是致命的，需要特别注意夹竹桃栽种的位置，以免引起人员或动物中毒。

其他用途：夹竹桃具有药用价值。

图 3-70　夹竹桃

（2）黄花夹竹桃（别称黄花状元竹、酒杯花、柳木子，见图 3-71）

形态特征：乔木，高可达 5m；全株无毛；树皮棕褐色；叶互生，近革质，线形或线状披针形，全缘；花大，黄色，具香味，聚伞花序；花冠漏斗状；核果扁三角状球形；花期为 5—12 月，果期为 8 月至翌年春季。

主要分布：原产于美洲热带地区，现分布于世界热带和亚热带地区，如我国台湾、福建、广东、广西和云南等省区均有栽培。

生长习性：喜温暖湿润的气候，耐寒力不强，在中国长江流域以南地区可以露地栽植，在北方只能盆栽观赏，室内越冬。不耐水湿，要求选择高燥和排水良好的地方栽植。喜光好肥，也能适应较阴的环境。耐旱力强，稍耐轻霜。萌蘖力强，树体受害后容易恢复。

观赏特性及园林用途：黄花夹竹桃开花近 4 个月，是不可多得的夏季观花树种，可在建筑物左右及公园、绿地、路旁、池畔等地段种植。抗空气污染的能力较强，对二氧化硫、氯气、烟尘等有毒有害气体具有很强的抵抗力，吸收能力也较强，是工矿美化绿化的优良树种。

其他用途：黄花夹竹桃具有药用价值。

图 3-71　黄花夹竹桃

3.4.2.16 禾本科

禾本科已知约有 700 属 10000 种，是单子叶植物中仅次于兰科的第二大科，分布广泛而且个体繁茂，凡是地球上有种子植物生长的场所皆有其踪迹。我国有 200 余属 1500 种以上，园林植物造景常用各种竹类。

代表植物为毛竹，见图 3-72。

形态特征：竿高达 20 余米，粗者直径可达 20 余厘米，幼竿密被细柔毛及厚白粉，箨环有毛，老竿无毛，并由绿色渐变为绿黄色；基部节间甚短而向上则逐节较长；叶片较小较薄，披针形；花枝穗状；颖果长椭圆形；笋期为 4 月，花期为 5—8 月。

主要分布：分布自秦岭、汉水流域至长江流域以南和我国台湾地区，黄河流域也有多处栽培。1737 年引入日本栽培，后又引至欧美各国。

生长习性：喜温暖湿润的气候条件，适宜在年平均温度为 15℃～20℃、年降水量为 1200～1800mm 的地区生长。对土壤的要求也高于一般树种，既需要充裕的水湿条件，又不耐积水淹浸。在造林地选择上应选择背风向南的山谷、山麓、山腰地带，土壤深度在 50cm 以上，肥沃、湿润、排水和透气性良好的酸性沙质土或沙壤土的地方。

观赏特性及园林用途：毛竹是中国栽培历史悠久、面积最广、经济价值最重要的竹种。毛竹叶翠，四季常青，秀丽挺拔，经霜不凋，雅俗共赏。自古以来常植于庭园曲径池畔、溪涧、山坡、石迹、天井、景门，以及室内盆栽观赏；常与松、梅共植，被誉为“岁寒三友”。

其他用途：毛竹宜供建筑用；供编织各种粗细的用具及工艺品；枝梢做扫帚；嫩

竹及秆箨做造纸原料；笋味美，可鲜食或加工制成玉兰片、笋干等。

图 3-72　毛竹

3.4.2.17 楝科

楝科约 50 属 1400 种，分布于热带和亚热带地区，少数在温带地区。我国产 15 属 62 种 12 变种，此外引入栽培的有 3 属 3 种，主产于长江以南各省区，少数分布至长江以北。园林植物造景常用的树种有米仔兰、楝树等。

代表性植物为楝，别称苦楝、紫花树，见图 3-73。

形态特征：落叶乔木，高达 10 余米；树皮灰褐色，纵裂；叶为 2~3 回奇数羽状复叶，小叶对生，卵形、椭圆形至披针形；圆锥花序约与叶等长，无毛或幼时被鳞片状短柔毛；花芳香，花萼 5 深裂，裂片卵形或长圆状卵形；花瓣淡紫色，倒卵状匙形；核果球形至椭圆形；花期为 4—5 月，果期为 10—12 月。

图 3-73　楝

主要分布：东南亚地区、东亚、马来半岛、亚洲热带、亚洲亚热带、印度。国内辽宁、河北、北京、山西、陕西、甘肃、山东、江苏、安徽、浙江、上海、江西、福建、台湾、河南、湖北、湖南、海南、广东、广西、四川、贵州、云南、西藏等省区均有分布。

生长习性：喜温暖、湿润气候，喜光，不耐庇荫，较耐寒，华北地区幼树易受冻害。耐干旱、瘠薄，也能生长于水边，但以在深厚、肥沃、湿润的土壤中生长较好。在酸性、中性和碱性土壤中均能生长。

观赏特性及园林用途：楝树耐烟尘，抗二氧化硫能力强，并能杀菌，适宜做庭荫树和行道树，是良好的城市及矿区绿化树种。在草坪中孤植、丛植或配置于建筑物旁都很合适，也可种植于水边、山坡墙角等处。楝与其他树种混栽，能起到对树木虫害的防治作用。

其他用途：楝具有药用价值，木材是制造高级家具、木雕、乐器等的优良用材；叶、枝、皮和果可提炼楝素，用于生产牙膏、肥皂、洗面奶、沐浴露等产品；树皮、叶中含鞣质，可提制栲胶；花可提取芳香油；果核、种子可榨油。

3.4.2.18 **黄杨科**

黄杨科全世界有 4 属约 100 种，生长于热带和温带。在我国已知有 27 种，分布于我国西南部、西北部、中部、东南部，直至台湾地区。园林植物造景常用的树种有黄杨等。

代表性植物为黄杨，别称黄杨木、瓜子黄杨、锦熟黄杨，见图 3−74。

形态特征：灌木或小乔木，高 1～6m；枝圆柱形，有纵棱，灰白色；叶革质，阔椭圆形、阔倒卵形、卵状椭圆形或长圆形，叶面光亮；头状花序，腋生，花密集；蒴果近球形；花期为 3 月，果期为 5—6 月。

主要分布：陕西、甘肃、湖北、四川、贵州、广西、广东、江西、浙江、安徽、江苏、山东各省区，有部分属于栽培。多生于山谷、溪边、林下。

生长习性：耐阴喜光，在一般室内外条件下均可保持生长良好，长期荫蔽环境中，叶片虽可保持翠绿，但易导致枝条徒长或变弱。喜湿润，可耐连续 1 个月左右的阴雨天气，但忌长时间积水。耐旱，只要地表土壤或盆土不至完全干透，就无异常表现。耐热耐寒，可经受夏日暴晒和耐−20℃左右的严寒，但夏季高温潮湿时应多通风透光。对土壤要求不高，以轻松肥沃的沙壤土为佳，盆栽也可与蛭石、泥炭或土壤配合使用，耐碱性较强。分蘖性极强，耐修剪，易成形。

观赏特性及园林用途：黄杨树形优美、耐修剪，是制作盆景的优良材料，在园林中常做绿篱、大型花坛镶边，修剪成球形或其他整形栽培。

其他用途：黄杨木材是雕刻工艺的上等材料；具有药用价值。

图 3–74　黄杨

3.4.2.19 无患子科

无患子科约 150 属 2000 种，分布于全世界的热带和亚热带，温带很少。我国有 25 属 53 种 2 亚种 3 变种，多数分布在西南部至东南部，北部很少。园林植物造景常用的种有栾树、文冠果、龙眼、荔枝等。

（1）栾树（别称木栾、栾华、五乌拉叶、乌拉、黑色叶树、石栾树等，见图 3–75）

形态特征：落叶乔木或灌木；树皮厚，灰褐色至灰黑色；叶丛生于当年生枝上，平展，一回、不完全二回或偶有为二回羽状复叶，对生或互生纸质，卵形、阔卵形至卵状披针形，边缘有不规则的钝锯齿；聚伞圆锥花序；花淡黄色，稍芬芳；花瓣 4 个，初时黄色，开花时橙红色；蒴果圆锥形；果瓣卵形，外面有网纹，内面平滑且略有光泽；种子近球形；花期为 6—8 月，果期为 9—10 月。

主要分布：我国大部分省区，东北自辽宁起经中部至西南部的云南。世界各地有栽培。

生长习性：喜光，稍耐半阴的植物。耐寒，不耐水淹，耐干旱和瘠薄，对环境的适应性强，喜欢生长于石灰质土壤中。具有深根性，萌蘖力强，生长速度中等，幼树生长较慢，以后渐快，有较强抗烟尘能力。

观赏特性及园林用途：栾树春季嫩叶多为红色，夏季黄花满树，入秋叶色变黄，果实紫红，形似灯笼，十分美丽。宜做庭荫树、行道树及园景树，也是工业污染区配置的好树种。

其他用途：栾树可提制栲胶；花可做黄色染料；种子可榨油；木材可制家具；叶可做蓝色染料；花供药用，也可做黄色染料。

图 3-75　栾树

（2）文冠果（别称文冠树、文冠花、木瓜、崖木瓜、文光果等，见图 3-76）

形态特征：落叶灌木或小乔木，高可达 5m；小枝褐红色，粗壮；小叶对生；两性花的花序顶生；花瓣白色，基部紫红色或黄色；蒴果长达 6cm；种子为黑色且有光泽；春季开花，秋初结果。

主要分布：中国北部和东北部，西至宁夏、甘肃，东北至辽宁，北至内蒙古，南至河南。野生于丘陵、山坡等处，各地也常栽培。

图 3-76　文冠果

生长习性：喜阳，耐半阴，对土壤适应性很强，耐瘠薄，耐盐碱，抗寒能力强，抗旱能力极强。不耐涝，怕风，在排水不好的低洼地区、重盐碱地和未固定沙地不宜栽植。

观赏特性及园林用途：文冠果树姿秀丽，花序大，花朵稠密，花期长，甚为美观，可于公园、庭园、绿地孤植或群植。根能充分吸收和储存水分，是防风固沙、小流域治理和荒漠化治理的优良树种。

其他用途：文冠果是荒山绿化的首选树种；木材适于制作家具及器具；果实可榨油。

3.4.2.20 冬青科

冬青科有 4 属，400～500 种，其中绝大部分种为冬青属，分布中心为热带美洲和热带至暖带亚洲，仅有 3 种到达欧洲，北美、非洲均无分布。我国产 1 属约 204 种，分布于秦岭南坡、长江流域及其以南地区，以西南地区最盛。本科植物多为常绿树种，树冠优美，果实通常红色光亮，长期宿存，为良好的庭园观赏和城市绿化植物，园林上常用的种有枸骨、冬青等。

（1）枸骨（别称猫儿刺、老虎刺、八角刺、鸟不宿等，见图 3-77）

形态特征：常绿灌木或小乔木；二年枝褐色，三年生枝灰白色；叶片厚革质，呈四角状长圆形或卵形，叶面深绿色，具光泽，背淡绿色，无光泽，两面无毛；花序簇生于二年生枝的叶腋内，花淡黄色；果球形，成熟时呈鲜红色；花期为 4—5 月，果期为 10—12 月。

图 3-77　枸骨

主要分布：江苏、上海、安徽、浙江、江西、湖北、湖南等地，云南昆明等城市庭园有栽培。欧美一些国家的植物园等地也有栽培。生于海拔 150～1900m 的山坡、丘陵等的灌丛中、疏林中，以及路边、溪旁和村舍附近。

生长习性：耐干旱，喜肥沃的酸性土壤，不耐盐碱。较耐寒，长江流域可露地越冬，能耐−5℃的短暂低温。喜阳光，也能耐阴，宜放于阴湿的环境中生长。夏季需在荫棚下或林荫下养护。冬季需入室越冬。

观赏特性及园林用途：枸骨枝叶稠密，叶形奇特，深绿光亮，入秋后红果累累，经冬不凋，鲜艳美丽，是良好的观叶、观果树种；宜做基础种植及岩石园材料，可孤植于花坛中心，对植于前庭、路口，或丛植于草坪边缘；同时又是很好的绿篱（兼有果篱、刺篱的效果）及盆栽材料，选其老桩制作盆景饶有趣味。果枝可供瓶插，经久不凋。

其他用途：枸骨具有药用价值。

（2）冬青（图 3−78）

形态特征：常绿乔木，高可达 13m；树皮灰黑色；叶片薄革质至革质，椭圆形或披针形，叶面绿色，有光泽，干时深褐色，背面淡绿色；花淡紫色或紫红色，4～5 基数；果长球形，成熟时呈红色；花期为 4—6 月，果期为 7—12 月。

图 3−78　冬青

主要分布：江苏、安徽、浙江、江西、福建、台湾、河南、湖北、湖南、广东、广西和云南等省区。生于海拔 500～1000m 的山坡常绿阔叶林中和林缘。

生长习性：亚热带树种，喜温暖气候，有一定耐寒力。适于肥沃湿润、排水良好的酸性土壤。较耐阴湿，萌芽力强，耐修剪。对二氧化碳抗性强。

观赏特性及园林用途：冬青枝繁叶茂，四季常青。由于树形优美，枝叶碧绿青翠，是公园篱笆绿化首选苗木，可应用于公园、庭院、绿墙和高速公路中央隔离带，也适宜在草坪上孤植，门庭、墙边、园道两侧列植，或散植于叠石、小丘之上，葱郁可爱。采取老桩或抑生长措施使冬青矮化，可制作盆景。

其他用途：冬青具有药用价值。

3.4.2.21 卫矛科

卫矛科约有 60 属 850 种，主要分布于热带、亚热带及温暖地区，少数进入寒温带。我国有 12 属 201 种，全国均产，其中引进栽培有 1 属 1 种。园林植物造景常用的种有冬青卫矛等。

代表性植物为冬青卫矛，别称大叶黄杨，见图 3-79。

形态特征：灌木，高可达 3m；小枝呈四棱形；叶革质，有光泽，呈倒卵形或椭圆形，边缘具有浅细钝齿；聚伞花序有 5～12 朵；花为白绿色，花瓣近卵圆形；蒴果近球状，淡红色；花期为 6—7 月，果熟期为 9—10 月。

主要分布：原产于日本南部，海拔 1300m 以下山地有野生。中国长江流域及其以南各地多有栽培。

生长习性：阳性树种，喜光耐阴。要求温暖湿润的气候和肥沃的土壤，酸性土、中性土或微碱性土均能适应。萌生性强，适应性强。较耐寒，耐干旱瘠薄。极耐修剪整形。

观赏特性及园林用途：冬青卫矛在春季嫩叶初发，满树嫩绿，十分悦目，是家庭培养盆景的优良材料。枝叶密集而常青，生性强健，耐整形扎剪，在园林中多作为绿篱材料和整形植株材料，植于门旁、草地，或做大型花坛的中心。冬青卫矛对多种有毒气体抗性很强，抗烟吸尘功能也强，并能净化空气，是污染区理想的绿化树种。

其他用途：冬青卫矛具有药用价值。

图 3-79　冬青卫矛

3.4.2.22 槭树科

槭树科共 2 属约 160 种，主产欧、亚、美三洲的北温带地区。我国有 2 属 140 余种，南北均产，为森林中常见树种。本科落叶种类在秋季落叶之前变为红色，树冠冠幅较大，叶多而密，遮阴良好，是有经济价值的绿化树种之一，宜引种为行道树或绿化城市的庭园树种。园林植物造景常用的种有鸡爪槭、色木槭、元宝槭、梣叶槭等。

（1）鸡爪槭（图 3−80）

形态特征：落叶小乔木；树皮深灰色；当年生枝紫色或淡紫绿色，多年生枝淡灰紫色或深紫色；叶纸质，基部截形稀近于心形，5～9 掌状分裂，通常 7 裂，边缘具紧贴的尖锐锯齿；花紫色，伞房花序，叶发出以后才开花；萼片 5 个，呈卵状披针形；花瓣 5 个，呈椭圆形或倒卵形；翅果嫩时紫红色，成熟时淡棕黄色，小坚果球形；花期为 5 月，果期为 9 月。

主要分布：山东、河南南部、江苏、浙江、安徽、江西、湖北、湖南、贵州等地。生于海拔 200～1200m 的林边或疏林中。朝鲜和日本也有分布。

生长习性：弱阳性树种，耐半阴，在阳光直射处孤植，夏季易遭日灼之害。喜温暖湿润气候，耐寒性强。喜肥沃、湿润而排水良好的土壤，酸性、中性及石灰质土均能适应。生长速度中等偏慢。

图 3−80　鸡爪槭

观赏特性及园林用途：鸡爪槭是优秀的四季绿化树种。春季鸡爪槭叶色黄中带绿；夏季叶色转为深绿，呈现出冷色调特征，给炎炎夏日带来清凉；秋季鸡爪槭叶色转红，是观赏性最佳的时候；冬季鸡爪槭凋零光秃的枝干呈棕褐色，如附上层层白雪，枝条的轮廓被衬托得更加飘逸多姿。

其他用途：鸡爪槭具有化学价值。

（2）色木槭（别称地锦槭、五角枫、五角槭，见图 3-81）

形态特征：落叶乔木，高 15～20m；树皮粗糙，常纵裂，灰色，稀深灰色或灰褐色；小枝细，无毛，当年生枝绿色或紫绿色，多年生枝灰色或淡灰色；叶纸质，基部截形或近于心形，叶片的外貌近于椭圆形；花序为圆锥状伞房；萼片 5 个，黄绿色，长圆形；花瓣 5 个，淡白色，椭圆形或椭圆倒卵形；翅果嫩时紫绿色，成熟时淡黄色；花期为 5 月，果期为 9 月。

图 3-81　色木槭

主要分布：东北、华北和长江流域各省。生于海拔 800～1500m 的山坡或山谷疏林中。俄罗斯西伯利亚东部、蒙古国、朝鲜和日本也有分布。

生长习性：稍耐阴，深根性，喜湿润肥沃土壤，在酸性、中性、石灰岩上均可生长。萌蘖性强。有人工引种栽培。

观赏特性及园林用途：色木槭叶色、叶型变异丰富，其中秋季紫红变色型红叶期长、观赏性强，是优良的乡土彩色叶树种资源。

其他用途：色木槭树皮可做人造棉及造纸的原料，叶和种子可供工业方面的用途，也可做食用；木材可供建筑、车辆、乐器和胶合板等制造用。

（3）元宝槭（别称元宝树、五脚树、槭，见图 3-82）

形态特征：落叶乔木，高 8～10m；树皮灰褐色或深褐色，深纵裂。小枝无毛，当年生枝绿色，多年生枝灰褐色；叶纸质，基部截形稀近于心形；裂片三角卵形或披针形；花黄绿色，常成无毛的伞房花序；萼片 5 个，黄绿色，长圆形；花瓣 5 个，淡黄色或淡白色，长圆倒卵形；翅果嫩时淡绿色，成熟时淡黄色或淡褐色，常呈下垂的伞房果序；花期为4月，果期为8月。

主要分布：吉林、辽宁、内蒙古、河北、山西、山东、江苏北部（徐州以北地区）、河南、陕西、甘肃等省区。生于海拔400～1000m的疏林中。

生长习性：温带阳性树种，喜阳光充足的环境，能抗−25℃左右的低温。怕高温暴晒，又怕下午西射强光，稍耐阴，幼苗幼树耐阴性较强，大树耐侧方遮阴，在混交林中常为下层林木。根系发达，抗风力较强，喜深厚肥沃土壤，在酸性、中性钙质土中均能生长，且较耐移植。耐旱，忌水涝，生长较慢。对二氧化硫、氟化氢的抗性较强，具有较强的吸附粉尘的能力。

观赏特性及园林用途：本种树形优美，枝叶浓密，叶色富于变化，春叶红艳，秋叶金黄，秋色叶变色早，且持续时间长，多变为黄色、橙色及红色，是优良的观赏树种。在城市绿化中，适于建筑物附近、庭院及绿地内散植。在郊野公园利用坡地片植，也会收到较好的效果。元宝槭还可数次摘叶，摘叶后新叶小而红，是很有特色的桩景材料。

其他用途：本种木材坚韧细致，可做车辆、器具，供建筑用等；种子可榨油，供食用及工业用；树皮纤维可造纸及代用棉。

图3−82 元宝槭

（4）梣叶槭（别称复叶槭、美国槭、白蜡槭、糖槭，见图3−83）

形态特征：落叶乔木，高可达20m；树皮黄褐色或灰褐色，小枝圆柱形，无毛，当年生枝绿色，多年生枝黄褐色；羽状复叶，小叶纸质，卵形或椭圆状披针形；雄花的花序聚伞状，雌花的花序总状，花小，黄绿色，开于叶前，雌雄异株，无花瓣及花盘；小坚果凸起，近于长圆形或长圆卵形，无毛；花期为 4—5 月，果期为 9 月。

图 3－83 梣叶槭

主要分布：原产于北美洲，后引种于我国，在辽宁、内蒙古、河北、山东、河南、陕西、甘肃、新疆、江苏、浙江、江西、湖北等省区的各主要城市都有栽培，在东北和华北各地生长较好。

生长习性：适应性强，可耐绝对低温－45℃，喜光，喜干冷气候，暖湿地区生长不良，耐寒、耐旱、耐干冷、耐轻度盐碱、耐烟尘，生长迅速。

观赏特性及园林用途：本种生长迅速，树冠广阔，夏季遮阴条件良好，可做行道树或庭院树，用以绿化城市或厂矿。

其他用途：本种早春开花，花蜜很丰富，是很好的蜜源植物。

3.4.2.23 苦木科

苦木科约 20 属 120 种，主产热带和亚热带地区，我国有 5 属 11 种 3 变种。

代表性植物为臭椿，见图 3－84。

形态特征：落叶乔木，高可达 20 余米；树皮平滑而有直纹；叶为奇数羽状复叶；小叶对生或近对生，纸质，卵状披针形，叶面深绿色；圆锥花序，花淡绿色；萼片 5 个，花瓣 5 个；翅果长椭圆形；花期为 4—5 月，果期为 8—10 月。

主要分布：我国除黑龙江、吉林、新疆、青海、宁夏、甘肃和海南外，各地均有分布。世界各地广为栽培。

生长习性：喜光，不耐阴。适应性强，除黏土外，各种土壤包括中性、酸性及钙质土都能生长，适生于深厚、肥沃、湿润的沙质土壤。耐寒、耐旱、不耐水湿，长期积水会烂根死亡。

观赏特性及园林用途：臭椿树干通直高大，春季嫩叶紫红色，秋季红果满树，是良好的观赏树和行道树。可孤植、丛植或与其他树种混栽，适宜于工厂、矿区等绿化。在印度、英国、法国、德国、意大利、美国等常常作为行道树，此树因颇受赞赏而被称为天堂树。

其他用途：臭椿木材是建筑和制作家具的优良用材，也是造纸的优质原料；叶可饲养蚕，蚕丝可织椿绸。

图 3-84 臭椿

第 4 章　植物造景理论与方法

4.1　植物配置基础理论

4.1.1 园林植物的观赏特性

植物具有较强的观赏习性，体现在形态、花、叶、果、枝干、根和群落的观赏等多个方面。

4.1.1.1 形态

形态观赏是指对植物整体形态的观赏，由于植物外部形态的不同，观赏性也不一样。植物的形态一般指树冠的类型，这是树种的遗传特性和生长环境条件共同影响的结果，同一树种在不同的发育阶段也会发生变化。一般所说的树形是指在正常的生长环境下，成年树木整体形态的外部轮廓。园林树木的树形在园林构图、布局与主景创造等方面起着重要作用。常见的植物树形，见图 4-1。

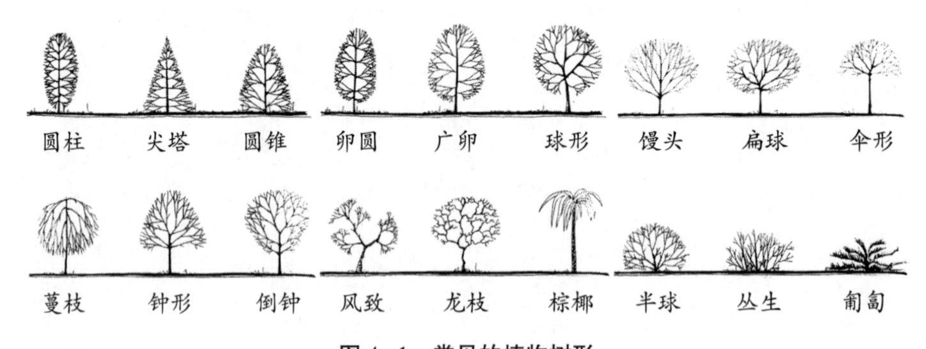

图 4-1　常见的植物树形

4.1.1.2 花

园林植物的花是最引人注目的特征之一，具有两个方面的效果：一是花本身的观赏性，如花色、花形、花香和花序类型等；二是花或花序着生在树冠上表现出的整体观赏性。

（1）花相及类型

花相是指花或花序着生在树冠上表现出来的整体形状。根据开花和展叶时间的差异，将花相分为纯式花相和衬式花相。纯式花相是指先开花后展叶的花相；衬式花相是指先展叶后开花的花相。

根据花相的观赏性，可以将花相分为干生、密满、覆被、团簇、星散、线条、独生花相，见图 4–2。

干生花相（常春油麻藤）

密满花相（火棘）

覆被花相（合欢树）

团簇花相（木本绣球）

星散花相（凹叶厚朴）

线条花相（木姜子）

独生花相（苏铁）

图 4–2　花相类型

（2）花色的观赏习性

花色是主要的观赏要素，在众多的花色中，白、黄、红为花色的三大主色，这三种颜色的花种类最多。花色可分为蓝色系、黄色系、红色系、白色系几类，见图 4–3。

（3）花香的园林意义

花的芳香的分类目前尚无统一的分类标准，但一般认为可分为清香（如茉莉），甜香（如桂花、含笑），浓香（如白兰、栀子），淡香（如玉兰）等。不同的芳香会引起人不同的反应，有的芳香会引起观赏者兴奋，有的芳香会引起观赏者反感。由于芳香不受视线的限制，使芳香树成为“芳香阁”“夜香园”的主题，起到引人入胜的效果。

蓝色系(醉鱼草花)

黄色系(棣棠花)

红色系(桃花)

白色系(白牡丹花)

白色系(络石花)

图 4-3 花色分类

4.1.1.3 叶

园林植物的叶有极其丰富多彩的形状，见图 4-4、图 4-5。

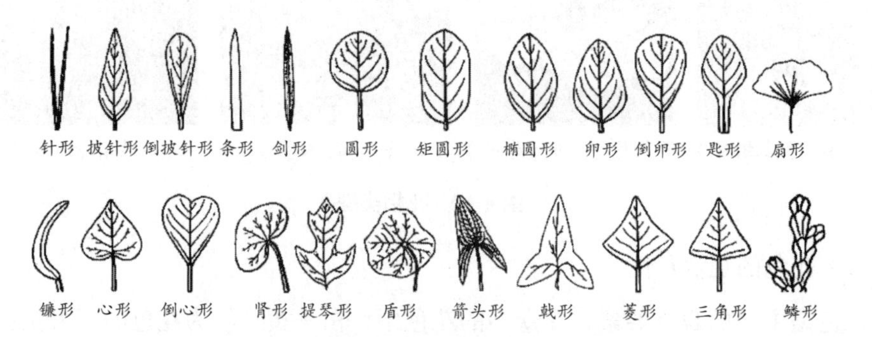

图 4-4 常见观赏植物叶形形态分类

羽状复叶(南天竹)

羽状复叶(十大功劳)

掌状复叶(七叶树)

图 4-5 复叶的形状

羽状复叶包括奇数羽状复叶和偶数羽状复叶，以及二回或三回羽状复叶，如刺槐、锦鸡儿、合欢、南天竹、十大功劳。掌状复叶小叶排列成指掌形，如七叶树等。不同形状和大小的叶片具有不同的观赏特性，如棕榈科植物的叶片给人以热带情调，大型的掌状叶给人以素朴的感觉，大型的羽状叶给人以轻快、洒脱的感觉；产于温带的合欢和热带的凤凰木，因叶形的相似而产生轻盈秀丽的效果。

（1）叶的质地

叶的质地不同，产生不同的质感，观赏效果也就大为不同。革质的叶片具有较强的反光能力，叶片较厚、颜色较浓，有光影闪烁的效果，因而看上去叶的表面发亮，给人以厚重的感觉。纸质、膜质叶片，常呈半透明状，常给人以恬静之感。至于粗糙多毛的叶片，往往看上去比较粗放，多富于野趣。由于叶片质地的不同，加上叶形的变化，使整个树冠产生不同的质感，例如：绒柏的整个树冠有如绒团，具有柔软秀美的效果；而枸骨树有坚硬的刺，给人以紧张的感觉。不同的效果适应的地点和环境有很大的不同。

（2）叶的色彩

叶的颜色具有极大的观赏价值，叶色变化丰富但难以描述，园林中常见的叶的颜色有绿色类、春色叶类、秋色叶类、彩叶类、双色叶类等，见图 4–6 至图 4–9。

早春嫩叶呈金色

夏季叶片呈绿色

图 4–6　金叶女贞叶片

卫矛秋叶呈红色

鹅掌楸秋叶呈金黄色

复羽叶栾树秋叶呈红褐色

图 4–7　秋色叶类

图 4-8　彩叶植物（洒金桃叶珊瑚）

图 4-9　双色叶（红背桂）

4.1.1.4 果实

果实不仅具有很高的经济价值，而且具有较高的观赏价值和药用价值。园林中出于观赏的目的，往往注重果实的形态和色彩两个方面。

（1）果实的形态

果实形状的观赏体现为“奇、巨、丰”。“奇”是指果实的形状比较独特，如：青钱柳的果实成串如同一串铜钱，因而该树也称摇钱树；猴耳环的果实如同一个耳朵；秤锤树的果实如秤锤一样；紫珠的果实宛若许多晶莹剔透的紫色小珍珠；有的植物果实像元宝；有些种类的果实不仅可以观赏，而且富有诗意，如王维的“红豆生南国，春来发几枝，愿君多采撷，此物最相思”中的红豆树。“巨”是指单体的果实较大，如柚子等。“丰”是指全株上果实的数量较多，满树的果实观赏效果极佳，如满树的樱桃、满树的柿子等，都具有很强的观赏性。

（2）果实的色彩

果实的颜色丰富多彩、变化多端，有的艳丽夺目，有的平淡素雅，有的玲珑剔透，具有很强的观赏价值。

果实呈红色的有桃叶珊瑚、平枝栒子、山楂、冬青、枸杞、火棘、樱桃、毛樱桃、郁李、枸骨、金银木、南天竹、紫金牛、柿子、石榴等。果实呈黄色的有银杏、梅、柚、甜橙、香圆、佛手、金柑、枸橘、梨、木瓜、贴梗海棠、沙棘等。果实呈蓝紫色的有紫珠、十大功劳、葡萄、李、桂花、白檀等。果实呈黑色的有小叶女贞、小蜡、刺楸、五加、常春藤、金银花、黑果栒子等。果实呈白色的有红瑞木、芫花、雪果、湖北花楸、西康花楸、乌桕（种子外有白色蜡质）等。

4.1.1.5 枝干

树木的枝条、树皮、树干以及刺毛的颜色、类型都具有一定的观赏性，尤其是在落叶后，枝干的颜色更加明显。那些枝干色彩美丽的园林树木被称为观枝树种，如红瑞木、青榨槭、白皮松等。

（1）树皮的形状

树皮的开裂方式也具有一定的观赏价值，主要有光滑、横纹、片裂、丝裂、纵沟、长方块裂纹、疣突树皮等，见图4-10。

光滑树皮（青桐）　横纹树皮（山桃）　片裂树皮（悬铃木）

纵沟树皮（板栗）　长方块裂纹树皮（黄连木）　疣突树皮（木棉）

图4-10　树皮开裂方式

（2）树皮的颜色

树皮的颜色对于植物配置可以起到很大的作用。不同颜色的树干能产生不同的效果，常见的有暗紫色、红褐色、黄色、灰褐色、绿色、斑驳色、白或灰色等，见图4-11。

暗紫色（紫竹） 红褐色（杉木） 黄色（黄枝槐）

绿色（竹子） 斑驳色（黄金间碧玉竹） 白色（白桦）

图 4−11 树皮的颜色

4.1.1.6 根

大部分植物的根位于地下，但也有少数植物的根裸露在外且具有较高的观赏价值。一般而言，树木到达老年期以后，均可或多或少表现出露根美，常见的树种有松树、榆树、朴树、梅、榕树、蜡梅、山茶、银杏、广玉兰、落叶松等。

除了常见的植物的根外，还有少数植物的根具有较强的观赏价值，特别是榕树的气生根，观赏性相当强，见图 4−12。

图 4−12 榕树的气生根形成观根造景

4.1.1.7 植物群落

由多个个体组成种群，由多个种群构成了群落。区别于个体和种群，群落具有自己的特征，如有些种类在群落中起主要作用，具有密度等。园林中虽然缺乏大面积的群落，但是局部小群落在园林中应用较多，这些群落具有一定的观赏特征。

4.1.1.8 芳香

植物的芳香能给园林空间带来独特的韵味和意境。中国古典园林中常以芳香植物来提升园林造景的文化底蕴。

4.1.1.9 声响

园林并不仅仅是一种视觉艺术，对园林的审美还涉及听觉。中国古典园林中常用植物声响美进行造景。园林植物可以与风、雨、鸟类等巧妙配合，生动地表现出植物的声响魅力。

4.1.1.10 光影

植物造景存在时间变化（白天、黑夜），季相变化（春、夏、秋、冬），以及气象变化（雨、雾、风、霜、雪）。无论是灿烂日光，还是温柔月光，均带给植物空间以多样的变化美感，不同时间、景象产生的光影差异，构建了植物空间的动态变化特性。

自然光投照于物体上会产生不同的造景效果和意境，见图 4–13。计成《园冶》中所言的“梧荫匝地”“槐荫当庭”“窗虚蕉影玲珑”等都是对植物阴影的欣赏。在日光或月光之下，墙移花影，蕉荫当窗。以竹为例，则有“日出有清荫，月照有清影”，突出了“清”的美感。

图 4–13　影随光行

◎植物空间依赖于光影的各种变化，加强了植物形体的动态变化，使园林植物在形、色、香之外，又增添了一道风景，既丰富了植物空间的情感，又创造出特有的意境空间。

4.1.2 植物造景的美学法则

美学法则是指造型元素依照整齐、对称、均衡等构成形式美的规律。现代园林植物造景在更多的层面上应用这一普遍规律，以求获得优美的造景效果。

4.1.2.1 统一法则

统一法则是最基本的美学法则。在园林植物造景中，设计师必须将造景作为一个有机的整体加以考虑，统筹安排。统一法则是以完形理论为基础，通过发掘设计中各个元素相互之间内在和外在的联系，运用调和与对比、过渡与呼应、主景与配景，以及节奏与韵律等手法，使造景在形、色、质地等方面产生统一而又富于变化的效果。

4.1.2.2 调和与对比

调和是利用造景元素的近似性或一致性，使人们在视觉上、心理上产生协调感。如果其中某一部分发生改变就会产生差异和对比，这种变化越大，这一部分与其他元素的反差越大，对比也就越强烈，越容易引起人们注意。最典型的例子就是“万绿丛中一点红”，其中“万绿”是调和，“一点红”是对比。在植物造景过程中，主要从外形、质地、色彩等方面实现调和与对比，从而达到统一的效果。

（1）外表的调和与对比

利用外形相同或者相近的植物可以达到植物组团外观上的调和，比如球形、扁球形的植物最容易调和，形成统一的效果。如图 4−14 所示，杭州花港观鱼公园路两侧的绿地，以球形、半球形植物构成了一处和谐的景致。

图 4−14　杭州花港观鱼公园局部植物造景效果

但完全相同会显得平淡、乏味，栽植的植物高度相同，又都是形态相似的球形或者扁球形，造景效果平淡无奇，缺乏特色；而利用圆锥形的植物形成外形的差异，在垂直方向与水平方向形成对比，造景效果一下子就生动起来了。

（2）质感的调和与对比

植物的质感会随着观赏距离的增加而变得模糊，所以质感的调和与对比往往针对某一局部的造景，如图4－15所示。细质感的植物由于清晰的轮廓、密实的枝叶、规整的形状，常用作造景的背景，比如多数绿地都以草坪作为基底，其中一个重要原因就是经过修剪的草坪平整细腻，并且不会过多地吸引人的注意。

配置时应该首先选择一些细质感的植物，比如珍珠绣线菊、小叶黄杨或针叶树种等，与草坪形成和谐的效果。在此基础上，根据实际情况选择粗质感的植物加以点缀，形成对比。而在一些自然、充满野趣的环境中，常常采用未经修剪的草场，这种基底的质感比较粗糙，可以选用粗质感的植物与其搭配，但要注意植物的种类不要选择太多，否则会显得杂乱无章。

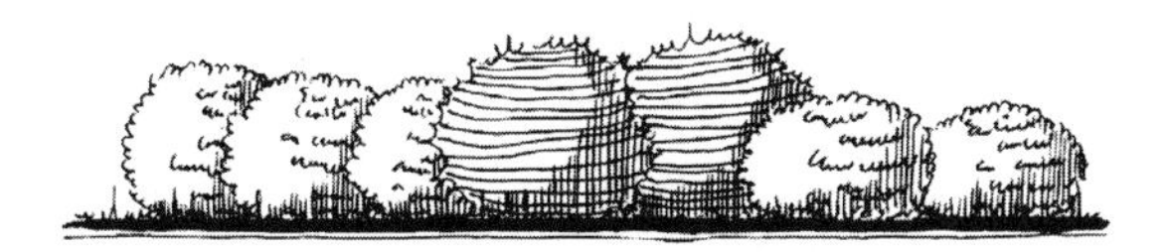

a. 完全的调和使植物景观过于平淡

b. 在调和基础上的对比使植物景观有层次感

c. 植物质感的调和与对比

图4－15　质感的调和与对比

（3）色彩的调和与对比

色彩中同一色系比较容易调和，并且色环上两种颜色的夹角越小越容易调和，比如黄色和橙黄色、红色和橙红色等；随着夹角的增大，颜色的对比也逐渐增强。色环上相对的两种颜色，即互补色，对比是最强烈的，比如红和绿、黄和紫等。

对于植物的群体效果，首先应该根据当地的气候条件、环境色彩、风俗习惯等因素确定一个基本色调，选择一种或几种相似颜色的植物进行广泛的大面积的栽植，构成造景的基调、背景，也就是常说的基调植物。通常基调植物多选用绿色植物，因绿色令人放松、舒适，而且绿色在植物色彩中最为普遍。虽然由于季节、光线、品种等，植物的绿色也会有深浅、明暗、浓淡的变化，但这仅是明度和色相上的微差，当作为一个整体出现时，是一种因为微差的存在而形成的调和之美。

因此植物造景，尤其是大面积的植物造景，多以绿色植物为主，比如颐和园以松柏类作为基调植物（图 4−16），杭州花港观鱼公园以绿草坪作为基底配以成片的雪松形成雪松草坪造景，色调统一协调。当然绿色也并非绝对的主调，布置花坛时，就需要根据实际情况选择主色调，并尽量选用与主色调同一色系的颜色作为搭配，以避免颜色过多而显得杂乱。

图 4−16　颐和园以松柏类作为基调植物

在总体调和的基础上，适当地点缀其他颜色，构成色彩上的对比，紫叶小檗模纹中配以由金叶植物（如金叶女贞、金叶榆等）构成的图案，紫色与黄色形成强烈的对比，图案鲜明醒目。再如翠绿的柳枝与鲜红的桃花形成强烈的对比。

进行植物色彩搭配时，还应该注意尺度的把握，不要使用过多过强的对比色，对比色的面积要有所差异，否则会显得杂乱无章。当使用多种色彩的时候，应该注意按照冷色系和暖色系分开布置，为了避免反差过大，可以在它们之间利用中间色或者无彩色（白色、灰色）进行过渡。

总之，无论怎样的园林风格，都要始终贯彻调和与对比原则，首先从总体上确定一个基本形式（形状、质地、色彩），作为植物选配的依据，在此基础上进行局部适当的调整，形成对比。如果说调和是共性的表现，那对比就是个性的突出，两者在植物造景中是缺一不可的。

4.1.2.3 过渡与呼应

当景物的色彩、外观、大小等方面相差太大、对比过于强烈时，人的心理就会产生排斥感，造景的完整性就会被破坏，利用过渡和呼应的方法，可以加强造景内部的联系，消除或者减弱景物之间的对立，达到统一的效果。比如球形植物与圆锥形植物之间利用条带状植物模纹形成过渡和联系，使得植物造景的整体性更强，见图 4−17。再比如配置植物时如果两种植物的颜色对比过于强烈，可以通过调和色或者无彩色，如白色、灰色等形成过渡。

如果说"过渡"是因为"连续"，那么"呼应"就是由于"中断"，即利用人的视觉印象，使分离的两个部分在视觉上形成联系，比如水体两岸的植物无法通过其他实体景物产生联系，但可以栽植色彩、形状相同或相似的植物形成两岸的呼应，在视觉上将两者统一起来。对于具体的植物造景，常常利用"对称或者非对称均衡"的方法形成景物的相互呼应，比如对称布置的两株一模一样的植物，在视觉上相互呼应，形成"笔断意连"的完整界面。扬州何园玉绣楼因庭院中栽植的玉兰和绣球而得名（图 4−18），玉兰与绣球一大一小、一高一矮，分别位于庭院的两侧，相互呼应，形成非对称的均衡构图，这种配置方式在中国古典园林中非常常见。

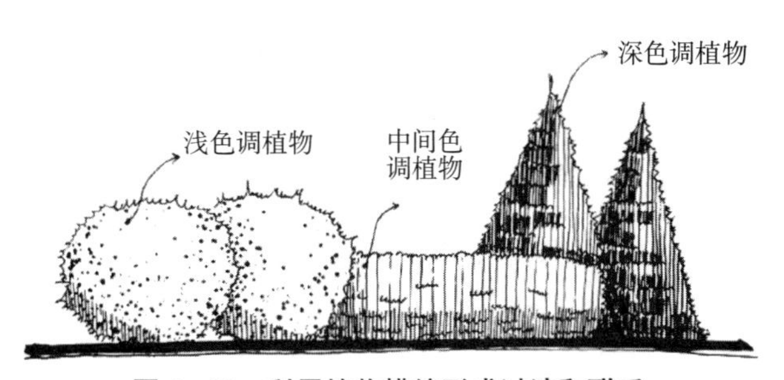

图 4−17　利用植物模纹形成过渡和联系

图 4-18　扬州何园玉绣楼庭院中的玉兰和绣球

4.1.2.4 主景与配景

一部戏剧，必须区分主角与配角，才能形成完整清晰的剧情，植物造景也是这样，只有明确主从关系才能够达到统一的效果。按照植物在造景中的作用分为主调植物、配调植物和基调植物，它们在植物造景中的主导位置依次降低，但数量却依次增加。也就说，基调植物数量最多，就如同群众演员，同配调植物一道，围绕着主调植物展开。

在植物配置时，首先确定一两种植物为基调植物，使其广泛分布于整个园景中；同时，还应根据分区情况，选择各分区的主调树种，以形成各分区的风景主体。如杭州花港观鱼公园，按景色分为五个景区，在树种选择时，牡丹园景区以牡丹为主调植物，鱼池景区以海棠、樱花为主调树种，大草坪景区以合欢、雪松为主调树种，花港景区以紫薇、红枫为主调树种，而全园又广泛分布着广玉兰为基调树种，这样，全园造景因各景区不同的主调树种而丰富多彩，又因一致的基调树种而协调统一。

在处理具体的植物造景时，应选择造型特殊、颜色醒目、形体高大的植物作为主景，比如油松、灯台树、枫杨、合欢、凤凰木等，并将其栽植在视觉焦点或者高地上，通过与背景的对比，突出其主景的位置，在低矮灌木的“簇拥”下，乔木成为视觉的焦点，自然就成为造景的主体，见图 4-19。利用植物色彩对比突出主从关系，在深深浅浅的绿色植物背景衬托下，红枫脱颖而出，成为造景中的“主角”，见图 4-20。

a. 立面图

b. 平面图

图 4–19　植物配置中形态对比形成主从关系

图 4–20　植物配置中色彩对比形成主从关系

4.1.2.5 主从法则

主体与从属的关系就是主从法则。在园林种植设计的形式美规律中也有主与次、重点与一般的形式表现关系。主景设计时，应考虑将游人的视景空间锁定在构图中心范围内体现主题，营造较强的艺术感染力。配景要起到衬托主题的作用，不论从色彩、体量、形式、位置等方面都不能够超越主景，防止喧宾夺主。主景与配景是密不可分、相得益彰的，每个景区中主景只能有一处，而配景可以有多处。突出主景的方法主要有以下几种：

（1）主体升高

可以抬高作为主景的植物造景的高度，使其在立面上形成全局或局部空间的重点。要达到这种效果，一是要选择垂直方向的植物形成高耸的感觉；二是根据地形的变化抬高主体植物的种植点，使其高于所在空间或全园内的其他植物。

（2）利用轴线和风景视线的焦点

在规则式布局中，轴线具有很强的控制力，尤其是主轴线的端点与其他副轴线的交点处，都是造景序列的核心和视觉焦点。故常将主要观赏植物带安排在主轴线的端点或近于端点的其他轴线交点上。

（3）运用动势的向心

在四面环抱式的周边植物配置中，周围景物往往具有向心的动势。由外向内、由高至低，如果中间是雕塑、涌泉、花坛或孤植树等，周边植物所制造出的向心性就更为明显，使得雕塑、涌泉、花坛或孤植树更为突出，就形成了空间的主体。

4.1.2.6 运用空间的构图重心

这一点与动势向心大同小异。在规则式园林中常将主景布置在几何中心；在自然式园林中，则将主景安排在自然重心上，显得更为自然。如公园里的三岔路口会布置一块形成视线终点的绿地，在绿地的自然重心上会根据周围环境和绿地的大小布置孤植树、树丛，或者将植物与山石、小品结合形成组合造景。这些造景由于处于局部空间构图的重心，成为这个空间的主景。

除以上几种强调主景的手法外，通过色彩、体量、形态、质感等的对比也能起到强调主景的作用。实际上，很多被突出的主景往往不只运用一种手法，而是几种手法同时运用的。

4.1.2.7 比拟与联想

植物的生态习性和形态特征常能引起人们各种比拟和联想。我国古代文人的诗词及民俗文化中，赋予了植物人格化的名言佳句，并融会于园林植物配置的诗情画意之中。

最为人们所熟知的如松、竹、梅被称为“岁寒三友”，象征着坚贞、气节和理想，代表着高尚的品质。其他如松柏象征着坚贞不屈、万古长青的气概，又因其四季常青，也象征着长寿，因此常被用在纪念性园林和寺观园林中，以表达敬意和向往，如天安门广场的毛主席纪念堂和人民英雄纪念碑及许多地方的烈士陵园等地都种植着松柏。在民间，传统上更有“玉、堂、春、富、贵”的观念，人们希望家中能有玉兰、海棠、迎春、牡丹、桂花开放。即使某一时期只有一种花能在家中开放，都会给整个家带来精神上的快乐与安慰。“人面桃花相映红”，桃花象征好运，还有避邪之意，常栽在房前。“红豆生南国，春来发几枝，愿君多采撷，此物最相思”中的红豆，代表相思。玫瑰美丽却带刺，象征着神圣可贵、不可玩弄的爱情。类似的种种植物及相关的诗词名言，不胜枚举，为种植设计提供了很好的联想素材。

植物的联想美的形成是比较复杂的，它与民族的文化传统和各地的风俗习惯、文化教育、历史发展等有关。中国具有悠久的历史文化，在欣赏、讴歌大自然中的植物美时，曾将许多植物的形象美概念化或人格化，赋予丰富的感情。事实上，不仅中国如此，其他许多国家亦有此情况。例如日本人钟爱樱花，每当樱花盛开的季节，男女老幼载歌载舞，举国欢腾；加拿大以糖槭树象征着祖国大地，并将树叶图案绘在国旗上。植物的联想美，多是受文化传统的影响而逐渐形成的，但它并不是一成不变的。例如"白杨萧萧"是受封建文化的影响，一般多将其植于墓地而形成的。如今，白杨生长迅速，枝干挺拔，广泛种植于园林绿地中。因为时代变了，绿化环境变了，所形成的造景变了，游人的心理感受也变了，所以当微风吹拂白杨时就不会有凄凉的感觉。相反地，如将白杨配置在公园的安静休息区中就会产生"远方鼓瑟""万籁有声"的富有宁静松弛感的效果。

4.1.2.8 节奏与韵律

节奏与韵律源自音乐或者诗歌。节奏是有规律的重复，韵律则是有规律的变化，是音的高低、轻重、长短的组合，匀称的间歇或停顿。一定位置上相同音色的反复，以及句末、行末利用同韵同调的音相来加强诗歌的音乐性和节奏感，就是韵律的运用。在植物造景中，当形状、色彩相同的植物或者植物组团有规律地重复就产生了节奏感，但是这种有规律的节奏感一直重复下去，多少显得有些单调，因此需要在其间出现变化，这就形成了韵律感。按照一定规律修剪的植物绿篱形成连续动感、富于节奏感的道路造景；按照一定规律点缀于植物模纹之间的修剪乔木打造出富于节奏感和韵律感的植物造景效果，见图 4-21。

图 4-21　植物造景的节奏与韵律

统一法则是植物造景的基本法则，通过调和与对比、过渡与呼应、主景与配景以及节奏与韵律等得以实现。其实这些方法也并非孤立，在设计中常综合运用。

4.1.2.9 时空法则

园林植物造景是一种时空的艺术，这一点已被越来越多的人所认同。时空法则要求将造景要素根据人的心理感觉、视觉认知，针对造景的功能进行适当的配置，使造景产生自然流畅的时间和空间转换。

植物是具有生命力的构成要素，随着时间的变化，植物的形态、色彩、质感等也会发生改变，从而引起园林风景的季相变化。在设计植物造景时，通常采用分区或分段配置植物的方法，在同一区段中突出表现某一季节的植物造景，如“春季山花烂漫，夏季荷花映日，秋季硕果满园，冬季蜡梅飘香”等。为了避免一季过后景色单调或无景可赏的尴尬，在每一季相造景中，还应考虑配置其他季节的观赏植物，或增加常绿植物，做到“四季有景”。杭州花港观鱼公园春天有海棠、碧桃、樱花、梅花、杜鹃、牡丹、芍药等，夏日有广玉兰、紫薇、荷花等，秋季有桂花、槭树等，寒冬有蜡梅、山茶、南天竹等，各种花木共达 200 余种、10000 余株，通过合理的植物配置做到了“四季有花，终年有景”。

另外，中国古典园林还讲究“步移景异”，即随着空间的变化，造景也随之改变，这种空间的转化与时间的变迁是紧密联系的。比如扬州个园利用不同季节的观赏植物，配以假山，构成具有季相变化的时空序列。在扬州个园中，春植翠竹，配以笋石，寓意春景；夏种国槐、广玉兰，配以太湖石，构成夏景；秋栽枫树、梧桐，配以黄石，构成秋景；冬植蜡梅、南天竹，配以雪石和冰纹铺地，构成冬景。四个景点选择了具有明显季相特点的植物，与四种不同的山石组合，演绎了一年中四个不同的季节。四个季节的造景又被巧妙地布置于游览路线的四个角落，从而在咫尺庭院中，随着空间的转换，演绎着一年四季时间的变迁。个园的构思巧妙，选材更加巧妙！

4.1.2.10 数的法则

数的法则源自西方，古希腊数学家普洛克拉斯说：“哪里有数，哪里就有美。”西方人认为凡是符合数的关系的物体就是美的，比如三原形（正方形、等边三角形、圆形）受到一定数值关系的制约因而具有了美感，因此这三种图形成为设计中的基本图形。在植物造景过程中，如植物模纹、植物造型等，也可以适当地运用一些数学关系，以满足人们的审美需求。

（1）尺度

①造景尺度。如果以人为参照，造景尺度可分为三种类型，即自然的尺度（人的尺度）、超人的尺度、亲切的尺度，见图 4-22。

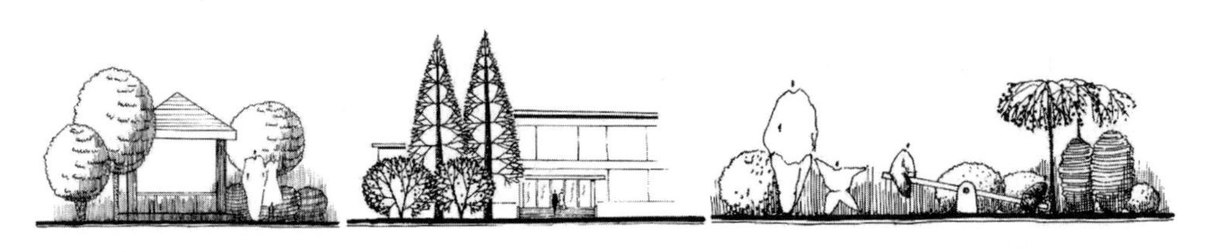

a. 自然的尺度　　b. 超人的尺度　　c. 亲切的尺度

图 4-22　造景尺度分类

在不同的环境中选用的尺度是不同的，一方面要考虑功能的需求，另一方面应注意观赏效果。无论是一株树木，还是一片森林，都应与所处的环境协调一致。比如中国古代私家园林属于小尺度空间，所以园中搭配的都是小型的、低矮的植物，显得亲切温馨；而美国白宫及华盛顿纪念碑周边属于超大的尺度空间，配以大面积草坪和高大乔木，显得宏伟庄重。尽管两者的植物造景尺度有所不同，但都与其所处的环境尺度相吻合，所以打造的造景自然和谐。

与其他园林要素相比，植物的尺度似乎更加复杂，因为植物的尺度会随着时间的推移而发生改变。可能一开始的时候达到了理想的效果，但是随着时间的推移，会失去原有的和谐。比如有些古典园林中，空间尺度小，山、水、桥梁、建筑等都是小尺度的，在高大的古木对比下，已经失去“一峰则太华千寻，一勺则江湖万里”的意境了。所以设计师应该动态地看待植物及其造景，在设计初期就应该预测到由于植物生长而出现的尺度变化，并采取一些措施以保证造景的观赏效果。现代园林中不乏这样的经典佳作，如杭州花港观鱼公园的雪松草坪在建成 20 多年后仍然保持着极佳的观赏效果。

②景观环境在人使用的同时，与人们的关系紧密配合并且相互作用，好的植物配置可以帮助人们调节情绪、舒缓心情、缓解压力，或者能提升人们的兴奋度。充满生气的植物形态、合理的植物配置、恰当的植物色彩让人更加贴近生活、亲近自然，缩短了自然与人心理的距离。的确，现在人们所处的社会环境很大程度上影响着人们的生活、精神、心理状态，而相应的景观设计中植物造景的手法、方式又客

观地影响着人们的心理感知状态，不同的景观引发人们不同的情感、联想、兴趣等，这就是植物景观的心理尺度。

③造景空间尺度。根据人的视觉、听觉、嗅觉等生理因素，结合人际交往距离，可以得到造景空间场所的三个基本尺度，称为造景空间尺度。20～25m 见方的空间，人们感觉比较亲切，是创造造景空间感的尺度；超过 110m 后才能产生广阔的感觉，是形成造景场所感的尺度；人无法看清楚 390m 以外的物体，这个尺度显得深远、宏伟，是形成造景领域感的尺度。

（2）比例

适宜的空间尺度还取决于空间的高宽比，即空间的立面高度（H）与平面宽度的比值（D），当 H/D=2～3，形成夹景效果，空间的通过感较强，见图 4−23；当 H/D=1，形成框景效果，空间通过感平缓，见图 4−24；当 H/D=1∶3～1∶5，空间开阔，围合感较弱。

另外，要想获得良好的视觉效果，场地中的景物（比如孤植树、树丛、主体建筑、雕塑等）与场地之间也应该选用适宜的比例，景物高度与场地宽度的比例最好是 1∶3 至 1∶6。

图 4−23　夹景效果图

4−24 框景效果

数学可以产生美，但并不绝对，毕竟苍白的数字与美还是有一定的距离，很多东西源自人们的感觉和经验，而且植物的选择、造景的创造也因人、因时、因地而异，数学方法仅仅作为一种辅助手段，一个好的设计最终还是要靠设计师的想象力和专业素质来完成。

4.2 植物配置季相特征

植物材料有许多特性不同于其他造景元素，最大的特点是其为活的、可生长的材料，伴随着植物的生长，它们的外形会不断地发生变化。这种变化的速度有时会非常明显，甚至每天都能看到变化的发生，如有些落叶树一年四季各有景色：春花嫩叶、夏荫浓密、秋枫殷红、冬枝枯桠。植物的这种变化依据其寿命的长短可以持续几十年甚至几百年。另外，幼树逐渐成长茁壮，虽在短时间不易察觉，但经过一段时间后便有相当大的变化。在花园中，人们可以观察到一个连续的生长和逐渐死亡的过程。植物的这种可生长的特性也给我们的设计带来一系列问题。例如，一座花园的修建到什么时候初见成效？到什么时候完全建成？又在什么时候开始失去品质？植物的生长需要多久？因此，以植物为素材的设计需要很长一段时间才能看到效果。设计师对植物的设计不能不考虑时间的因素，不能只关注植物对目前设计的影响，还需要预期以后的改变结果，并将此问题向业主说明，让其了解初植树与成年树的造景差异，不然在空地上刚刚完成的种植布局看起来空荡荡的像没有完工似的，必然会让他们十分失望的。因此在实施这样的设计时，最好能选用与空间比例相匹配的规格大一点的植物，以便在施工的初期阶段就能形成一定的空间和格局。此外，不同植物的色彩和质感也能反映出季节的变化。

4.2.1 植物设计的季节变化

尽管很多木本植物的空间结构都不会发生太大的变化，但是在初春和初秋时节，植物外观的颜色通常都会发生变化。任何一种植物都有自己特有的一系列的季相变化。植物的这种动态的特性关系着种植设计时的选种及种植位置，我们不仅要考虑植物本身的四季变化，也要注意其对周围环境的影响。常犯的错误是选择了一季怡人的植物，却忽略了它们在其余季节的变化。以紫薇为例，它们在夏季繁花怒放，但是到了冬季，其光秃秃的外形若没有其他植物的陪衬，很难达到令人满意的效果。

在构思植物设计和植物布局时，很重要的一点就是要让色彩从早春到晚秋延续不断。一种方法就是以植物的花期和叶色期为依据对植物进行选择和分组，并将其布置在场地的不同位置。如果将多种花卉或叶色树同时栽种在同一个位置，则会显得杂乱无章，会削弱整体的印象。植物的花期通常都很短暂，之后将会进入相对平淡的阶段。如果想要得到花园的四季“色彩连绵不断”的效果，我们可以利用不同花期和叶色期的植物来实现。

4.2.2 植物的应季效果

植物在一年四季所产生的季相变化就像人的一生那样剧烈，不同的是这样的变化是在短短的一年之内完成的。它们在不同的季节或色彩斑斓，或婀娜多姿，或鲜艳动人，或姿态缤纷，每时每刻都在发生着变化，只有仔细观察植物在一年之内的变化，才会更加欣赏四季的更迭交替之美。

4.2.2.1 春季

春季是万物复苏的季节，开花植物较多，花期各有早晚。植物造景要按照植物的花期前后及开花特性进行合理搭配，使春季花色不断，给人以繁花似锦的感受。在树林、草地的边缘可大片种植早春开花的迎春、连翘、金钟花等开黄花的植物作为花带，在花带的后面种植植株较高的、稍晚开暖色系花的紫荆、垂丝海棠、贴梗海棠等，形成富有层次感的种植形式。紫花丁香和绣线菊的组合，以较高的紫花丁香为中心环绕种植开白花的绣线菊，形成二层种植结构。此组合其花期较长，有将近一个月，可种于开阔的草地上独立成群，最好以常绿的高大乔木为背景，突出植物的花色美。

4.2.2.2 夏季

夏季的植物枝繁叶茂，繁花不再。最明显的季相特征是林草茂盛、绿荫匝地。植物造景应该考虑此时的季节特征，注意色叶树种与绿叶树种的搭配，如紫叶李、紫叶桃、红枫等与绿叶植物的间种或把绿叶植物作为背景。金叶女贞、红花檵木与绿色的瓜子黄杨组成色彩明快的图案，给夏季单调的绿色中增添一丝色彩。夏季开花的木本植物虽少，但仍有一些，如广玉兰、合欢、紫薇等，将它们种植于草坪上，能够起到很好的观赏效果。

4.2.2.3 秋季

秋季人们最容易想到的是丰收，满树的果实沉甸甸的，充满丰收的喜悦。在秋季造景中，应充分利用植物的某些部位特色进行观赏。将形、姿和质感、线条等因素巧妙结合，如秋色叶植物和常绿植物的配置，突出色彩对比效果；将秋花、秋叶、秋果的色彩与建筑或造景小品的色彩合理搭配，充分展现植物的局部美、个体美和群体美。

4.2.2.4 冬季

冬季万物凋零，植物进入休眠期。这时的落叶植物和常绿植物各自显现出不同的美。落叶乔木的枝干，在落叶以后由枝干构成的形态具有很高的观赏价值和强烈的艺术感染力。还有颜色艳丽的观干树种，在落叶后也显出在其他三季被忽略的美。常绿植物是冬季花园的“救星”，尤其是阔叶常绿树更是在寒冷的冬天带给人的安慰，它时刻提醒人们春天的脚步就要近了。

4.2.3 造景植物色彩设计的方法

造景色彩设计中不管是两种还是几种色彩搭配在一起，色彩必须相互呼应，才能达到和谐统一的效果。在造景植物设计中，设计师必须了解植株的季相变化，参考色彩搭配理论，选择适当的植物，才能创造出色调更为和谐的、赏心悦目的造景。

4.2.3.1 运用加法原则

运用加法原则要注意在植物设计的初始就要确定一个色彩的主题或一种基调。在这种基础上，选择合适的植物逐步地增加色彩的色相、明度、饱和度，使其有统一的视觉观感，见图 4−25。只有在总体上达到和谐统一，才可以进行局部的变化与对

图 4−25　加法原则

◎以紫色花卉为主的花坛中片植黄色花卉，使花坛色调显得格外明快。

比。这种统一中求变化、变化中求统一的空间和谐方法，可避免出现影响视觉效果的强对比或无序。如当我们要在一个和谐的环境中使用色彩时，我们可以从这个环境中选出一种颜色，然后采用与该颜色最接近的渐变色即可，不管是暖调还是冷调，均可取得比较协调的效果。

4.2.3.2 运用对比

色彩对比不仅能够让绿化区显得更活泼，还能够强化色彩效果。色彩相间越大，对比也越强烈，而且往往更能引起人们的注意。对比色适用于花坛，在出入口用类似的手法可吸引游人驻足观赏。在运用对比色植物时，不单要关注植物和植物之间的色彩搭配，还要注意周边的环境色对其的影响。

最强烈的色彩对比是通过位于色环上处于相对位置的颜色（补色）的协调搭配来实现的。双色协调即红与绿、橙与蓝、黄与紫的对比。三色系即红、黄、蓝三色与绿、紫、橙三色的对比。如果在大环境中应用得当，会取得明快、悦目的艺术效果。如在广场周边运用紫叶小檗或红花檵木与金叶女贞、小叶黄杨组成整齐的色带，具有强烈的视觉冲击力，可活跃广场的气氛；在草坪上种植贴梗海棠、红色的榆叶梅、碧桃、红枫、红叶李等色叶植物，或是紫色矮牵牛与黄色金盏菊组合的花坛，都会起到强烈的对比效果。

色彩对比效果还可以在同一个花圃中实现。彼此位置相对并且分别只有一种颜色的两个花圃之间也可以产生强烈的对比效果。

4.2.3.3 运用类似

用类似色（如红、橙、黄）植物布置造景的背景，有协调和融合的效果。这种协调并不意味着呆板或单调。它不仅可以在远观中创造出和谐的整体感，还能使人在近观中感受单体种类等细节的不同。运用类似色配置植物，不仅在色彩上要协调，植物的品种、数量也必须协调均衡。色彩纯度低的植物要想压倒色彩纯度高的植物，就必须在数量上超过后者，如用桃花、贴梗海棠、榆叶梅、迎春、连翘、黄刺玫、金银花等丛植，虽然它们都属于类似色，但在花期上、个体形态上、质感上都相互弥补，形成整体感较强的植物造景序列，具有协调的色彩造景美。

色彩的协调不仅是花的颜色要彼此和谐，花和周围叶片的颜色（基色）也要协调。

白色是冷色与暖色之间的过渡色，其明度高，常给人以纯洁、清新、明快、简洁的感觉。它与任何其他颜色搭配都不会出现问题，而且还可以衬托出所有其他的颜色。把白花植物或含有杂色叶片的植物种在深绿色的针叶树前或是在阴影区内时，会形成很好的明暗对比效果，并且能够提亮暗淡的空间氛围。这与把具有白色树干的桦树种在深色沉闷的背景前所得到的效果是一样的。

同样道理，多色组合会让人感到杂乱而失去调和，此时插入白色即可以达到协调的作用，使造景画面重新达到和谐。植物造景中，白色花卉对植物色彩的调和起到重要的作用。白色花卉和冷色或暖色花卉混植不会改变其原来的色感，如紫色的矮牵牛色调偏暗，植入白色花卉可使色调变得明快起来；又如黄色万寿菊与蓝色、紫色三色堇配置对比强烈，在三色堇中混入白色花卉可使对比缓和而趋向于协调。

4.2.4 造景植物色彩设计——不同氛围主题的植物配置

4.2.4.1 宁静、平和的氛围

冷色系是营造宁静、平和氛围最好的色彩。一般在花园里配置大量的蓝色和其他含有蓝色的冷色系植物可以最大限度地创造出宁静协调感。花园里的种植通常都会包含大量的绿色，而且绿色几乎和蓝色一样具有使人安静的效果，同时可以作为花卉的背景色。当营造主色调为蓝色的植物造景时，为了避免色彩过于单调，可以使用一些蓝色的调和色来丰富主题效果，如蓝紫色、淡紫色、亮紫色、蓝粉色、白色、淡黄色和银色。而且一定要避免使用一些比较鲜亮的颜色，如橙色、鲜红色，不然会破坏整体的氛围。要创造宁静平和的主题花园，除了植物颜色上要选用冷色调外，还可以利用植物和篱笆的围合，创造出一种与外界隔离的感觉，也可以在花园中引入喷泉和流水的声音，加强这种令人沉思的效果。

4.2.4.2 生动、令人兴奋的氛围

鲜艳的红色、橙色和暖色植物是创造生动、活泼的花园必不可少的材料，将它们配置在一起，能产生一种无与伦比的热情效果。而且将这些颜色配置在一起，相互间还可以衬托得更为浓艳。需要注意的是，要避免把这些热情的暖色调与蓝色基调的植物相毗邻，因为它们充满活力，与冷色调植物造景并置时，对比会更加强烈，会更彰显自身而冲淡对方。配置暖色调种植时，还有一点很重要的是，要平衡色彩和叶片的搭配，因为红花还需绿叶衬。配置中的主要颜色必须有与之体量相当的叶片来平衡。

其中，有些植物的叶片大而具有光泽，同时其形状和质感也丰富多变，从而增加了植物在少花季节的观赏趣味。不论何种类型的植物造景，都必须充分利用植物的大小、形状、质感等来营造丰富的造景。在营造生动、令人兴奋的氛围时，其设计目的是使造景总体看上去由丰富的色彩交织而成，这点尤其重要。

4.2.4.3 细腻、精致的氛围

细腻、精致的主题氛围一般是指选用少量的植物或选用植株个体比较纤细、色彩淡雅的植物，通过精心的配置，产生细致而温和的效果。在封闭狭小的空间内造景，宜采用这种处理手法。其空间的视觉焦点相对比较单一，单株植物都可能成为视觉的焦点，所以在选择植物上，对植株的姿态、大小、叶色、花色、质地均要求比较高，如日本五针松、小叶杜英等植株姿态优美、叶色独特，均可以成为空间的视觉焦点。

营造细腻、精致的氛围感的方法有两种：一种方法是以绿色为主调，可显现出细腻的氛围。在植物的选择上注重植物的叶形、质感以及叶子本身的色彩，如蕨类或地被类植物的应用，塑造出精美的造景氛围。另一种方法是精心选择出花园中的一些区域种植色彩柔和的草花，如浅蓝色、蓝粉色、紫色、米色和淡黄色，这些色彩的和谐组合，能够营造出宜人的林地花园造景。

4.2.4.4 高雅、深沉的氛围

高雅的主题氛围是相对于自然风格而言的。它受古典主义风格的影响，有着简洁、匀称的直线构图形式，非常注重造景要素的品质和整体的有机感。以绿色为主色调，植物的色彩和种类非常有限，鲜亮的颜色只是偶尔出现。在植物种植方面不太注重植物的层次感。这种风格花园的植物造景十分注重对植物个体的选择，通常选用一些外形特异、终年可赏的种类，如剑兰、朱蕉、八角金盘等，其叶有很强的形式感，适合在极简主义风格的花园里布置。竹子也是简约风格花园里常用的一种植物材料，常将小型竹子栽于种植钵中，显得简约而富有创意。

4.3 植物配置形式

4.3.1 植物造景风格

4.3.1.1 自然式

自然式植物造景风格是中国传统园林一贯追求的设计风格。中国园林的建筑、山水、植物三大要素与自然环境融为一体，形成“虽由人作，宛自天开”的自然式山水园，是效法自然布局手法的效果。

自然式栽植布局法，仿效大自然形态栽植而不用行列式、对称式、规范化、修剪等人工造型手法。大多数是以丛植为主，也可添加一些两至三株成组的植栽，作为主与辅的相互呼应。自然式植物栽植风格比较注意追求造景的深、奥、幽的不规则栽植形态，在植物造景环境中感受到自然的生动与美妙，体现人与自然的和谐。自然式植物造景是“出于自然而高于自然”的设计，模仿自然绝不是盲目照搬自然，要学会在自然中取舍，取自然中最精彩、最美丽的形态，舍去自然中不够好看的部分，让植物造景在实施中更加趋于完美与亮丽。

自然式配置风格，以配置突出植物的整体自然之美而群落起伏、错落有致。树木布置以孤植、丛植、林植、混植形式为主，以自然的树群、林带来区分和组织空间是自然式风格的主要特征。自由式植物造景强调植物造景依其自由形态而设计，利用自然地形地貌的优势而造。

4.3.1.2 规整式

规整式植物造景是西方古典庭院造园的常用手法。规整式与自然式相反，它追求人工造型美。在 18 世纪英国出现风景式园林之前，西方庭院造景基本上都是以规整式为主的几何图案花园。造园思想是“艺术高于自然”，造园法大多数是把植物修剪成几何图案和花纹，利用轴线的延续，以左右对称的规整方式进行布局，追求视野开阔，将自然植物纳入能工巧匠的巨作中，十分雄伟壮观。其中以文艺复兴时期意大利台地园和 17 世纪法国凡尔赛宫的庭院为代表。

规整式园林（对称、整形、图案式、几何式）的整个平面布局、立体造型及建筑、广场、道路、水面、树木花草等一般都要求严整对称，追求几何图案美，并以建筑和建筑式的空间布局为园林风景表现的主题。花卉布置以图案化的模纹花坛和花境为主，有时布置大规模花坛。树木布置以行列式和对称式为主，并运用大量的绿篱以划分和组织空间，树木的整形与修剪以模拟建筑形体和动物形态为主，整体形式比较规整严谨。

4.3.1.3 混合式

所谓混合式植物造景则是规整式与自由式的结合设计，强调在单一植物的规整形式内（或外）栽植不同植物。混合式是自由和规整的两种风格巧妙组合或穿插交融而成，与混植不一样。

混合式花园的特征是人工规整化植物栽植形态与自由式植物栽植形态形成较强烈的对比。不是规整式植物围合自由式植物，就是自由式植物围合规整几何式植物。混合式花园的配置中，规整式植物和自由式植物泾渭分明，毫不含糊。两者分别组团，形成鲜明的对比，相互衬托，相映生辉。如修剪成规整的几何图案中种植高低不一的混合栽植的花卉，既有对比又和谐统一，使造景视觉效果鲜明而强烈，很容易给人们留下较深的印象。这种混合式花园，既能观赏到人工的工匠美，同时又能观赏到植物花卉的自然美，两者结合，使花园的观赏价值自然提升。

4.3.2 植物配置形式及方法

4.3.2.1 乔、灌木种植设计

（1）孤植

孤植是指乔木或灌木单株栽植或两三株同一种的树木紧密地栽植在一起，并且具有单株栽植效果的种植类型。

①树种选择。孤植树主要表现植株个体的特点，突出树木的个体美。要选择观赏价值高的树种，即体形巨大、树冠轮廓富于变化、树姿优美、姿态奇特，花朵果实美丽、芳香浓郁、叶色具有季相变化的树种，以及具有枝条开展、成荫效果好、寿命长久等特点，如榕树、香樟、紫薇等。

②位置安排。在园林中，孤植树种植的比例虽然很小，却常做构图主景。其构图位置应该十分突出、引人注目，最好还要有像天空、水面、草地等色彩既单纯又有丰富变化的景物环境做背景衬托，以突出孤植树在形体、姿态、色彩等方面的特

色。起诱导作用的孤植树则多布置在自然式园路、河岸、溪流的转弯处及末端视线焦点处引导行进方向。安排在蹬道口及园林局部的入口部分，诱导游人进入另一景区、空间。

③观赏条件。孤植树多做局部构图的主景，因而要有比较合适的观赏视距、观赏点和适宜的欣赏位置，一般最适距离为树高的 4～10 倍。

④风景艺术。孤植树作为园林构图的一部分，必须与周围环境和景物相协调，统一于整个园林构图之中。如果在开朗宽广的草坪、山岗上或大水面的旁边栽种孤植树，所选树种应巨大，以使孤植树在姿态、体形、色彩上得到突出。

⑤利用古树。园林中要尽可能利用原有大树作为孤植赏景树。

（2）对植

对植是指用两株或两丛相同或相似的树做相互对称或均衡的种植形式。

①对称种植。对称种植多用在规则式园林中，如在园林的入口、建筑入口和道路两旁常利用同一树种、同一规格的树木依主体景物轴线做对称布置。对称式种植中，一般采用树冠整齐的树种。

②非对称种植。非对称种植多用在自然式园林中，植物虽不对称，但左右均衡，如在自然式园林的进口两旁、桥头、蹬道的石阶两旁、洞道的进口两边、闭锁空间的进口、建筑物的门口，都可利用自然式的栽植，从而起到陪衬主景和诱导树的作用。非对称种植时，分布在构图中轴线两侧的树木，可用同一树种，但大小和姿态必须不同，动势要向中轴线集中，与中轴线的垂直距离，大树要近，小树要远。自然式对植也可以采用株数不相同而树种相同的配置，如左侧是一株大树，右侧为同一树种的两株小树。

（3）列植

列植即行列栽植，是指乔、灌木沿一定方向（直线或曲线）按一定的株行距连续栽植的种植类型。它是规则式种植形式。

①树种选择。行列栽植宜选用树冠体形比较整齐的树种，如圆形、卵圆形、倒卵形、椭圆形、塔形、圆柱形等，而不宜选枝叶稀疏、树冠不整的树种。

②株行距。行列栽植的株行距，取决于树种的特点、苗木规格和园林主要用途等。一般乔木采用 3～8m，甚至更大；灌木为 1～5m。

③栽植位置。行列栽植多用于规则式园林绿地中，如道路广场、工矿区、居住

区、办公建筑四周绿化。在自然式绿地中也可布置比较规整的局部。

④要处理好与其他因素的矛盾。列植形式常栽于建筑、道路上下管线较多的地段，要处理好与综合管线的关系。道路旁建筑前的列植树木，既要与道路配合形成夹景效果，又要避免遮挡建筑主体立面的装饰部分。

（4）带植

带植是树木成带状自然式种植，其长短轴比大于 4∶1。区别于列植，带植为自然式栽植，不能成行、成排、成直线、等距离栽植。注意整体林木疏密相间、高低错落，故林冠线及林缘线为自然起伏曲折的曲线。

连续风景构图时，混交林带应有主调、基调及配调之分。主调还应随着季节交替而变化。连续构图中应有断有续。

（5）丛植

丛植是由两株到十几株同种或异种、乔木或灌木自然栽植在一起而成的种植类型。丛植是绿地中重点布置的种植类型，也是园林中植物造景应用较多的种植形式，见图 4–26。

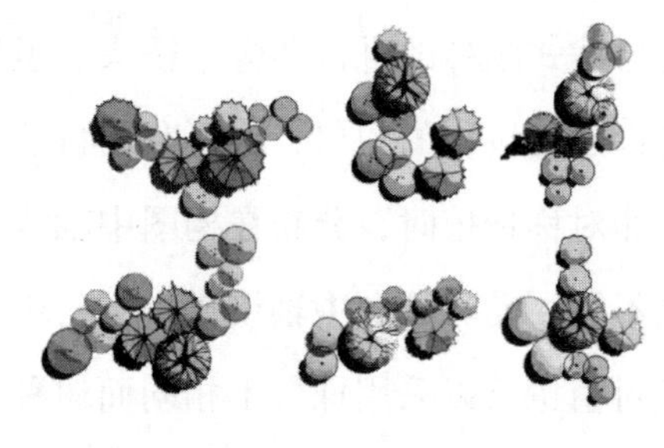

图 4–26　丛植

①种植形式。丛植的种植方式有两株一丛、三株一丛、四株一丛、五株树丛、六株以上树丛等。

②造景要求：

a. 主次分明，统一构图。用基本树种统一树丛（株数较多时应以 1～2 种基本树种统一群体）。有主体部分和从属部分彼此衬托形成主次分明、相互联系，既有通相又有殊相的群体。

b. 起伏变化，错落有致。立面上无论从哪一方向去观赏，都不能成为直线或呈简单的金字塔形式排列，平面上也不能是规则的几何轮廓，应形成大小、高低、层次、疏密有变且位置均衡的风景构图。

c. 科学搭配，巧妙结合。混交树丛搭配，要从植物的生物特性、生态习性及风景构图出发，处理好株间、种间的关系（株间关系，是指疏密、远近等因素；种间关系，是指不同乔木以及乔、灌、草之间的搭配），使常绿与落叶、阳性与阴性、快长与慢长、乔木与灌木、深根与浅根、观花与观叶等不同植物有机地组合在一起，让植株在生长空间、光照、通风等方面得到适合的条件，形成生态相对稳定的树丛，达到理想效果。通常高大的常绿乔木居中为背景，花色艳丽的小乔木在外侧，叶色、花色华丽的大小灌木在最外缘，以利于观赏。

d. 观赏为主，兼顾功能。混交树丛，多作为纯观赏树丛、艺术构图上的主景或其他景物的配景，有时也兼做诱导性树丛，安排在出入口、路岔、路弯、河湾处来引导视线，诱导游人按设计安排的路线欣赏园林景色，用在转弯岔口处的树丛可做小路分支或遮蔽小路的前景。单纯树丛，特别是树冠开展的单纯乔木丛，除了观赏外，更多的是用作庇荫树丛，安排在草坪、林缘，树下安置座椅、坐石（自然山石）供游人休息。

e. 四面观赏，视距适宜。树丛和孤植树一样，在其四周，尤其是主要观赏方向，要留出足够的观赏视距。

f. 位置突出，地势变化。树丛的构图位置应突出，多置于视线汇焦的草坪、山岗、林中空地、水中岛屿、林缘凸出部分、路岔、弯道处。在中国古典山水园林中，树丛与岩石组合常设置在粉墙的前方、走廊或房屋的角隅，组成一定画题的树石小景。种植地尽量高出四周的草坪和道路，其树丛内部地势也应中间高四周低，呈缓坡状，以便于排水。

g. 整体为一，数量适宜。树丛之下不得有园路穿过，以避免破坏树丛的整体感，树丛下多植草坪用以烘托，亦可置石加以点缀。园内一定范围内，树丛总的数量不宜过多，到处三五成丛会显得布局凌乱，植物主景不突出。

（6）群植

群植是由多数乔、灌木（一般在 20～30 株以上）混合成群栽植在一起的种植类型。群植的树木为树群。树群主要表现为群体美，因此，对单株的要求并不严格，仅考虑树冠上部及林缘外部整体的起伏曲折韵律及色彩表现的美感。对构成树群的林缘处的树木，应重点选择和处理。

（7）林植（风景林）

凡成片大量栽植乔、灌木，构成林地和森林造景的种植类型叫作林植，也叫风景林。林植多用于大面积公园安静区、风景游览区或休养区、疗养区及卫生防护林带。风景林可分为疏林和密林两种。

①疏林。疏林是郁闭度（林地树冠垂直投影面积与林地面积之比）在 0.4～0.6 之间的树林，是园林中应用最多的一种形式，游人的休息、游戏、看书、摄影、野餐、观景等活动，总是喜欢在林间草地上进行。

a. 满足游息活动的需要。林下游人密度不大时（安静休息区）可形成疏林草地（耐踩踏草种）。游人量较多时（活动场地）林下应与铺装地面结合。同时，林中可设置自然弯曲的园路让游人散步、游赏，设置园椅、置石供游人休息。林下草坪应耐踩踏，满足草坪活动要求。

b. 树种以大乔木为主。主体乔木树冠应开展，树荫要疏朗，具有较高的观赏价值，疏林以单纯林为多用。混交林中要求其他树木的种类和数量不宜过多，为了能使林下花卉生长良好，乔木的树冠应疏朗一些，不宜过分郁闭。

c. 林木配置疏密相间。树木的种植要三五成群，疏密相间，有断有续，错落有致，使构图生动活泼、光影富于变化，忌成排成列。

②密林。密林是郁闭度为 0.7～1.0 的树林，阳光很少透入，地被植物含水量高，经不起踩踏。因此，一般不允许游人步入林地之中，只能在林地内设置的园路及场地上活动。密林又有单纯密林和混交密林之分。

（8）盆植

盆植是将观赏树木栽植于较大的树盆、木框中，其造景特点如下：

①摆放自由。盆栽的观赏树木可以安置于不能栽种植物的场所，如有地下管道的上方及铺装场地，形成孤植、列植、对植等多种形式的摆放。

②丰富植物种类。南方树木在北方的园林中进行盆栽，生长季节可连盆配置在适当地段，到冬季便移入温室。

（9）隙植

隙植是将较耐旱、耐瘠薄的树木作为山石、墙面缝隙中的配置。隙植有丰富山石表面及墙面构图的作用，造景上创造一种表面效果，有年代悠远的感觉，软化硬质景物并具有障丑显美的装饰功能。

4.3.2.2 绿篱的种植设计

凡是由灌木和乔木成行列式紧密栽植而组成的篱墙称为绿篱。绿篱类型多样，通常为维持四季景色，以常绿绿篱为多用。

（1）依高度区分

①矮篱（绿缘）：高度在 0.5m 左右，人们可以毫不费力跨越而过的绿篱，多用于花境镶边、花坛、草坪图案组合。

②中篱（绿栏）：高度在 0.5～1.5m，人们要比较费力才能跨越而过的绿篱，多用于种植区的围护及建筑基础种植。

③高篱（绿墙）：高度在 1.5m 以上，通常在一般人眼高度以上，阻挡人们视线通过的绿篱，多用于绿地的防范、屏障视线、分隔空间、做其他景物的背景，常用植物有珊瑚树、桧柏、枸橘、月桂等。

（2）依观赏特性区分

①常绿篱。常绿篱由常绿植物组成，常用的主要树种有福建茶、千头木麻黄、九里香、桧柏、侧柏、罗汉松、大叶黄杨、海桐、女贞、小蜡、锦熟黄杨、雀舌黄杨、冬青等。

②落叶篱。落叶篱由落叶树组成，北方常用，如榆树、丝棉木、紫穗槐、雪柳等。

③花篱。花篱由观花植物组成，是园林中比较精美的绿篱。常用的主要树种有杜鹃花、雪茄花、龙船花、桂花、栀子花、茉莉、六月雪、金丝桃、迎春、木槿、锦带花等。其中常绿芳香花木用在芳香园中作为花篱尤具特色。

④观果篱。观果篱由果实有较高观赏价值的树木组成，许多绿篱植物在果实长成时可供观赏，别具风格，如火棘、紫珠、枸骨、枸橘等。果篱以不规则整形修剪为宜。

⑤彩叶篱。彩叶篱由红叶或斑叶观赏植物组成，如黄金榕、红叶铁苋、变叶木、假连翘等。

⑥刺篱。刺篱由荆棘（带刺）类树种组成。在园林中为了防范游人穿越，常用带刺的植物做绿篱。相比刺铅丝，刺篱既经济又美观，树种有枸骨、枸橘、小檗、黄刺玫、蔷薇、胡颓子等。

⑦蔓篱。蔓篱由攀缘植物组成。在建有竹篱、木栅围墙或铅丝网篱处，可同时栽植藤本植物，攀缘于篱栅之上，别有特色。植物有叶子花、凌霄花、常春藤、茑萝、牵牛花等。

⑧编篱。编篱植物彼此编结起来而形成网状或格状的形式，以增加绿篱的防护作用，常用的植物有木槿、杞柳、紫穗槐等。

（3）依整形、修剪区分

①整形绿篱：按一定几何形状修剪的绿篱。

②自然绿篱：不做几何形体修剪，只进行必要生理修剪的绿篱。

4.3.2.3 花卉的种植设计

（1）花坛的种植设计

花坛是指在具有一定几何形状的植床内，种植各种以草花为主的观赏植物或不设植床而用器皿灵活摆设，用花卉的群体而构成具有华丽纹样和鲜艳色彩的装饰绿地。

依表现主题、观赏特点区分，花坛有以下几种类型：

①盛花花坛（花丛式花坛）：以观花草本植物花朵盛开时群体的鲜艳色彩为表现主题的花坛。选用的花卉必须开花繁茂，在花朵盛开时，达到见花不见叶的效果，图案纹样在花坛中居于从属地位。

②模纹花坛：以各种不同色彩的观叶植物或花、叶兼美的植物组成华丽复杂的图案纹样为表现主题的花坛，或通过一定的艺术形象（文字、肖像、图徽、会标、绘画纹样等）来表达一定的思想主题。

③立体花坛：具有一定实用目的或作为园林绿地的立面装饰物，以提高园林绿地的观赏艺术效果，可用黏湿土壤与植物塑成各种立体装饰物，如动物、花篮、花瓶、亭、塔、标牌等；也可制成具有一定实用价值的日晷花坛、时钟花坛、日历花坛等。

④混合花坛：由几种形式的花坛共同组成，例如中间为盛花花坛的布置，边缘用模纹式；立体花坛中立面为模纹式，基部为水平的盛花花坛；大面积为草皮花坛，中心或边缘配以盛花或模纹式花坛。

依园林风景构图特点区分，花坛有以下几种类型：

①独立花坛：作为园林局部构图主题的花坛。

②带状花坛：凡宽度在 1m 以上，长、短轴比大于 4∶1 的花坛。

③花坛群：由两个以上个体花坛组成一个不可分割的构图整体。

④连续花坛群：由多个独立花坛或带状花坛呈直线排列，组成有节奏且不可分割的连续构图整体。

⑤花坛组群：由两个以上的花坛群或连续花坛群组成一个不可分割的构图整体。

按观赏季节区分，花坛可分为春花坛、夏花坛、秋花坛和冬花坛等。

（2）花境的种植设计

花境是指以树丛、绿篱、墙面、建筑物等为背景，用低矮的常绿木本或草本植物镶边，由观赏植物自然配置组成的带状装饰绿地。

①花境的类型。依观赏方式区分，花境有以下几种类型：

a. 单面观赏花境：植物配置由低向高形成一个斜面，前面为边缘植物，中间高低错落为主要观赏植物，最后为背景材料的绿篱或墙垣等，见图 4–27。此类花境前低后高，仅供一面观赏。

图 4–27　单面花境图

b. 双面观赏花境：植物种植中间高两侧低，可供两面观赏。这种花境没有背景，多设置在草坪、林缘、道路中央，见图 4–28。

图 4-28　双面花境图

依植物材料区分，花境有以下几种类型。

a. 草花花境：其观赏植物以草本花卉为主组成的花境。其中以耐寒（露地过冬）的宿根花卉为主，包括宿根鸢尾、桔梗、萱草、葱兰、菊花、美人蕉、郁金香等。

b. 混合花境：由乔木、灌木、草本等观赏植物共同组成。

c. 灌木花境：其观赏植物以花灌木为主组成，包括月季、南天竹、木槿等。

d. 专类花境：由一类或一种植物为主组成的花境。往往是不同种类的植物或一类不同品种的植物，其中包括月季、菊花、鸢尾等不同品种。

②花境设置的位置：

a. 建筑墙基前的带状空地。在建筑物与道路之间的用地上布置花境做基础装饰，可装饰墙面、基角，软化建筑的硬线条，使建筑与地面的强烈对比得到缓和。植物高度宜控制在窗台以下。建筑基础栽植的花境为单面观赏花境，以 1～3 层低矮建筑物前装饰效果为最好。

b. 围墙、篱栏（栅栏、篱笆）及挡土墙前。庭院的围墙和阶地的挡土墙、篱栏，由于距离很长而显得立面单调。为了绿化这些墙面，可以利用藤本植物作为基础种植，也可以在其前方布置单面观赏的花境，而使园墙及阶地地形等变得更加美观。

c. 道路上的布置。为了使人在路上行走的过程中可以欣赏到连续的风景构图，常在道路上布置各种形式的花境。

中央花境：在道路中央布置两面观赏花境，其中轴线与道路中轴线重合，而在道路两侧可以是简单的草地和行道树或是植篱和行道树。

路旁花境：在道路两侧分别布置两列单面观赏花境，彼此为一组对应演进的连续构图。花境的背景可以是绿篱和行道树。

复合花境：在道路中央布置一列两面观赏的独立演进花境，道路两侧为彼此对应演进的单面观赏花境。中央的两面观赏花境为主调，两侧的单面观赏花境为配调。

d. 绿篱前布置。与植篱配合布置单面观赏的花境，花境前方配置园路，供游人欣赏，以常绿绿篱处布置效果最好。绿篱前布置花境可以装饰绿篱单调的基部。绿篱的背景可使花境色彩得到充分表现，而花境既活化了单调的绿篱，又装饰了其不甚美观的基部。

e. 花架、游廊前。花架、游廊等建筑一般都有高出地面 30～50cm 的台基，台基的立面前方可以布置花境，可装饰台基，美化建筑立面构图，使园路上的游人在沿花架、游廊漫步时能欣赏建筑、植物的综合美，而游廊内散步的人又可近赏花境植物的自然美。

f. 草坪、林中空地上。为丰富造景、组织游览路线，可在宽阔的草坪、林间设置双面观赏花境。

g. 宿根园、庭院花园中。在面积较小的花园中，花境可在周边布置，而构成协调景致。

（3）花卉的其他种植形式

花卉的其他种植形式见图 4−29 至图 4−31。

图 4−29　种植在石台内的植物

图 4-30　吊绳悬挂起来的空气凤梨

图 4-31　现代水泥花钵的设计

4.3.2.4 攀缘植物的造景

附植（攀缘植物的种植）是指能使植物做攀附或依附于建筑、墙面、岩石、植物等物体的配置。

攀缘植物的种植类型包括以下几种：

①棚式（花架）：植物攀附于棚、架的种植形式，植物与棚、架的组合易与建筑物和自然景物协调，见图 4-32。

图 4-32　锦屏藤

②格式（花屏）：植物攀附于直立的花格墙的种植形式，其木格小于 25cm×25cm，以观花植物为主。花屏在小范围园林中还可以做障景，如同屏风。

③篱式（花篱）：攀缘植物攀附于围栏、栏杆的种植形式，一般在不允许设置乔木绿篱或在已有永久性围栏的情况下使用。

④拱式（花帘）：使植物的细柔枝条从门、窗的上方如垂帘似的下垂下来，这是对建筑的一种装饰。

⑤墙附：植物攀附于墙面而形成的种植形式，一般酌量设置在广大而漫无变化的园墙、山墙、墙垣、挡土墙处。

⑥柱附：植物攀附于老树树干、灯柱、标牌柱等柱体的种植形式，有增加苍老感与丰富景色的效果，同时对已枯死的古树加以利用，形成有观赏价值的古树干。

⑦石附：植物攀附山石表面的种植形式，其不同于隙植（直立）。

⑧地附：用蔓性及枝条下垂的植物覆盖地表。

4.3.3 水生植物与水深的关系

4.3.3.1 水的深浅

水生植物与环境条件中关系最密切的是水的深浅，不同类别的水生植物对水深的要求不同，现分述如下：

（1）挺水植物。挺水植物是指千屈菜、荷花（图 4−33）、芦苇等，它们的根浸在泥中，植物直立挺出水面，大部分生长在岸边沼泽地带。因此在园林中宜把这类植物种植在既不妨碍游人水上活动，又能增进岸边风景的浅岸部分。

图 4−33　荷花（挺水植物）

（2）浮叶植物。浮叶植物是指睡莲、凤眼莲、水罂粟、王莲（图 4–34）等，它们的根生长在水底泥中，但茎并不挺出水面，叶漂浮在水面上。这类植物自沿岸浅水到稍深 1m 左右的水域中都能生长。

图 4–34 王莲（浮叶植物）

（3）漂浮植物。漂浮植物是指水浮莲、浮萍等全株漂浮在水面或水中的植物，见图 4–35。这类植物大多生长很迅速，繁殖快，能在深水与浅水中生长，宜布置在静水中，作为水面观赏的点缀装饰。

图 4–35 漂浮植物

（4）沉水植物。沉水植物是指金鱼藻、水毛茛、狐尾藻等，整株植物全部没入水中，或有少许叶尖或花露出水面，见图 4–36。

（5）岸边植物。岸边植物是指红树、水杉、旱柳、黄菖蒲等生长在岸边潮湿环境中的植物，有的根系甚至长期浸泡水中也能生长，见图 4–37。

图 4–36 沉水植物

图 4–37 岸边植物

4.3.3.2 水生植物面积大小

在水体中种植水生植物时，不宜种满一池，使水面看不清倒影而失去水景扩大空间的作用和水面平静的感觉。

4.3.3.3 水生植物的位置选择

（1）岸边、岸角。不要集中一处，也不能沿岸种满一圈，应有疏有密、有断有续地布置于近岸，丰富岸边景色变化，以便游人观赏姿容。

（2）考虑倒影效果。在临水建筑、园桥附近，水生植物的栽植不能影响岸边景物的倒影效果，应留出一定水面空间成景，并便于观赏。

4.3.3.4 水生植物的配置

（1）单纯成片种植。较大水面种植单种荷花或芦苇，形成宏观效果。

（2）几种混植。形成以观赏为主的水景植物布置，无论是单一，还是混交几种植物，根据水面大小，均可形成孤植、列植、带植、丛植、群植、片植等多种配置形式。

4.3.4 草坪的造景

用多年生矮小草本植株密植，并经人工修剪成平整的草地称为草坪，不经修剪的长草地域称草地。

4.3.4.1 草坪的类型

（1）根据规划形式区分

①自然式草坪。自然式草坪的地形、地貌自然起伏，草坪表面呈波浪状起伏，外

形轮廓曲直自然（多坡形），见图 4−38。草地上植物、景物布局、道路布置等均为自然式，其边缘常点缀树丛、树群、孤植树等，既可增加景色变化，又可分隔园林空间，还可满足夏季庇荫、乘凉的需要。

图 4−38　规则式草坪

②规则式草坪。规则式草坪地形平坦，是整形的斜坡、台地，外形轮廓为几何形，可以定期对草坪进行修剪，见图 4−39。这类草坪常与规则式园林配合，如作为花坛、花境、道路的边缘装饰，有时将它布置在雕像、纪念碑、纪念塔、亭、榭或其他建筑物周围起衬托作用。

图 4−39　自然式草坪

（2）根据用途区分

①游息草坪：供散步、休息、游戏及户外活动用的草坪。

②观赏草坪：不允许游人入内游息踩踏，专供观赏，配合植物、山石、雕塑等构成景色。一般选用绿色期较长的草种。

③运动场草坪：满足不同体育活动需要的各类草坪。根据不同体育项目的要求选用不同草种，一般选用地下茎发达、耐踩踏、柔韧性好的草种。

④林中草地：树林内布置的草地，为林木生长创造良好的条件。

⑤护坡固岸草地：坡地及水边布置的草地，用以防止水土被冲刷，起水土保持作用，主要选用生长迅速、根系发达或具有匍匐性的草种。

⑥交通安全草坪：设置在陆路交通沿线及飞机场的停机坪的草坪。

⑦牧草地：郊区自然风景区内，以供放牧为主，同时结合园林游息的草地。

（3）根据草坪植物组合区分

①单纯（纯一）草坪或草地：由一种草本植物组成的草地或草坪。

②混合草坪或草地：多种植物材料组成的草坪，由几种草本植物混合播种。

③缀花草坪或草地：以多年生矮小禾草或拟禾草为主的草坪上，再混入少量开花华丽的草本花卉植物。如在草地上自然疏落地点缀有石蒜、葱兰、韭兰、金盏菊、虞美人、马蔺、紫花地丁等植物。

在游息草坪上，这些花卉分布于人流较少的地方，有时发叶，有时开花，有时隐没于草坪之中，因而在季相构图上别具风趣。

（4）根据与树木组合区分

①空旷草地：草地上不栽任何乔木、灌木（适宜集体活动）。

②稀树草地：草地上零星分散布置一些树木，郁闭度在 0.2～0.3（适宜儿童活动）。

③疏林草地：草地上种有株行距较大的树木（大于 10m），郁闭度在 0.4～0.5（适宜休息）。

④林下草地：郁闭度大于 0.7 的密林下的草地（可供观赏、改善环境）。

4.4 植物造景空间设计

4.4.1 园林植物造景空间

就园林的整体而言，如何通过园林植物和其他设计要素共同构筑园林的整体空间结构，是园林设计中最重要的环节。园林造景是外部空间设计的重要表现层面，而园林中的植物单独或与其他元素共同形成园林的不同空间，通过植物群落的组合，可以形成形态多样、尺度变化的空间环境。植物造景的空间塑造是人为的空间序列，植物造景对园林植物造景空间属性的思考，正是利用不同的种植手法改变空间的尺度、层次、序列、功能等。

4.4.1.1 园林植物造景的空间特点

（1）空间的变化性。植物造景空间的构成元素是有生命体的植物，既体现在植物个体从幼年向成年的转化，也体现在植物造景群落由于生态因子的调节而产生的变化，更体现在植物随季节变化所产生的不同的空间形态。它的形态不像硬质造景那样一经确定就变得边界清晰而分明。植物的枝、叶、姿态会不断发生变化，其轮廓会随着叶形变化而不同。

（2）空间的同质性。园林植物造景的空间是由园林植物组成的，几乎所有的园林植物都有相同的组成部分，即枝、干、叶、花、果实。植物形成的空间都是由不同植物组合而成，因此植物空间有一定的相似性，似乎它们之间只有空间尺度的差别。这一特点可以称为同质性或匀质性。

（3）空间的异质性。园林植物造景空间存在很多变化，不仅空间大小、尺度会由于植物种类、形体的变化而产生差异，并且植物造景空间会由于功能不同而产生形式的变化。在植物群的边缘，植物空间产生梯度变化；在植物群中有意设置的视线通道，可以形成区别于植物林下空间的空间形式；植物群遇到大面积水体或者硬化地面，植物造景空间会被阻隔、打断。植物造景这些变化的集合就是植物造景空间的异质性。

（4）空间的领域性。在植物造景空间中最直观的统领就是植物体或者植物群体的体量，体量越大，其占据的空间资源越多；植物的高度也具备统领作用，如同设计中的制高点，高度越高越醒目，也容易统领一块空间领域。植物造景中常使用大型乔木作为空间的统领，这些乔木在高度和体量上都可以支撑一定的空间，配合其他植物类型就可以充分支配这块空间领域。

4.4.1.2 植物造景空间的组合方式

在园林植物造景中，单一的空间构成是很少有的，一般都是由许多不同的植物空间共同构成的整体。园林植物空间的组合方式主要有线式组合、集中式组合、放射式组合、组团式组合、包容式组合和网格式组合六种方式。

（1）线式组合。线式组合是指一系列的空间单元按照一定的方向排列连接，形成一种串联式的空间结构；可以由尺寸、形式和功能都相同的空间重复而构成，也可以用一个独立的线式空间将尺度、形式和功能不同的空间组合起来，见图 4−40。线式组合的空间结构包含一个空间系列，表达方向性和运动感，可采用直线、折线等几何曲线，也可采用自然的曲线形式。就线与植物空间的关系，可划分为串联的空间结构和并联的空间结构两种类型。

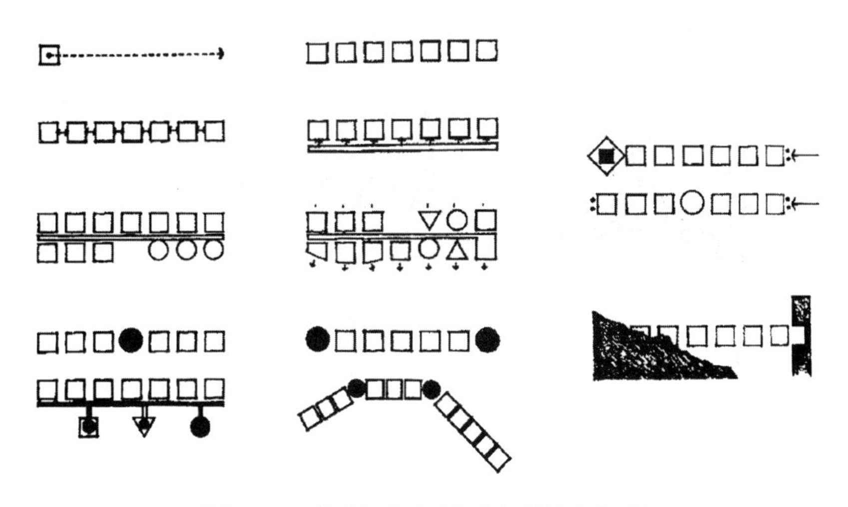

图 4−40 线式组合（重复空间的线式序列）

（2）集中式组合。集中式组合是由一定数量的次要空间围绕一个大的、占主导地位的中心空间构成（图 4−41），是一种稳定的、向心式的空间构图形式。中心空间一般要有占统治性地位的尺度或突出的形式。次要空间形式和尺度可以变化，以满足不同的功能与造景的要求。在园林植物造景中，许多草坪空间的设计均遵循这种结构形式。以宾夕法尼亚大学里的口袋公园的草坪空间为例，空旷草坪中心空间的形成主要依靠空间尺度的对比，大尺度形成了统治性的主体空间。其他树丛之间以不太确定的限定形式形成小尺度的空间变化。集中式组合方式所产生的空间向心性，将人的视线向丛植的树丛集中。在美国的纽约长岛南滨公园的植物造景规划中，设计师以明确的圆形空间形态与林带间自然形成的空间形成了差别，圆形空间的尺度也占统治性地位，因而，空间的结构形式十分明确。

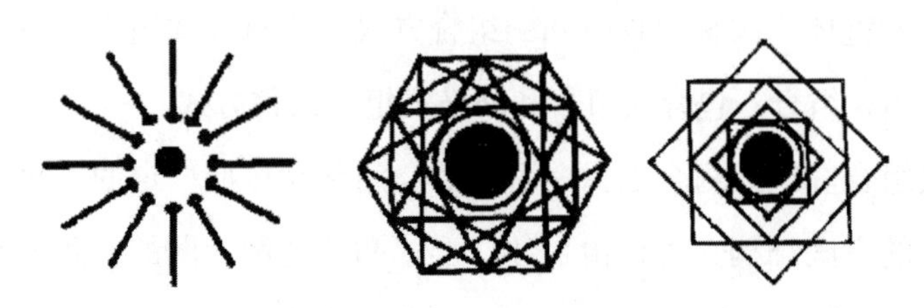

图 4-41　集中式组合

（3）放射式组合。放射式组合综合了线式与集中式两种组合要素，由具有主导性的集中空间和由此放射外延的多个线性空间构成（图 4-42）。放射式组合的中心空间也要有一定的尺度和特殊的形式来体现其主导和中心的地位。在勒诺特尔设计的丢勒里花园中就采用了放射式空间组合的结构形式。

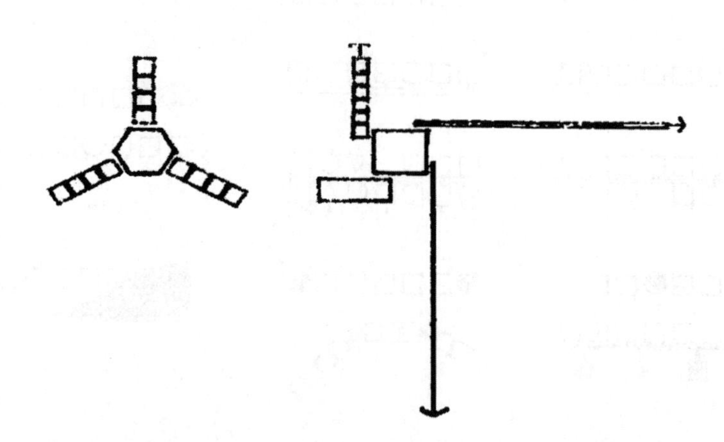

图 4-42　放射式组合（线式空间组合从一中心空间以放射状扩展）

（4）组团式组合。组团式组合是指形式、大小、方位等因素有共同视觉特征的各空间单元，组合成相对集中的空间整体。其组合结构类似细胞状的形式，通过具有共同的朝向和近似的空间形式紧密结合为一个整体的结构方式，见图 4-43。与集中式不同的是没有占统治地位的中心空间，因而，缺乏空间的向心性、紧密性和规则性。各组团的空间形式多样，没有明确的几何秩序，所以空间形态灵活多变，是园林植物空间组合中最常见的组合形式。由于组团式组合中缺乏中心，因此，必须通过各个组成部分空间的形式、朝向、尺度等组合来反映出一定的结构秩序和各自所具有的空间意义。

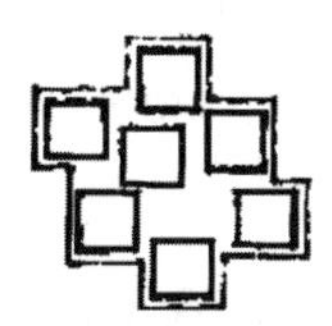  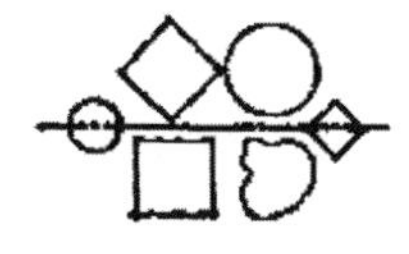

图 4-43　组团式组合（根据近似性、共同性的视觉特性或共同的关系来组合空间）

（5）包容式组合。包容式组合是指在一个大空间中包含了一个或多个小空间而形成的视觉及空间关系（图 4-44）。空间尺度的差异性越大，这种包容的关系越明确，当被包容的小空间与大空间的差异性很大时，小空间便具有较强的吸引力或成为大空间中的造景节点。当小空间尺度增大时，相互包容的关系减弱。在园林植物造景中，相邻两个空间之间也可以采用一系列的手法强调或减弱两者的关系。

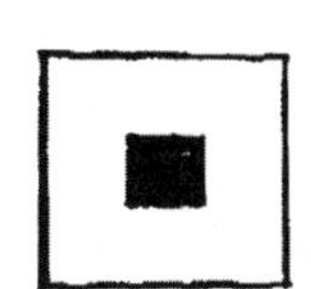  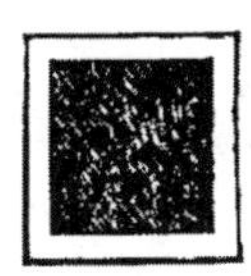

图 4-44　包容式组合

（6）网格式组合。网格式组合是指空间构成的形式和结构关系是受控于一个网格系统，是一种重复的、模数化的空间结构形式。采用这种结构形式容易形成统一的构图秩序。当单元空间被削减、增加或重叠时，由于网格体系具有良好的可识别性，因此，使用网格式组合的空间在产生变化时不会丧失构图的整体结构。为了满足功能和形式变化的要求，网格结构可以在一个或两个方向上产生等级差异，网格的形式也可以中断而产生出构图的中心，也可以通过局部位移或旋转网格而形成变化。

4.4.1.3 植物空间的建造功能和形态要素

植物对室外空间的形成起着非常重要的作用，它是室外空间形成的重要介质。在植物造景中建造功能是最先考虑的，其次才是观赏特性和其他因素。

园林植物空间形态的限定要素表现为水平要素、垂直要素和顶面要素。正是这三种限定要素的组合和变化形成了形式多样的植物空间。所有的植物空间都是从植物组成要素中获得生命和个性的。因为每一种空间组成的要素其自身特性都包容在空间中，要与其他构成要素形成良好的关联性。

（1）水平要素

水平要素形成了最基本的空间范围的暗示，保持着空间视线与其周边环境的通透与连续。园林植物空间中，经常使用的基面要素为草坪、绿毯、牧场草、模纹花坛、地被植物等。

①草坪：是园林中最常用的地表覆盖方法，它形成了园林植物造景中统一的绿色基面，植物空间中的不同实体要素通常是以草坪的形式联系起来的。草坪是西方园林中首先使用的设计元素，也是当代中国园林设计中最常见的水平限定要素，见图 4−45。自 19 世纪割草机发明后，人们不必再通过手工及牛羊等动物来维护园林中的草坪，使草坪在园林中的应用得到了很大的发展。对草坪的应用也体现出不同的园林风格。

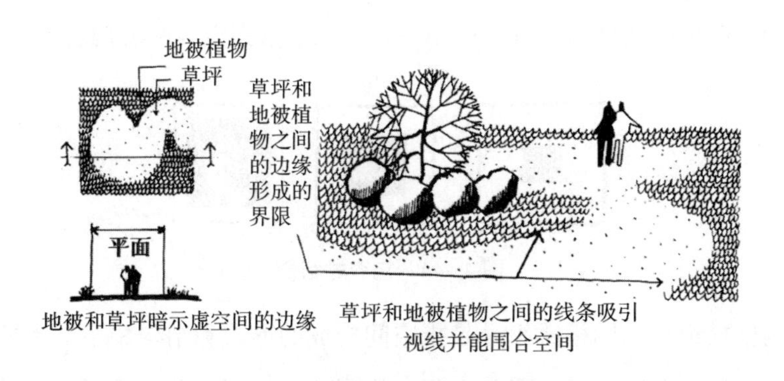

图 4−45　草坪和地被植物之间的线条吸引视线并围合出不同空间

②绿毯：是指形式为方形、长方形或其他几何形的规则式草坪，这种形式是巴洛克园林中经常采用的，通常布置在主体建筑前面或沿轴线展开；主要用来强调一条可视的虚轴线，使观赏者的注意力聚集于某一造景。

③牧场草：通常是指由野生的牧场植物所组成开敞起伏的草地，往往位于园林与自然环境的交错过渡区域，是人工园林与自然野趣之间的一个过渡性场所。在当代园林植物造景中，人们认识到观赏性的草坪不仅造成了养护管理的浪费，而且也使园林植物造景特色趋同，而采用乡土的野生草本植物可以表现出植物造景的地方特色。

④模纹花坛：用黄杨类的植物按一定的图案进行修剪和栽植，在花坛中栽植花卉和草坪，或铺设沙石形成美丽的图案，是西方园林中常见的种植形式。此类花坛一般布置在主体建筑周围或主要轴线的两侧。

⑤地被植物：以低矮的地被植物替代草坪来覆盖园林的基面。

（2）垂直要素

垂直要素是园林植物空间形成中最重要的要素，使园林植物空间形成了明确的空间范围和强烈的空间围合感，在植物空间形成中的作用明显强于水平要素，主要包括绿篱和绿墙、树墙、树群、丛林、草本边界、格栅和棚架等多种形式。

①绿篱和绿墙：在园林的种植设计中占有相当大的比重和多样的表现形式。绿篱最早的功能是防止牲畜进入，标识人类对自然征服和控制的区域，限定私人的领地等，随后才逐渐具有了造景的意义。在意大利文艺复兴时期的园林和巴洛克园林中，绿篱和绿墙在植物空间的构成中起着重要的作用。

在当代的植物造景中，绿篱和绿墙也是重要的空间构成元素。绿篱和绿墙的差别仅仅体现在其高度的不同，一般低于视线高度的为绿篱，高于视线高度的为绿墙。通过绿篱可以构成中小尺度的休息和娱乐的空间。绿篱也经常被应用在自然林缘下，形成人工的空间边缘。绿篱在园林中常用作背景以衬托出雕塑或其他的植物。

②树墙：是对自然的乔木进行人工整形修剪所形成的，是巴洛克园林中轴线空间与自然丛林过渡转换时经常采用的手法。两侧的树墙加强了入口的轴线感，形成威严的气势。

③树群：是自然式园林中划分植物空间的主要手段，以同种或不同种的植物组合成自然式的栽植群落，限定和形成不同的植物造景空间。

④丛林：是自然式或几何式大面积栽植的树木形成园林中的绿色背景，在园林植物造景中常占有主导性地位。

⑤草本边界：是以具有一定高度的多年生草本植物所形成的空间边界。

⑥格栅和棚架：是攀缘植物与建筑小品组合形成的绿色屏障，是明确的、限定性较强的垂直要素。

植物作为垂直视觉要素组合园林植物空间时，主要表现在视觉性封闭和物质性封闭两个不同的层面。视觉性封闭是利用植物进行空间的划分和视觉的组织，而物质性封闭表现为利用植物的栽植来形成容许或限制人进出的空间暗示。

在自然的植物群落中，自然因子的作用使得植物群落处于动态的平衡之中，呈现出分层分布的结构特征。最常见的结构类型为“乔木+灌木+地被”的三层结构、“乔木+灌木”“乔木+地被”“灌木+地被”的两层结构和由单一的植物类型所组成的单层结构。

（3）顶面要素

天空是园林植物空间中最基本的顶面构图要素，另一种是伞形结构的变种，是由单独的树木林冠所形成的伞形顶部界定和成片的树木形成了规则或自然的顶部覆盖空间。园林中的建筑或与攀缘植物结合的棚架，也是重要的顶部界定的空间构成元素。植物的枝叶如室外空间的天花板，限制了人眼看向天空的视线，影响着垂直面上的尺度和感受。

4.4.2 植物形成的典型空间类型

在运用植物构成室外空间时，与其他设计要素一样，设计者应首先明确设计目的和空间开放、封闭、覆盖等不同的空间性质，然后才能相应地选取和组织设计所需的植物。

4.4.2.1 开放空间

该类型空间是指仅用低矮的灌木及地被植物作为空间的限定因素，所形成的空间四周开敞、外向、无私密性，完全暴露在天空和阳光之下，见图 4-46。该类型空间主要是开敞的，无封闭感，限定空间要素对人的视线无任何遮挡作用。

图 4-46 低矮灌木和地被形成的开放空间

4.4.2.2 半开放空间

该类型空间与开放空间相类似，一面或多面部分受到较高植物的封闭，限制了视线的通透，植物对人的行动和视线有较强的限定作用，见图 4-47。这种空间与开放空间有相似的特性，不过开放程度小，其方向性朝向封闭较差的开敞面。

图 4-47　半开放空间视线朝向开敞面

4.4.2.3 覆盖空间

该类型空间是指利用具有浓密树冠的遮阴树，构成一顶部覆盖而四面开敞的空间，见图 4-48。这类空间只有一个水平要素限定，人的视线和行动不被限定，但有一定的遮蔽感、覆盖感。该空间介于树冠和地平面之间的宽阔空间。利用覆盖空间的高度，能形成垂直尺度的强烈感受。

图 4-48　处于地面和树冠间的覆盖空间

4.4.2.4 完全封闭空间

除具备覆盖空间的特点外，这类空间的垂直面也是封闭的，四周均被中小型植被所封闭，见图 4-49。这类空间是完全封闭的、无方向性，具有较强的隐蔽性和隔离感，空间形象十分明朗，常见于森林中。

图 4-49　完全封闭的空间

4.4.2.5 垂直空间

该类型是指运用高而细的植物所形成的一个方向直立、朝天开敞的室外空间，其垂直感的强弱取决于四周的开敞程度，见图 4−50。这种空间的营造尽可能用圆锥形的植物。

高灌木在垂直面封闭空间，但顶平面视线开阔

a. 夏季，空间被封闭，视线向内

常绿树 落叶植物

b. 夏季落叶枝条在常绿树的衬托下显得更加显眼

c. 冬季，空间开敞，视线透出空间

d. 在冬季，落叶植物无视觉效应并且隐退

图 4−50 不同季节植物封闭视线的程度不同

4.4.3 植物空间序列的形成

就像建筑中的通道、门、墙、窗，引导游人进出和穿越一个个空间。如植物改变顶平面，同时有选择性地引导和组织空间的视线就能有效地缩小空间和放大空间（图 4−51），空间的节奏需在设计时进行控制，如曲径通幽、柳暗花明等。

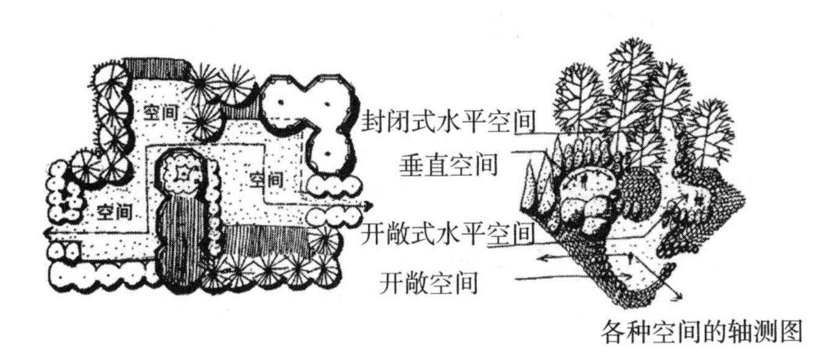

图 4-51　植物空间序列

4.4.3.1 围合

围合是指完全由建筑和墙所构成的空间范围。当一个空间的两面或三面是建筑或墙，剩下的开敞面可由植物围合形成一个完整的空间。

4.4.3.2 连接

连接是指用植物将造景中其他孤立的因素连接成一个完整的室外空间，同时形成更多的围合面，见图 4-52。连接形式多用线性的种植。当然，植物也可以在更大范围内进行山水、建筑的联系，使人工和自然要素统一在绿色中。

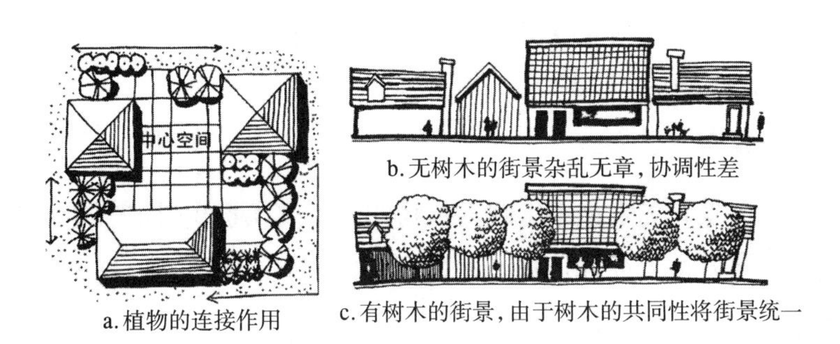

图 4-52　植物连接空间

4.4.3.3 装饰和软化

装饰和软化是指沿墙面种植乔木、灌木或攀缘性植物，以植物来装饰没有生机的背景，使其自然生动，以高低疏密的植物形成变幻的空间。建筑内通过带状的种植，将真正的自然，如植物、光和水引入室内空间中，每个空间之间的过渡地带配置攀缘性植物和灌木，营造出空间的神秘感。

4.4.3.4 加强与削弱

植物与地形结合可以强调或削弱由平面上地形变化形成的空间（图 4-53）。将植物置于凸地形或山脊上，能明显增加凸地形的高度，随之增强相邻凹地或谷底的封闭感。相反，若将植物种植在凹地形的底部或周围的斜坡上，将减弱或消除地形所形成的空间。

a. 植物削弱或削除由地形所形成的空间

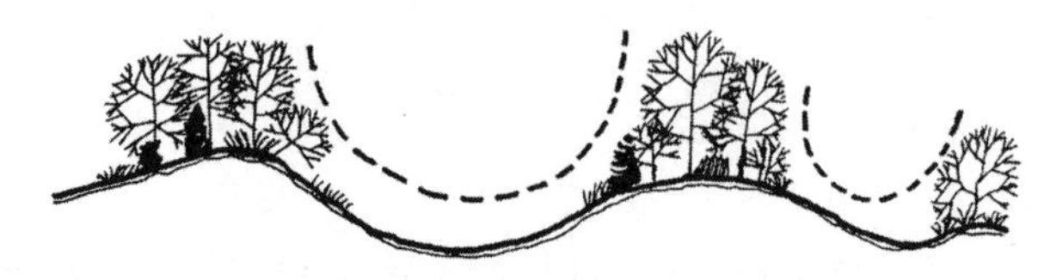

b. 植物增强由地形形成的空间

图 4-53　加强与削弱

在园林植物造景中，不仅仅是确定植物材料的平面布局形式，而且还要重视植物群落立体的层次配置，形成功能合理、造景优美的植物造景群落。应根据种植功能的差异来选择合理的结构形式，如对于以野生动物庇护、环境教育为主要功能的绿地，应采用三层结构的栽植模式。而在城市园林中，考虑到尺度的调和、采光、人的活动等不同的因素，植物栽植的模式可能采用比较简单的结构。

4.4.3.5 植物引导视线

（1）对景与分景

①对景。在造景布局安排中，观赏景物的视线或风景线引申达到的终点要有一定的景物作为观赏对象，处理这种关系就是对景。规则式植物造景多是以轴线形式来布置和安排，主要的观赏视线或风景线也就是主轴，两旁的景物对称地衬托着所对的终点景物。

②分景。分景是将造景分为若干区，使其各具特色，发挥出对比、变化的作用。分景是造景的重要方式，有一些造景忌一览无余，要有相当的含蓄、隐藏，以吸引游人探寻，有时可以利用植物进行适当的区分或遮蔽，使景物在游园的过程中逐渐显露。

（2）障景与漏景

①障景。障景是指将另一景区完全遮挡起来，所用材料一般是不通透的实物，如视线不能透过的灌木丛（图 4-54）。一种障景是不完全的，邻近景区的景物可以或多或少地透过屏障显露出来，如疏林或悬垂的枝叶。

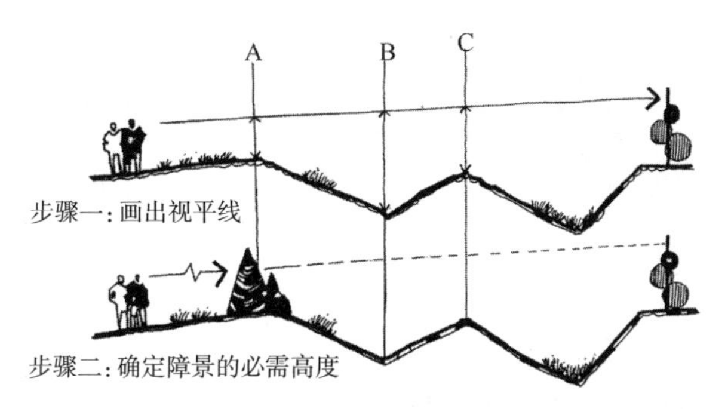

a. 障景的设计

b. 常绿植物在任何季节都可以做屏障

图 4－54　障景

②漏景。隐约显露的景物称为“漏景”。

通过树木枝干交织成的网络或稀疏的枝叶缝隙看园中的景物，将获得丰富的空间层次变化，增强造景的进深感，见图 4－55。透漏程度不等，所产生的情趣和效果也有差异。景物半隐半现地透漏，有依稀迷离之美，引起人们寻幽探胜的兴致。从性质上，前者处于衬托的地位，如果过分修饰或鲜艳夺目则会妨碍对主要景物的欣赏；后者属于过渡和引导。

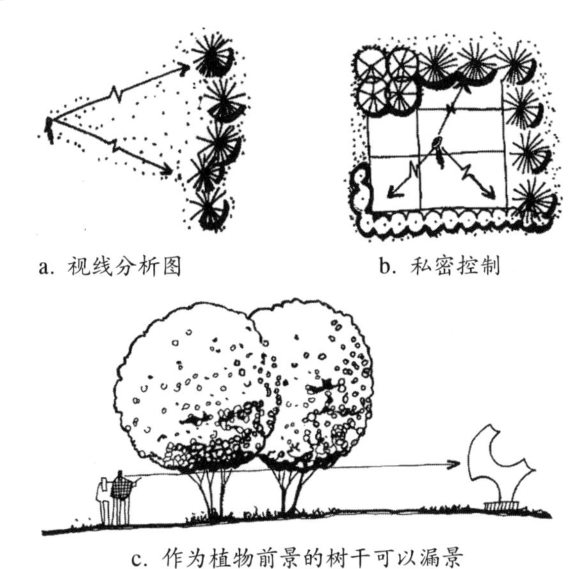

a. 视线分析图　　b. 私密控制

c. 作为植物前景的树干可以漏景

d. 苏州网师园的景色（从池的一岸透过茂密的树丛看到对岸的亭廊，从而使景色变得更加含蓄）

图 4–55　漏景

（3）框景与夹景

①框景。植物造景要以完美的结构出现于人们眼前，本身应有完整的构图思路，同时还要使观赏者的注意力集中到画面的精彩部分。主要的措施也像绘画那样，给画面以一定的范围，将干扰画面的外围景物排除在外。造景时也可以将完整的风景画面加上景框，这就是框景，见图 4–56。构成框景的植物应该选用高大、挺拔、形状规整的植物，如桧柏、侧柏、油松。而位于透景线上的植物则要求比较低矮、不能阻挡视线，并且具有较高的观赏价值，如一些草坪、地被植物、低矮的花灌木等。

图 4–56　框景

②夹景。向远处伸展的景色，为增加景深和吸引观赏者的注意，可于前景、中景位置的两侧安排树丛、树行等景物，将视线围起来，使风景线、轴线的透视效果和终点景物更加突出，称为“夹景”。它的处理有框景性质，只是景框着重于左右两侧布置。

4.4.4 园林植物空间的感知

空间是由人的感知而存在的，是一种客观的存在。空间具有生命力，人类认识空间、理解空间、感受空间的目的在于创造出有人性的空间，寻找开启人性空间的钥匙。

植物空间的形状是空间感知的重要因素，人们对于园林植物空间的感知是通过视觉对植物的形体轮廓进行观察从而给大脑提供多个部分的信息，再通过知觉的组织、联想而形成的。

植物空间的特征还表现在空间的比例和尺度的变化上。比例是各部分之间的内部关系，尺度是空间大小之间的关系。从外部空间设计的尺度来看，12m 的空间尺度使人感到亲切，25m 为较宽松的人性化尺度。

景物的主要尺度与视距相等时，难以看清其全貌，只能观察其细节。视距为 2 倍时，景物作为整体而出现；视距为 3 倍时，景物在视觉中仍然是主体，但与其他的物体产生关联；视距为 4 倍以上时，景物成为全景中的一个组成要素。因此，静态空间合适的 D/H 比值在 1∶2～1∶3 较好，大于 1∶4 空间就缺乏封闭感。比值小于 1∶1 时，空间转化为封闭感很强的绿色廊道空间，是园林植物动态空间的理想比例。

4.5 植物造景要点

4.5.1 造景植物与建筑的设计

优秀的建筑犹如一曲凝固的音乐，给人带来艺术的享受。但由于其位置和体形固定，终究缺乏生气。植物体是有生命的活体，具有自然的美。无生命的建筑物与有生命的植物相结合，能使建筑物与植物相得益彰。

4.5.1.1 植物种植对造景建筑的作用

（1）使造景建筑主体更突出。植物的种植能使造景建筑的主题和意境更加突出。例如杭州的“曲院风荷”这一景点，配合蜿蜒曲折的庭院种植大量的荷花即体现了

“曲院风荷”这个主题。又如北京颐和园的“知春亭”这一景点，周边种植垂柳，以体现“知春”这个主题。

（2）协调建筑与周边环境的关系。植物是建筑空间向自然环境过渡的最好媒介。当构筑物因造型、尺寸、颜色等与周边自然环境不相称时，可以通过种植植物来缓解或消除这种矛盾。如高耸的建筑纪念塔、纪念碑等形象比较突兀，在其周边种植尖塔形、圆锥形的树木，能缓解其与周边环境的关系，又能突出自身的建筑形象。

（3）丰富建筑物的艺术构图。植物能够软化建筑的硬质线条，打破建筑物的生硬感觉，丰富建筑物的构图。建筑物的外轮廓一般比较清晰，线条平直，棱角分明，而植物的枝干则婀娜多姿，用植物柔美、曲折的线条装饰建筑物平直、生硬的线条，可使建筑物的形象更加丰富多彩。

（4）赋予建筑物以时间和空间的季节感。植物是最具变化的物质要素。植物在一年中呈现春花、夏叶、秋实、冬眠的变化，四季鲜明。植物在一生中有幼年、青年、中年、老年的变化，在形态上表现出占据空间大小的变化。利用多变的植物，适当配置在建筑周围，赋予一成不变的建筑时间和空间的变化。

（5）完善建筑物的功能。通过植物的种植，可以完善建筑的功能，如建筑旁植一株形态特别的植物可起到标示的作用；厕所旁需用植物来遮蔽；座椅旁需用植物来遮阴；公园的入口需用植物来围合，形成一个港湾式的入口，起到导游的作用。

4.5.1.2 建筑环境的基础种植设计

（1）建筑入口的植物设计入口是空间的重要标志

建筑的主入口一般位于道路的尽端开阔处或转角处等显眼位置。植物配置一般选择植株高大、体形优美、色彩鲜明或芳香类的植物，以突出建筑入口的效果。配置时要求简洁大方，一般采用对称或自由式种植方式。用对称式可表现端庄大方，用自由式则比较活泼，有动态感。如一些大型的气氛严肃的出入口，常采用对称的种植或采用模纹图案来突出入口庄严的效果；公园的大门往往采用自由的种植方式，配置特色的花灌木，作为识别的标示。次入口相对较小，通常处于不显眼的位置，人流较少却相对固定，植物的选择宜采用小型、精致的植物（图 4−57），营造亲切的组团造景，以便近距离观赏。同时，入口的植物设计要充分利用门的造型（图 4−58），结合园路、山石等造景要素进行艺术的构图，形成有机的画面。同时，可以利用门的框景作用，组织门内外的造景，形成有序的造景。

图4-57　小巧的植物形成恰当的比例，显得精致亲切

图4-58　植物与圆洞门的搭配显得清新淡雅

（2）墙垣和角隅的植物设计

①墙基。墙基的植物设计是墙基生硬的边界与地面自然和谐过渡的重要手段，并使建筑获得一种稳定的基础感。植物可根据墙基的色彩和质感进行选择。当墙基的色彩浓艳、质地粗糙时，最好选用以纯净的绿色为主的质地细腻的植物，与之形成和谐的对比；当墙基的颜色为灰色或暗色、质地中性时，可选用的植物范围较广，可选用彩色植物，也可以选用纯绿色植物。植物的种植上多采用自然式种植方式，植物由高到低，层次分明。如紧邻墙基种植珊瑚树，依次种植栀子花、茶梅、麦冬，形成地面到墙面的自然过渡。有时为了营造整洁明亮的色彩效果，也可采用修剪整齐的色叶植物来美化墙基，如深绿色的大叶黄杨、暗红色的红花檵木、黄绿色的金叶女贞、淡绿色的小叶黄杨，组成清晰的彩带，也可以沿墙基砌筑花台，种植各季的开花植物或时令花卉，形式灵活多样。

墙基的植物设计要避免使用相同的植物材料和种植方式环绕建筑一周，以免造成呆板、单调的感觉，而要根据墙基的位置、朝向、主次而有所变化。在统一的基础上，局部增加特色植物如桂花、红枫等，或球状植物如海桐球、紫叶小檗球等，加强变化，活跃氛围。在墙基的植物配置方面要注意，在离墙基3m以内不要种植高大的深根性乔木，以免破坏墙基的稳定性。

②墙面。墙面是建筑的主要组成部分，也是建筑与室外环境接触最多的面。墙面的绿化不仅可以改善墙体的外观，防止墙面大量裸露造成的生硬感，同时还可以改善墙面的冷热程度。

墙面绿化时首先要对墙面的情况进行评估。如果墙面本身具有较强的美感，那么墙面绿化就只需要适当地点缀一下。反之，则可以通过绿化来装饰墙面。装饰的方式主要有两种，一种是种植依附于墙面的爬藤植物（图 4–59），一种是在墙边植树。爬藤植物依附于建筑墙壁，占地极少，但可绿化的面积却很大。可选择速生的、病虫害较少的、耐贫瘠的爬藤植物进行绿化，如五叶地锦、炮仗花、凌霄、铁线莲、花旗藤、木香等。爬藤植物不但可以美化墙面，还可以降低墙面的温度，据资料表明，夏天爬满地锦的墙面比裸露的墙面表面温度低 2℃～4℃。墙边植树要根据墙体的朝向选择常绿或落叶的植物。如果墙面是南北朝向的，可以选择常绿或落叶的植物，因为植物的遮蔽对其墙面的冷暖度影响不大；如果是东西向的墙面，则可以选择落叶的植物，以保证墙面夏季的遮阴和冬季的日晒。

③角隅。建筑的角隅一般比较生硬，通过植物配置可起到软化和装饰的作用。角隅的植物配置要根据角隅墙的高度、色彩、形式以及空间的性质等来选择植物的种类和配置方式，见图 4–60。如果是以遮阴为主的角隅，一般选择以高大的乔木为主，配以其他的花灌木作为乔木的基础种植；如果是以遮蔽为主的角隅，一般选择常绿的植物，如海桐、大叶黄杨、冬青等修剪成密植的绿篱进行遮挡。

图 4–59　墙面的植物装饰

图 4－60　角隅的植物配置

（3）屋顶花园（图 4－61）

顾名思义，在屋顶上营造的花园称屋顶花园。屋顶花园不仅可以改善环境的空气质量，营造造景，增添情趣，还可以改善屋顶的性能，保护屋顶的防水层和隔热层，延长屋顶的寿命。屋顶花园的设计涉及的内容很多，不但可以作为单独的地块进行设计，要求功能相对完善，而且要解决一系列的技术问题，最主要的是要解决两个问题——承重和排水。在设计屋顶花园之前，首先要了解屋顶的承载力，根据承载力合理安排排水系统，确定种植土的厚度，一般种植层的厚度在 30～40cm。屋

图 4－61　屋顶花园

顶具有风大、土层薄、水分蒸发快、光照时间长等特点，因此屋顶花园的种植需选择易成活的、耐贫瘠的、浅根性的、阳性的植物，按照一般的小游园的性质进行设计。通常为了掩饰屋顶墙角生硬的线条，一般沿墙体周围种植茂密的矮生常绿植物。有时为了营造庭荫效果，也可在承重柱上种植高大的乔木，形成高低错落的造景。

4.5.2 造景植物与园路的设计

园路是公园绿地的重要组成部分之一，是造景的脉络，是联系各景区、景点的纽带，起着交通导游的作用。园路一般包括主干道、次干道和游步道等。园路的布局通常自然、灵活，又富有变化，园路的植物配置根据园路的设计意图及功能而设置，常用乔木、灌木、地被植物、草皮等多层次地结合，构成具有一定情趣的造景。

4.5.2.1 园路植物种植设计的要点

（1）配置焦点造景。一般来说，园路的植物种植要有一定的规律可循，以保证能够有统一的视觉效果，但也要避免呆板，通常在道路的重点位置需要重点设计，以形成焦点和变化。园路的出入口、交叉口和转弯处是道路的重点，通常需着重处理。

（2）引导性。园路设计的特点就在于不仅要能预见目的地，而且还要能直达目的地。园路是最自然的引导方式，园路植物的种植可以加强园路的序列感，赋予园路鲜明的特征，也会使园路更具有趣味。园路上的植物还可以用作路标、地标或是空间界限的标识，例如用于划定道路与草地的边界。对于园路而言，灌木、独树、木本植物群以及大规格的树都可以起到视觉引导的作用，还能勾勒顶点，强化道路的走向，尤其是成排的树在远处就可以指示出方向。

①园路的出入口。园路是景区与景区之间的连接纽带，园路的出入口通常是景区的出入口。园路出入口的布置形式不宜过于分散，宜采用集中简洁的布置，常采用对称的布局方式，或利用花卉植物结合山石形成特色的出入口形式，有时也可采用复层混交的形式，形成层次由前往后递增的半围合入口空间。植物宜选择形态优美、观赏性强的造景树种，如鸡爪槭、红枫、桂花、杜英等。

②园路的交叉口与转弯处。园路的交叉口或转弯处的植物设计需要强调变化，植物常选择与路边树种在外观上有较大差异的品种，配以小品点缀；或者在色彩上加以强调，种植色彩明快的花灌木。在以绿色为主调的园路中，也可以考虑选择色叶植物，如紫叶小檗、红花檵木、金叶女贞、洒金珊瑚等，以色彩独特吸引目光。如

交叉口或转弯处光线较暗，则可种植黄色调的灌木或开黄花的植物，以便增加亮度上的变化。

（3）留出透景线。园路的植物种植主要是沿园路布置成一条连续的绿带，并且利用植物组织周边空间的景色，形成很好的前景、中景、背景各个层次。对于周边的不良造景可以通过密植植物进行遮挡，在有景可观时要恰当地留出透景线，以方便借景、框景、夹景，形成多种造景趣味。

（4）利用构图法则

①对比与协调。对比手法是最主要的植物设计原则之一。园路的种植可以利用两侧植物的大小、颜色、质感等的不同进行对比，通过制造矛盾冲突和吸引力来唤起人们的兴趣。在开满鲜花的草坪上穿过一条修剪整齐的小路就是一个简单的例子。对比会让差异变得更加明显，但也需要讲究协调。过多的强烈对比会让人们感觉疲倦，而太过相似或者不够清晰的对比则会显得枯燥无比。设计要结合园路的功能与周边环境进行，在相对安静的环境中采用逐渐过渡的手法来处理植物的高度和色彩变化，可突出对比的均衡性。

②节奏与韵律。要想园路形成一定的秩序和结构，重复使用相同或者相似的植物品种及植物搭配就会显得非常必要。节奏的形成是通过有规律地重复典型的植物元素来实现的。例如一株桧柏间种一株海棠就会产生一种节奏，开花时节一高一低、一红一绿，构成形态与色彩波浪式的韵律。在较长的通道上种植有特色的植物品种，植物就会赋予这个空间鲜明的特色，并会因此形成一个主题，如临水的步道多以柳树为骨架，间种桃花、金钟花等，形成鲜明的主题韵律。

③层次与背景。园路的设计要注意植物的层次搭配，展现植物优美的立体构图。园路上多以地被、灌木、乔木自由组合形成高高低低、富有层次的造景。一般来说，前景树是人们观赏的主要对象，多以色彩丰富或质感细腻的地被或矮小灌木为主，如狗牙花、龙船花等；中景树形成空间的比例关系，通常根据园路的宽窄来选择灌木的高度，一般较窄的园路可选红花檵木、小叶黄杨、紫叶小檗等为中景树，较宽的园路可选桂花、石楠、海桐等较大型的灌木为中景树；背景树构成了园路空间的边界，而且背景树还承担着为整个园路空间创造统一性的作用。若想要突出空间效果、形态复杂的前景绿化，通常需要搭配一个相对简洁的背景。背景绿化通常具有两个功能：一是衬底功能；二是界定空间边界并与周边环境取得协调，并在视觉上连成

一片。

(5) 注意季相变化。园路的季相设计在造景中十分重要。园路联系各个景区，是游人通行的主要通道，园路的季相变化能够带来强烈的自然生态美感。在进行园路的植物配置时，要注意植物在各个季节的形态特征，使各植物之间相互补充，四季有景，形成春花、夏荫、秋实、冬枝的具有鲜明季节特征的植物造景。

4.5.2.2 园路的植物种植设计

(1) 主干道的植物配置

主干道是绿地道路系统的骨干，联系着各个景区景点，它既可通车，也是人行的主要通道。主干道的宽度通常为 4～6m，两侧要求充分绿化，其树种的选择一般不能完全按照行道树功能要求，而是要兼顾观赏效果。树种的选择一般应以乡土树种为主，兼顾特色，选择主干优美、树冠浓密、高低适度的乔木，如樟树、泡桐、枫杨、白蜡、元宝枫、乌桕、无患子、合欢、青铜、楸树、鹅掌楸等。

园路的种植可以选择以一个树种为主或多种树种组合的方式。同一树种或以同一树种为主的园路，容易形成一定的气氛和风格或体现某一季节的特色。而在自然式的园路旁，如果只用一种树会略显单调，不易形成丰富的路景。树种种类的多少，根据园路的宽窄、性质、地位而定。一般园路不长的情况下，其树种的种类通常不宜多于 3 种，并且要有一种主要树种。园路较长的情况下，一般不宜只选一种树种，可以分段布置不同的树种。

(2) 次干道、游步道的植物配置

次干道、游步道的宽度通常较窄，常在 1.5～3m。由于其空间较小，植物与观赏者之间的距离较近，植物多选择开花的灌木或小乔木以获得宜人的体量关系。植物配置上常选用丰富多彩的植物群落配置，也可以一种植物为主，突出某个树种或季节的特色，如北京颐和园后山的连翘路、山桃路、山杏路等。次干道、游步道的植物种植有时需要较高的种植密度以达到幽静的效果，则需要在其两侧种植较高、较密的树丛为背景。

(3) 特色路径的植物造景

①山林野趣。山地或密林是营造山林野趣的最佳场所，可顺应地形在林中开辟路径组织游览。林中之路径越窄，坡度越陡，两侧的树木越高，则路径的自然趣味越浓。在布置或选择自然路径时，必须注意以下几点：

第一，路径边上的植物宜选择树姿自然、高大挺拔的大乔木，如樟树、油松、枫杨等，切忌采用整形的树种。林下可种植低矮的地被植物，少用灌木，以加强路径的宽高比，形成幽闭的密林山径。

第二，路径边上的植物要有一定的密度和厚度，形成一种光线阴暗、视线隐透的幽静环境，使人如入山林之中。

第三，路径要有一定的长度和曲度，形成曲径通幽的效果，并且在路径设置时要有意识地与山石、溪流、谷地等相结合，增加路径的自然气息。

第四，路径还要有一定的坡度，起伏变化的坡度有利于增强“山”的感觉。在坡度变化不大的地方可采用局部抬高或降低的方式来加强坡度的变化。

②竹径。竹子是中国园林里面重要的植物素材。竹子终年常绿，枝叶雅致，形态优美流畅，颇具动感，给人一种宁静、幽深的感觉。

在竹林中开辟小径是造景中常用的手法，竹径就是其中的一种。径旁栽竹可形成不同的意境和情趣。古典园林中常在小径旁植竹以分割空间，增加造景的含蓄性，又以柔美流畅的动感，引发游人探幽访胜的心情，这一点在现代造景中依然适用。为营造曲折、幽静、深邃的意境，竹径的平曲线和竖曲线应力求变化，从而迂回地扩展和丰富园林的有限空间，但要注意避免过度曲折，矫揉造作。同时竹子应密植成林，有一定的厚度，也可搭配 1～2 株高大阔叶树，加大庇荫，增加幽暗的感觉。对于较长的竹径，为避免产生单调的感觉，可用宿根花卉对竹径镶边，丰富竹林造景的色彩构图，或在林间点缀一两株花灌木，如红枫、桂花等，增添竹林小径的季相造景。竹子种类、高度的选择宜与竹径的路宽相对应。通常宽路竹径应选用高大竹种，如毛竹、斑竹、麻竹、慈竹、早园竹、梁山慈竹等；窄路竹径常用中小型竹种，如孝顺竹、青皮竹、苦竹、紫竹、琴丝竹等。

③花径。花径在造景中是具有特殊趣味的。它以花姿和花色营造出一种缤纷的环境，给游人以艺术享受，特别是盛花时期，这种感染力就更为强烈。由开花的乔木或大灌木组成的花径，如泡桐、白玉兰、合欢、樱花、紫玉兰、梅花等，树冠覆盖整个路径上空，花径之意境油然而生。而由低矮的灌木所构成的花径，如鸢尾、紫荆、金丝梅、杜鹃、红花檵木等，可构成花团锦簇的视觉效果。总之，构成花径的植物需选择花形优美、色泽鲜艳、有香味并具有较长花期的植物。种植时需要相对密植，并最好种植绿色的背景植物。

4.5.3 造景植物与水体的设计

水是造景艺术中不可缺少、最富魅力的一种要素，有着不可替代的作用。水体造景也在人们生活中出现得日渐频繁，其通常借助植物等其他造景要素来丰富水体的造景。水中、水旁植物的姿态、色彩所形成的倒影，均可加强水体的美感。

4.5.3.1 水的特性

（1）水的延伸性。大的水体水面散漫，浩瀚缥缈，给人无限延展的感觉。水体及周边植物的配置应延续这种延伸感，层层叠叠、遮遮掩掩、虚虚实实，延长景深，仿佛水面无限延展。同时，也可通过植物夹景来限定视线的延伸方向，拉长视距，再加上周边景点的点缀、植物的掩映、驳岸的处理，造成水域无边无际的感觉。大尺度水域的植物种植要注意植物的层次和虚实变化，注意植物种类的变化和颜色的搭配，切忌使用同种植物并沿水岸行列种植，这样会造成植物林缘线和林冠线生硬、呆板、色彩单一，所形成的空间封闭单调，反而使水面越发显小。

小水体尺度宜人，给人亲切的感觉。植物的配置以形成丰富的近景为主，注重关注植物的色彩、姿态、组合以及植物本身的寓意，形成小巧幽静的水景。尤其要注意应用植物处理小尺度水景的水口和水尾，形成遮掩、虚实的感觉，否则会令人觉得是死水一潭。

（2）水的动静。水的动静是相对的，主要取决于它周边的容器及其周围的景物。湖、池、塘等水面平缓宁静；小河、溪流流畅欢愉，形成叮咚清响的动态水景；瀑布、喷泉急流喷涌，与周边静态的背景形成鲜明的动静对比。水的动静也与天气状况有关。风平浪静时，湖面光洁如镜，阵阵微风引起的涟漪给湖光山色的倒影增添了动感。大风掀起的激波使倒影支离破碎，产生凌乱的视觉效果。

（3）水中的倒影。水边的造景植物及其倒影，加强了水体的美感，并使景物一变为二，增加了景深，扩大了空间感。倒影还能把远近错落的景物组合到“同一张画面”上，如远处的山和近处的建筑、树木组合在一起，其倒影就犹如一幅秀丽的山水画。水中倒影是由岸边景物生成的，故水边的景物一定要精心布置，以获得良好的光影效果。倒影形成的画面感由于视角不同，岸边的景物与水面的距离、角度和周围环境的不同而不同。岸边的景物设计，要结合水面的方位、大小及其周围的环境同时考虑，才能达得理想的效果。如果水面较大，连绵的植物配置就非常有必要，尤其是富有季相变化的植物背景在水中会呈现出丰富的影像。亭台等构筑物或颜色鲜亮的植物，在背景的衬托下往往起到提神点睛的作用。如果在小水面中，背景应向后退让，倒影占水面 1/3 即可，以免倒影占满水面造成压抑感。小水面周边的植物配置以近距离观赏为主，注重植物的形态、色彩、简繁的对比，倒影会显得更加明快清晰、层次丰富。

4.5.3.2 水边植物配置要点

（1）整体造景意象。无论是何种形态的水景，都需要有整体、统一的造景意象。水边的植物配置在植物树种的选择上应确定骨干树种或有统一基调的树种，以形成基本的空间框架和色彩基调，见图 4−62。水体的形态多以二维平面为主，色彩也比较单一。水边的植物配置不宜平行于水体边缘等距离布置，而要有远有近、有密有疏，或紧临水际，或远离池岸，或伸入水中，形成错落有致、凹凸相间的林缘线，使水面空间与周围环境融合成一体。在植物的立面构图上，应选择高矮不同的植物进行搭配，形成高低错落、富有变化的轮廓线，并与水面的水平造景形成对比。

图 4−62　利用植物围合出统一的水面及周边空间

图 4−63　红枫起到点睛的作用

（2）局部造景意象。不论是大水面还是小水面，其周边的植物配置都需要有近距离观赏的局部造景意象。这个局部造景意象通常包括两个方面的内容：一是植物本身的姿态或意境美；二是植物之间或植物与水之间形成的造景意境，如垂柳拂水、丹桂飘香、芙蓉冷艳寒江等。局部造景意象需要预留观景的地方，可以通过借景、框景、夹景等手法，利用树干、树冠形成画面；也可以结合园路设计，根据园路的走向适当留出透景线，表现出忽明忽暗、若即若离的水景园情趣。

（3）色彩的搭配。水的颜色基本为淡绿色，与植物的绿色是相协调的。但相似的造景会显得比较平淡、含糊，因此需要有少量的对比色如植物的干、叶、花等来起到点睛的作用，见图 4-63。有时也可在岸边设置构筑物，通过构筑物来起到点缀的作用。如在以松、柏为背景的植物群落中，春季可突出红色的杜鹃、黄色的棣棠、金钟花等，夏季可观赏水中的红、白睡莲，秋季可观赏红色的红枫、黄色的鸡爪槭等，或构筑轻盈、亮色的构筑物以起到醒目的作用。

4.5.3.3 各部分水体的植物造景

（1）水面的植物配置。造景中的水面通常包括湖面和水池池面等。其流动性较小，大小不一、形状各异，既有自然式的，也有规则式的。水面具有开阔空间的效果，特别是面积较大的水面常给人以舒畅的感觉。这种水面上的植物种植模式应以营造水生植物群落造景为主，主要考虑远观，植物配置注重整体、连续的效果。水生植物应用主要以量取胜，给人以一种壮观的视觉感受。有时还通过配置浮水植物、漂浮植物以及适宜的挺水植物形成优美的水面造景，分割水面空间，增加景深。水面植物配置要与水边造景呼应，注意植物与水面面积的比例以及所选植物在形态、质感上的和谐，一般至少留出 2/3 的水面面积供观赏者欣赏倒影。

小型水池的植物配置以形成完整精致的植物造景为主，主要考虑近观效果，注重植物单体的效果，对植物的姿态、色彩、高度有更高的要求，适合细细品味。水生植物的配置以“精”取胜，水面上的浮水植物与挺水植物的比例要保持恰当，否则易产生水体面积缩小的不良视觉效果。因此，将水生植物占水体面积的比例控制在不超过 1/3 是比较适合的。

对于人工溪流而言，其宽度通常较窄，也比较浅，一眼即可见底。此类水体的宽窄、深浅是植物配置时应该重点考虑的一个因素。一般选择株高较低的水生植物与之协调，且体量不宜过大，种类不宜过多，只起点缀的作用。一般以菖蒲、再力花等，3～5 株一丛点缀于水中块石旁，清新秀气、雅致宁静；或与岸边植物相互映衬，在水面上形成清晰的倒影，增加水体的层次，将溪流与植被融为一体。对于完全硬质池底的人工溪流，水生植物种植一般采用盆栽形式来美化水体。

（2）水绿植物的配量。水体边缘是水面和堤岸的分界线，是硬质向软质的过渡，也是软质向硬质的过渡，它能够使堤岸与水融为一体，扩展水面的空间。其造景主要由湿生植物和挺水植物组成，不同的植物以其形态和线条打破平直的水面，一般宜选择浅水植物，如菖蒲、水葱、芦苇等。

在水体周围，如要营造开阔的视觉造景，一般配置低矮的水生植物，以低于腰部为宜，且多以观花植物为主，如唐菖蒲、鸢尾等；如水体周围有茂密的树林，在配合树林营造浓密的效果时，可选用较高的水生植物，如芦苇、灯芯草等，见图 4−64。在搭配时要注意不同植物叶色及花色的组合效果，通过植物色彩组合，分别表达热烈、宁静、开朗、内敛等情绪。

图 4−64　树林与水生植物形成的浓密的造景效果

（3）驳岸的植物配置。驳岸植物配置应从造景的目的和用途出发，配置具有相应功能的植物，见图 4−65。规则式驳岸整齐而坚固，游人在岸边能够比较随意地活动。但由于其结构性而使其线条显得有些生硬，此时，以适当的植物配置柔化其线条而弥补其不足就显得尤为重要。植物的配置上应有起伏变化的林冠线和林缘线，从对岸观望才能产生雄伟、浑厚的表现力，也可借助湖边小山高度的变化丰富岸边林冠的变化。非规则性驳岸的植物配置，应结合道路、地形、岸线布局进行设计。非规则性驳岸一般自然蜿蜒，线条优美，因此植物配置应以自然种植为宜，忌等距栽植，忌整形修剪，以自然姿态为主。结合地形和环境，配置应该有近有远、有疏有密、有断有续、有高有低，使沿岸景致自然有趣。在构图上，注意应用枝干探向水面的水边大乔木，可以用于衬托水面植物造景并形成优美的水中倒影，起到增加水面层次和增添野趣的作用。

图 4-65　驳岸的植物配置

（4）水口、水尾的植物配置。水景设计中，特别要注意对水口、水尾的处理，切忌水出无源和一潭死水，这是促使水体流动、保持卫生的先决条件，也是使水变“活”的重要环节。不管源头和尽头是真是假，通常都要在水口、水尾部位进行遮掩，或种植或加以小桥隔断，形成含合，似水流不尽之意，见图 4-66。

图 4-66　水口、水尾的植物配置

水口、水尾的尺度一般较小，常配置低矮的灌木或水生植物单独成景，有时也与置石、建筑小品等组成合景。避暑山庄的水心榭实际上是在水闸的位置上建立的，配以植物遮掩，既遮挡了水闸又形成好似水源的水口，是形成水口的又一方法。

4.5.4 造景植物与地形的设计

4.5.4.1 地形在造景植物设计中的作用

（1）地形作为植物的骨架和依托。地形是植物造景的依托和底界面，也是整个造景的骨架，以其富有变化的地貌，使植物造景在水平和垂直方向上都富有变化，形成起伏有致、变化丰富的林缘线和林冠线，见图 4−67。

（2）地形结合植物形成阻挡和引导。地形的高低起伏、凹凸变化形成不同的形状，可以产生“挡”与“引”不同的视觉效果，见图 4−68，形成连续或封闭的造景，前提是必须达到一定的体量和高度。若现状地形不具备这一条件，则需结合植物创造条件。

图 4−67　起伏的林冠线

图 4−68　起伏的地形

（3）地形结合植物作为基底。自然是最好的造景，植物的配置应把地形作为设计的基底，结合自然地形、地势地貌，体现乡土风貌和地表特征，做到顺应自然、返璞归真、和谐统一，见图 4−69。

（4）地形结合植物创造小气候条件。地形的高低起伏可以很好地阻挡风的吹袭，见图 4−70，减弱风速，形成小环境。若把地形与植物相结合，可以更加突出界面的高度和空间的围合感，小气候的创造效果则更明显。同时，起伏的地形有利于绿地内的排水，见图 4−71，可防止地面积涝，有利于植物的生长。利用地形还可以增加城市的绿地量。

图 4－69　体现乡土风貌和地表特征

图 4－70　地形高低阻挡风吹袭

（5）地形结合植物造景。地形在造景中一般起着基地和骨架的作用，其本身的造景作用并不突出。造景中，有时为了发挥地形本身的造景作用，常将地形作为一种设计元素，将地形做成特殊的形体如圆台、梯状体等规则的几何体或相对自由的自然曲面，结合草坪或低矮的整形灌木，将其处理成如同抽象的雕塑一般，与自然造景形成鲜明的对比，见图 4－72。

图 4－71　起伏的地形有利于场地排水

图 4－72　如雕塑般的地形

4.5.4.2 地形与植物的配置艺术

地形的高低起伏，增加了空间的层次和变化。在较大的场景设计中，地形除了作为空间的构架，还可以通过适当地塑造微地形营造出更多的层次和空间，达到小中见大、适当造景的效果。

植物与地形的配置，加强了地形的作用，见图 4－73。植物与凸地形、凹地形的结合，既可强调地形的高低起伏，也可弱化地形的变化。在地势较高处种植高大乔木，在低处栽植低树，加强高低的对比，能够使地势显得更加高耸；高树植于低洼处则可以使地势趋于平缓。在造景中，也可将人工地形与植物材料相结合，形成陡峭或平缓的地形，对造景空间层次的塑造起到事半功倍的效果。对于类似的地形空间来说，还可以用不同种类的植物加以配置，形成不同的空间感受，创造出完全不同的空间场。

图 4－73 植物加强了地形的变化

4.5.4.3 各类山体空间设计

山因为植物才秀美，才有四季不同的景色，植物赋予山体生命和活力。山按材料可分为土山、石山和石土山。

（1）土山。造景中的土山一般都要用植物加以覆盖，宜种茂密、高大的植物，以创造森林般的造景。在山体高度不高的情况下，为了突出其高度及造型，在山顶、山脊线附近宜种植高大的乔木，山沟、山麓则应选较矮的植物。为了营造较好的远视效果，山顶、山脊线上应种植开花植物或色叶树，如栾树、枫杨、臭椿等。山坡、山沟、山麓的植物配置应强调山体造景的整体性，也可配置开花植物、色叶树、常绿树等，以形成春季山花烂漫、夏季苍翠浓郁、秋季色叶曼舞的效果为佳。

（2）石山。全部用石堆砌的山体叫作石山。古典园林中，石山一般以假山、岸边砌石、入口置石等形态出现，体量较小，常以表现山石本身的形态、质地、色彩及意境作为欣赏的对象。石山上的植物常采用矮小的匍匐形植物，以体现山石之美。如扬州个园的假山，其以不同材质的石材搭配相应的植物材料来表现春、夏、秋、冬四季的主题，可谓精致。春山，用湖石堆叠成花坛，花坛内植竹，并配以石笋；夏山，以湖石与碧水相配，旁植形态飘逸的古松；秋山，以黄石与常绿的松、柏、玉兰相配，形成稳重与厚重的协调；冬山，以宣石堆叠成假山，远看是一片白雪，背后配以常绿的广玉兰，与其形成对比。置石的配置，常常选择与之形、姿相匹配的植物，形成一幅优美的画卷。与置石相搭配的常见植物种类有南天竹、箬竹、凤尾竹、芭蕉、十大功劳、金丝桃、扶芳藤、鸢尾、沿街草、菖蒲、剑兰、散尾葵、鱼尾葵、洒金珊瑚等。

（3）石土山。石土山介于前面两者之间，土多处可配置大树，土少处宜配置灌木或地被植物。植物与山石的搭配，主要以表现山石的形态，增添山石的起伏与野趣为主，山体植物的搭配以模仿自然界乔灌木的交错搭配为主，形成自然的景象，同时能欣赏山石和植物的姿态美。

第5章　园林植物造景程序

园林植物造景是园林规划设计的重要组成部分，从园林用地的基本构成可以看出，绿化用地在整个园林用地中所占的比重最大，园林植物造景是园林造景的重要载体和表现层面。园林植物造景规划设计的基本程序包括以下几个方面：前期现状调研与分析、园林植物造景规划、园林植物造景初步设计、园林植物造景种植施工与管理。

5.1　前期现状调研与分析

现状调研与分析是进行植物造景营造的前提和基础，必须先了解甲方意图和目标，并对场地的高差、植物的生长情况、水文、气候、历史、土壤和野生生物等情况进行调研，尤其是各种生态因子直接决定植物的选择及配置方案。

5.1.1 区域相关资料的采集与分析

5.1.1.1 调研与分析内容

通过访问委托方，调查场地现状环境，评估场地，接收并消化委托方提供的地理位置图、现状图、总平面图、地下管线图等图纸资料等方法，准确认知甲方的要求、愿望及计划投资额等，以便深刻掌握项目基本信息，为完成符合客户意愿的规划和设计方案奠定基础。在进行园林植物造景规划设计时，应针对规划设计任务所处的地域进行相关资料的采集与分析。主要包括以下内容：

第一，城市物种多样性保护规划，城市树种规划，城市乡土植物种类和植物引种驯化情况，地方苗木生产情况，地域病虫害情况，地域气候资料（光照、温度、风向、降水量、蒸发量），水文资料（河流、湖泊、水渠的分布，防洪水位与要求）和社会人文资料（地方志、民间传说、民俗文化等）。

第二，现存建筑物与构筑物及其他设施，包括公用设施（包含地下段设施），道路，房屋，娱乐设施及其他建筑的位置、数量、尺寸、容量、朝向，它们的设计利用及对场地植物的栽种影响是现存设施调查重点考虑的内容，在规划过程中，必须把这些要素绘制在一张图纸上以便设计时综合考虑。

第三，当地史志资料、历史沿革、历史人物、典故、民间传说、名胜古迹；现场周边环境交通、人流集散、周围居民类型与社会结构，如工矿区、文教区、商业区等，是将造景与人文、社会环境紧密融合的前提基础。

5.1.1.2 举例

（1）宁波生态走廊

在宁波生态走廊区内，运河曾经是当地的标志，用作工业建设用途后，由于缺乏整体分区规划和污染控制，导致运河水质严重恶化。

通过对当地相关资料的采集与分析，设计师和相关专家提出了修建微型长江生态区的构想。在地势相对较低的山坡间建造水道网络以改善运河水质，将雨水径流引入新开发区域，修建河岸带为野生生物提供栖息地，为新居民提供兼具休闲娱乐和教育教学功能的场所。设计团队深知湿地和水生生境对生态区的保护意义重大，因此尽其所能，因地制宜发挥干预作用，在生态意识愈强的新时代里具有重大的历史和文化意义。宁波生态走廊造景规划，见图 5–1。

图 5–1　宁波生态走廊造景规划

（2）贵州安顺市虹山湖公园

位于贵州安顺市核心区与虹山水库之间的虹山湖公园，见图 5−2，最早建成于1985 年。当时这个面积仅有 $2hm^2$ 的“袖珍公园”，却凭借着湖光山色、游轮游乐一度成为游客观光和安顺市民休闲游玩的最佳场所。

图 5−2　虹山湖公园整体鸟瞰图

虹山湖公园的设计团队在精准获取使用者需求的基础上，结合场地考察评估结果，形成微创介入的核心设计手法，将场地特征与设计相结合，抓重点，低干预，打造一个集休闲游乐参与于一体的综合型生态市民公园。

（3）新加坡丰树商业城二期

丰树商业城二期坐落于新加坡岛的西部，是一个以口岸和仓库为主的工业区域，见图 5−3。项目所在的场地面积为 $35000m^2$，曾完全被混凝土表面的多层仓库建筑覆盖。由于新加坡的办公空间需求量不断上升，委托方决定将仓库拆除，并将其改造为现代化的办公场所，与前方已经建成的一期办公大楼相连接。

（4）广东梅州琴江 · 老河道湿地公园

老河道湿地公园项目所在地本是琴江主河道的一部分，见图 5−4。20 世纪 60 年代，由于城市防洪及城市建设的需要，新开挖的直线型河道连接了原河道的拐点，弯道大部分被填埋，形成内河道，保留的一小段宽阔河道被建设为五华县人民公园。因前期建设投入小且疏于管理，公园逐渐被城市居民遗忘。调研阶段，设计师从场地周围明清时期的围龙屋布局中，依稀可辨当年河流蜿蜒、阡陌纵横的田园河溪肌理。

老河道湿地公园现状中因为城市不断发展的影响，城市生活污水和雨水集中排入让老河道生态多样性下降，失去了以往的净化能力。所以，项目第一步就是重建健康的生态环境系统，包括改善琴江流入的水质和雨水水质，种植乡土水生植物，恢复生态栖息地，建造通往河滨的开放性空间，最终促进区域的可持续发展。

图 5-3　丰树商业城全貌

图 5-4　老河道湿地公园鸟瞰

5.1.2 基址现状调查与生态因子分析

5.1.2.1 调研与分析内容

（1）基址现状调查

对场地内现有植物资源进行调查记录，确定基址上每一株植物和植物群的位置、树龄、大小、生长状态（如标明植物冠幅、胸径、株高、姿态等），在场地上精确定位，并对当地的先驱性物种、过渡性物种、近盛期和全盛期的物种、邻近地区的物种进行了解。对当地区域的植物资源材料的收集整理，是场地种植设计的必要手段，这也是种植的基础，更是乡土树种适地的重要依据。此外，应将现有资源在图纸上表达清晰，在规划过程中应对这些要素进行综合分级评定、综合取舍。这类资源包括地形的起伏、独特的地貌、植物类型及造景、空间层次性、不同视点的构图等基本情况。

（2）生态因子分析

野生动物栖息地结构，诸如原木栖息地和树木栖息地将沿着河岸边缘发育，构成复杂的栖息地，维持丰富的生物种类。

针对现状调查的资料与总体规划设计方案，应对影响植被生长的重要生态因子进行分析，主要包括以下主要因子：

①地形坡度因子。地形坡度在种植设计的定位和植物选择中有重要的作用，特别是对空间环境有特殊要求的地形，更应充分地评价分析。调查时注意地形的高程、坡向、坡度，根据坡度分级，一般坡度为0～3%的等级是平缓的斜坡，在建设配套建筑设施和循环设备的过程中，所需修改较少。土壤厚度和土质合适，适合栽培各种类型的植物，如果要求有强烈的视觉效果，则需要加入大型的植物或设置挡土墙。

②光照因子。对区域内各处的光照程度进行全面的分类记录，包括全日照、半日照、全遮阴、微暗、较暗、极暗等。最好能够明确区域内阳光的日照模式，记录一天内阳光所经过的范围、照射方向、照射时长及建筑阴影覆盖区的变化，也可以利用 Sketch Up 等软件进行光影分析，分析一天内和一年内光照条件的变化，分析光照条件的差异和变化，为设计确定植物种类提供依据。对于面积更小的设计场地，则要更加仔细观察细部的变化，如小庭院的设计。

③土壤因子。地质构造与土壤种类是选择合适植物的基础，应检测确定土壤情况，主要包括黏土、沙壤土、贫瘠、肥沃、pH 值、地下水位、土壤结构等。例如，地表土壤的厚度是非常重要的指标，若地表土壤浅，下层岩石则会限制植物的生长；若地表下地下水位较高，同样会影响植物的生长。不同植物适合不同酸碱性的土壤，干燥或半干燥地区的高盐土壤也会限制植物的生长发育。种植能否成功往往是由基址以前的使用情况决定的，所选择的用地性质（如垃圾填埋场、化学废料堆、果园、苗圃、荒地、裸露岩土等）对种植的影响很大，土地的承载力也是评估具体场地的部分内容。

④水文因子。设计之前需要了解设计区域的自然降水量、蒸发量，天然水源、人工水源和人工灌溉的条件和灌溉方式，是否有供植物浇灌的水源位置、大小和容量，土壤水位，水质，用水量，原有河流、湖泊的水流状况及管线情况等。水文资料所需内容包括：排水地区分布图、潜在的洪水（包括频率和持续时间）、溪流的低速流动、溪流对沉积物的承受力、固体在地表水源中溶解的最大量、地表水的总量和质量、地表水体的深度、可做水库的潜在地区、地面水源的利用率、井和测试孔的位置、到地下水位的距离、地下水位的海拔、承压水位的海拔（水位有季节性变化，井水水位高度有升降）、渗透物质的厚度、地面水源的质量、可以再补充水的地区等。

⑤气候因子。气候条件与植物生长及植被数量有着直接而明显的关系。气候变化可以起到限制或扩大某些植物品种作为设计元素的作用，其中降水量和气温是关键因素。主要考虑的气候条件有月平均温度和降水量、温度变化最大范围、积雪的天数、无霜冻的天数、洪水水位、最大风速、湿度等，以及地方的极端气候出现的情况。

5.1.2.2 举例

（1）宁波生态走廊

宁波生态走廊造景创造性地综合了当地地势、水文和植被特点，将不适宜居住的棕地变成 3.3km 长的“活体过滤器”，增加了生态环境的多样性，协调了人类活动与野生环境的关系，还原了丰富多样的生态系统，在中国经济快速发展的环境下，成为城市可持续扩张与发展的典范。

目前，在宁波生态走廊中，缺乏系统规划的无出口运河将不复存在，取而代之的是许多自由流动的小河、小溪，还有池塘、沼泽。它们水流蜿蜒而缓慢，几乎还原了低地河漫滩的原始状态，以辅助重建原生生态环境。通过创新的生物修复技术模拟本土生态过程，新建成的水道可以改善运河水质，目前运河中的水属于最差的第Ⅴ类水，仅适于工业用水和农田灌溉，净化后可达到适宜生态修复和人们休闲娱乐使用的第Ⅲ类水。

通过对周边开发区的开挖与填埋，整个生态走廊区就成了地势起伏的山丘和山谷。这些山丘山谷都是精心排布的，顺着山谷形成的水道不仅可以通过沉积、曝气和生物过程去除污染物，还为含水层的补给提供了保障，在其流动过程中，也形成了多种不同的水体形态。

通过与水质学家的合作，设计师使用主动和被动给土壤透气的方法，促进地下水流穿过植物根系去除污染物。

通过水样采集得出的信息，绘制当地水文循环图和自然水流分布图，制定出水质改善策略，从仅限工农业使用的第Ⅴ类水改善成适宜文娱活动的第Ⅲ类水。

在地势起伏的造景区，落叶树种和常绿树种的战略布局体现了设计师对美学、规划、生态和气候的综合考虑。大力种植本地植被将帮助生态走廊重建多样的植被群落，吸引野生动物栖息于此。河岸的植被、生物洼地和雨水花园可以净化来自附近开发区、其他建筑区等硬质造景的雨水。植物选择营造了独特的地域感，随着地势的变化，植被种类呈现组群差异，根据植物的不同高度、形态和颜色呈现出独特的空间格局。

生态走廊区经过精心分级，形成山丘、山谷地形。山谷中形成了水道，山丘为游客提供观景场地，增加了生活环境的多样性。

通过与湿地专家合作，由自由水体表层、水体流动和河岸湿地构成的特定地域系统可以对目标污染物起到移除作用。

（2）山东胶州市三里河公园

三里河下游河道是胶州市东部中央商务区的重要组成部分，由于三里河河道日益淤积，已影响到防洪、排涝、造景等各项功能的正常发挥，根据市委、市政府的安排部署，由市建设局牵头实施三里河下游河道治理，恢复河道正常功能，建造良好的三里河下游造景环境，促进东部中央商务区快速持续发展。

在胶州市三里河公园规划设计初期，经调研发现当地河道宽度均衡，无大面积开阔水域，缺少核心界面，难以表达城市 CBD 在社会发展中的突出地位，相对来说略显单调，造景附加值不够丰富。局部河段河床裸露，淤泥堆积，垃圾阻塞。

驳岸现状，与中游段相接处已筑有一道橡皮坝，坝体两端为钢筋混凝土驳岸，垂直刚性驳岸很不生态，其余部分均为土堤形式，落差在 2～3m，形式较为单一。区域内还夹杂着周边区域的泄洪沟或水泥涵洞，均显破败，亟待整治。

经过对基址现状的调查和生态因子分析，依据总体规划设计，胶州三里河公园确立了“一心两翼”的结构布局，合理组织地形、水体、道路、建筑小品、自然植被等造景要素，展示出“一心、二桥、三园、多丘十八景”的自然山水格局。三里河公园的造景，见图 5–5 至图 5–7。

图 5–5　胶州三里河公园与老公园无缝衔接

图 5–6　多功能的市民广场与曲线型草台阶组成的创意边界

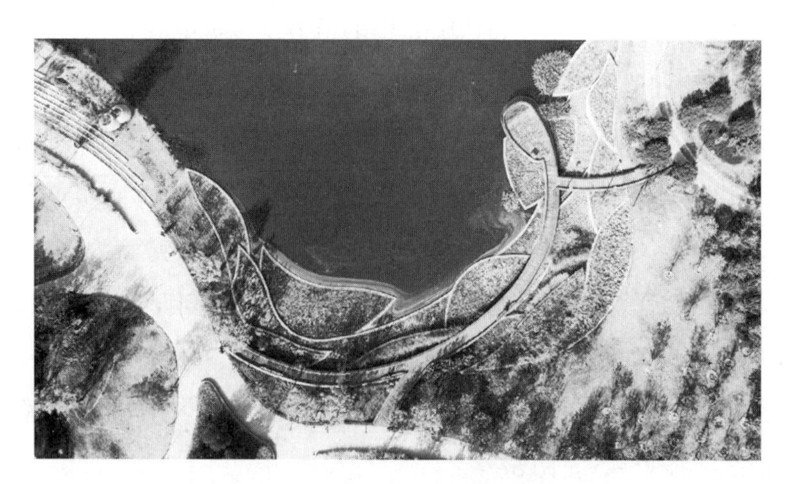

图 5-7 创意栈道与雨水花园的重叠关系

5.1.3 基址周边区域的资料采集与分析

在进行园林造景规划设计前，应对规划设计基址周边区域的资料进行采集与分析，主要包括对设计基址周边用地性质、建筑状况、交通状况和污染状况的调查与分析。例如，宁波生态走廊设计团队采用持续性建设方案，利用废弃的混凝土和周边城市发展产生的过量土壤建成起伏的造景地形引导水流途径，缓解城市环境，提供观景点以及增加居民生活环境多样性。

对所规划设计的绿地性质，应依据城市绿地系统规划进行分析与确认。根据《城市绿地分类标准》（CJJ/T85—2017）将城市绿地划分为公园绿地、防护绿地、附属绿地、生产绿地和其他绿地五种类型。植物造景规划设计前应明确绿地的性质和定位，依据其性质的差异和对绿化水平与效果的不同要求来确定合理的植物造景规划设计方案。

5.2 园林植物造景规划

园林植物是园林设计中重要的造景元素，与园林中的地形、水体、建筑等要素共同构成丰富多彩的造景形式。随着生态、环境意识的加强，在园林规划设计中更加关注和重视园林植物造景的营建。园林植物造景成为园林造景表达的最主要手段，是园林规划设计中的重要层面。因此，从当今风景园林的发展与变化的趋势来看，应明确提出和强调园林植物造景规划设计的概念。

传统的植物配置和植物造景的思想本质，主要停留在植物的造景层面，注重局部的植物造景视觉艺术效果。随着风景园林研究领域的扩展，要求园林植物造景也应从传统的视觉领域中突破，从国土区域、城市大环境等不同的角度来构筑合理的园林植物造景体系和相应的植物造景表达形式。园林植物造景的科学性应该体现在植物造景规划设计的不同层面，不仅体现在对植物种植条件的科学选择、植物群落的科学结构等层面，还应该体现在区域、城市或整体的科学布局结构。根据绿地的不同功能属性，来确定其规划设计形式和植物造景的艺术表达手法。

设计者根据设计委托方提出的设计要求及绿地性质进行植被规划，总体规划层面下的植被规划图纸应表述清楚植被规划的种植构思，进而设计出功能分区、造景分区、组织空间，确定主要植物材料。园林种植方案图要反映园名、分区（景区）名、空间组织及全园基调树、分区骨干植物。规划图纸常用的比例尺为 1：500～1：1000。

5.2.1 植物造景规划构思

5.2.1.1 方案构思

植物造景，方案构思极为重要，方案构思的优劣决定整个设计的质量。好的设计在构思立意上有独到和巧妙之处。“意在笔先”是创作之首。设计者在下笔作图前必定先对需要设计的绿地进行构思，确定主题思想，即立意。立意不是凭空想象，也不要程式化，立意可根据总平面图提供的地形、小品或广场名称，或当地的典故、传说等展开丰富想象，进行文字加工，成为园名、景区名，又按园名、景区名安排空间、选择植物，完成种植方案。

5.2.1.2 案例

上海北外滩汇山地块原为仓储码头用地，其北侧为住宅、办公综合用地，西侧隔公平路为新外滩花苑，东侧为瑞丰国际大厦商业办公项目，地块进深狭小，防汛墙阻碍人流交通与观江视线。

若干年前，上海市规划局计划将黄浦江所有滨水区建成并连接起来，打造一个连续流的公共绿地公园，因此邀请了国内外多个设计团队参与，初步分析研究工作，为黄浦江滨设计制定了全面的设计指南。以此为契机，打造了一个广泛的北外滩造景方案，一个旨在展示上海航运文化的窗口，一个旨在展示更健康城市生活的“阳台”，未来上海最具港口文化特色的滨水造景带。

上海市虹口区北外滩滨江绿地 C 区（图 5–8）汇山地块，东起秦皇岛路轮渡站，西至公平路轮渡站，北侧为在建的上海国际航运服务中心项目及拟建的大连路泵站搬迁工程，南临黄浦江。基地用地面积为 42785m²，其中码头及观景平台面积为 18186m²。北外滩地区位于苏州河和黄浦江交汇处，与外滩、陆家嘴呈现出“黄金三角”之势，隔杨树浦路以北为提篮桥历史文化风貌区。北外滩滨江绿地 C 区域的造景打造不应该只是普通的绿地建设，而应该是上海建设国际航运中心窗口的重要组成部分，其造景建设的目标是打造上海航运文化的窗口、城市生活的“阳台”。

图 5–8　滨江绿地 C 区总体鸟瞰

5.2.2 功能、造景分区

5.2.2.1 功能分区与造景分区的设计

通常在城市造景方案的设计构思阶段主要包括了功能结构设计分析、道路系统设计分析、造景结构设计分析及绿化与植物设计分析等内容。造景首先应满足涉及区域用地使用功能上的要求，以及方便快捷的区域内外交通联系。如果忽视使用功能和交通等一系列问题，则很难设计出好的造景作品。

每个公园、游园都要在考虑功能性造景布局的基础上进行分区，有以功能为主的功能分区，有以造景为主的造景分区，面积较小的游园不必设管理处或花圃、苗圃等区域，可设功能与造景结合在一起的功能造景分区。在居住区游园中，往往根据不同年龄段游人活动规律、不同兴趣爱好的需要，确定不同的分区，以满足不同的功能需要。文化娱乐区是园之“闹”区，人流相对较为集中，可置于较中心地带；安静休息区是园之“静”区，占地面积较大，可置于相对静且远的地带，也可根据地形分散设置；儿童活动区相对独立，宜置于入口附近，不宜与成人体育活动区相邻，更不能混在一起，如若相邻，必以树林分隔；观赏植物区应根据植物的生态习性安排在相应的地段。不同区域间某些位置需要遮阴或引导视线，某些位置需要遮挡视线或隔离噪声，某些位置需要建设林荫道路，广场需要遮阴等。种植设计需要结合不同使用功能区域进行分析、选择、搭配，还要结合植物造景协调各功能使用区域之间的相互关系，比如相互借景或者隔离，需要结合不同功能区的主要功能，形成不同植物的形式和风格。在考虑造景功能前要考虑生态功能，如是否适地适树、哪些植被可形成水边的植物群体、哪些植被可形成山坡植物造景群、需要遮阴的位置如何考虑林下植被造景群等。分区是示意性的，可用圆圈或抽象图形表示。分区的景名犹如画龙点睛，能提升园区的品位，应加强文化气息，并与全园的主题相扣。

5.2.2.2 举例

（1）贵州安顺市虹山湖公园

虹山湖公园剖面图，见图 5–9。地块高差复杂是虹山湖公园设计的难点之一。原场地南侧现存茂密林木，中部与西侧最大相对高差约 16m，西侧和东侧散落民宅。微创介入的核心设计手法被设计团队贯彻始终，利用原有竖向关系、人地关系、植被关系因势造景，轻设计、重本源。

场地内原有两处低洼区，积水来源于周边地形带来的地表径流和降雨，夏季洪涝严重。设计师将东侧低洼坑塘转化为潮汐湖，见图 5–10，搭配围合景墙和水生态植被，满足了儿童的戏水需求，兼顾雨水收集调蓄的生态功能。

图 5-9　虹山湖公园剖面详解

图 5-10　虹山湖公园改造后的潮汐湖

潮汐湖岸边设有可以游乐互动的叠石水景（图 5−11），水景的水取自潮汐湖内，人们可以通过阿基米德取水器装置将水源引入水杉湿地，经过一系列水循环回到潮汐湖。

图 5−11　潮汐湖岸边可以游乐互动的叠石水景

西侧地势低洼区积水严重，本不适宜布置住宅建筑，但是早期城市规划没有正确理解人地关系，设计师将原有的老旧民宅移除，将其建造成一处雨水花园，展示海绵城市“渗、蓄、滞、净、用、排”的六大要点。以生态方法蓄水、净水，需要时将水加以利用。被木栈道和灯芯草环绕的雨水花园和外形简洁的造景亭（图 5−12）成为这一片区的视觉中心。从远处望去如同一面澄澈的圆镜，映照出两棵洋槐树的婆娑姿态，仿佛能够将世间万物都收进这隅小小的空间里。

针对原场地较为复杂多样的地形，设计师利用高差不同的挡墙处理石材断面（图 5−13），对中部及潮汐湖花园附近的高坡进行了趣味的围合。

场地的植物设计基于细致的走访调查，在充分考虑本土植物应用以展现安顺地域特色的基础上，兼顾外来游客参观需求，增加了观赏性较强的植物创造的独特景色（图 5−14、图 5−15），坚持生态、低成本养护和可持续原则，以“四时有景、处处皆景”为导向。

图 5-12　雨水花园和造景亭

图 5-13　利用高差不同的挡墙处理石材断面

图 5-14　虹山湖公园观景台藏在一片现状树林中

图 5–15　虹山湖公园观景台夜景

（2）新加坡丰树商业城

新加坡丰树商业城利用可持续发展的设计理念，在对大面积绿色植被的管理中，设计师设置了一系列小丘（图 5–16），不仅能够抵御暴雨，还能够使较为平坦的地面变为富有动态的空间，以容纳各种各样的活动。小丘的形态和朝向顺应了当地的风向以及一期与二期建筑之间的人流走向。树木品种的选择是在肯特岗公园进行物种鉴定和研究后的结果，保证了植物的存活率。不同尺寸和成长阶段的树木以较为随意的形式排布，形成了真正的森林形态。在森林的低处混合种植了当地的矮木和少量较高的灌木，形成枝繁叶茂的造景。多种花木、果树及灌木增强了森林作为蝴蝶、蜻蜓、鸟类和其他野生动物的栖居地的属性，最大化地维持了生物多样性。

在雨水管理方面，每个小丘脚下都设有生态湿地，从而能够有效地调节水系形态（图 5–17），同时使水流缓慢地被沙层过滤。被预先过滤的雨水最终会集中在最低点，随后流向蓄水池并用于灌溉。蓄水池的尺寸可容纳供 7 天使用的灌溉水量，搭配雨水监测系统，水池可自动在雨天蓄水，并足以维持新加坡岛上的相对湿度。

绿色区域并不止于建筑的边缘。这些植物一直延伸至建筑表面（图 5–18），并能够接受 45 度角的阳光照射。一些森林中常见的典型耐阴植物被挑选种植在该区域，以保证森林的长期生长。此外，场地中还设置了众多娱乐及多功能体育设施，如足球场、篮球场、户外健身站和慢跑道等。这些设施外部与肯特岗公园相连，与带有滤沙功能的“生态池”共同为各种水生植物和鱼类提供了健康的生态环境，并使丰树商业城二期成为独特的生活、办公及娱乐场所。

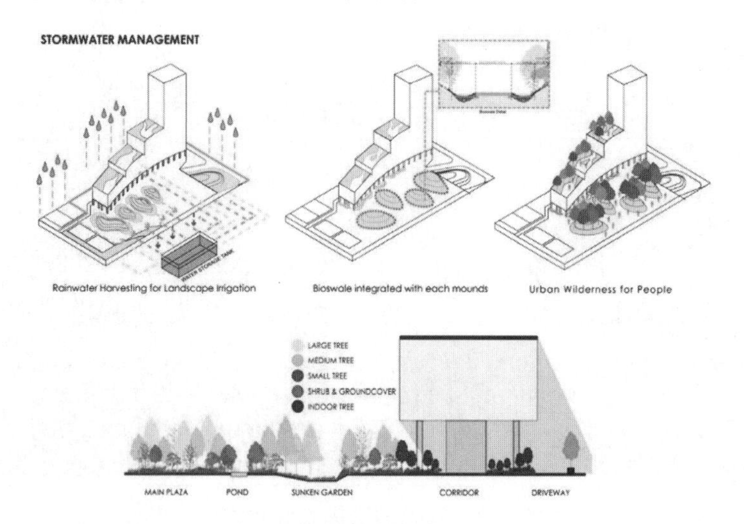

图 5-16　小丘的设计

图 5-17　丰树商业城生态湿地调节了水系形态

（3）山东胶州三里河公园

三里河中段是为行政中心服务的，在新世纪到来之际，为新城形象打开了新的局面。而三里河下游是服务于商务中心的，更具备开放性、活跃性、生态性，更能突出市民群众的参与性，是都市可持续发展的综合体，也是连接城市的生态、经济、文化的纽带。

图 5-18　丰树商业城绿色植物一直延伸至建筑表面

图 5-19　胶州三里河公园海绵城市系统示意图

从造景愿景的角度出发，胶州市中央商务区需要深化自身的结构，未来参照的不是北上广的鳞次栉比的建筑群，而是借助滨水环境，打造充满人文情怀和城市活力的梦想之所。

城市雨洪一直深刻影响着我们城市居民的生活，为改善这一情况，需要深入研究海绵城市的生态理念，运用多重手段构建一块生态有机的城市海绵。海绵城市是新一代城市雨洪管理的概念，是指城市在适应环境变化和应对雨水带来的自然灾害等方面具有良好的“弹性”，也可将这种城市称为“水弹性城市”，国际通用术语为“低影响开发雨水系统构建”，下雨时吸水、蓄水、渗水，需要时将续存的水“释放”或加以利用（图 5-19）。

结合胶州市的降雨环境等因素以及三里河公园下游段的区位关系进行综合考虑。在设计绿地竖向关系时有意识地结合从公路到水岸边的退进节奏，逐渐向水岸边降低标高，构建多个可消减雨洪的雨水花园（图 5–20）。再通过雨水花园种植乔灌、花草，形成小型雨水滞留入渗设施，用于收集道路场地的雨水，利用土壤和植物的过滤作用净化雨水，形成收集（含分流）、过滤、储存和释放（利用）为一体的低影响开发雨水系统。

图 5–20　胶州三里河公园雨水花园与栈道叠合

（4）广东广州大鱼公园和梅州琴江 · 老河道湿地公园

客观地说，在项目的设计中能够具备良好的设计理念和构思原则的方案并不多见，这就需要设计师运用自己的创造性、专业性和严谨性对初步的概念方案再进行不断的推翻、借鉴与重组，进行多方案的比较，确定最终的设计方案，这将直接影响特定项目的最终实施的可能性。

建筑师藤本壮介希望将白云山的意向“借用”到社区，试图营造一种关于未来人居环境新的范式，将现场小规模工业造景转变成人与自然融合的“未来森林”。响应建筑的“林”，我们把造景定位为“水”；林是鸟的天堂，水是鱼的家园。广州的大鱼公园和梅州的琴江 · 老河道湿地公园已成为当地居民户外活动的重要场所（图 5–21）。

图 5−21　从大鱼公园的湿地花园看亲水平台、草坡地形和儿童活动区

如图 5−22 所示，老河道湿地公园恢复生态栖息地，拆除刚硬的混凝土驳岸，采用生态驳岸，为各种挺水植物、浮水植物和沉水植物提供生境，提高生物多样性。把现有水道的直道改弯，通过沉淀、曝气、植物过滤，延长水在净化区域的停留时间，促进水体营养物质被生物所吸收。

图 5−22　老河道湿地公园生态驳岸

5.2.3 空间组织

5.2.3.1 植物与空间组织

植物在组织空间方面发挥着重要作用。利用树木的高度、密度围成边界，产生聚合感；游园西北方向如不是特殊造景所需，经常用密林围合成封闭空间，为全园阻挡西北风并形成小气候；在同一块大草坪中为了同时满足众多游人与个别游人的需要，也往往进行大小空间的划分；利用不同植物材料围合成不同的植物空间，能赋予空间不同的功能；种植方案图中不同分区运用不同的空间组合，分区之间往往用封闭密林加以分隔。还要根据实际的现场条件、生态和造景功能考虑植物造景的疏密关系。植物的疏密关系是植物空间或平面整体构成关系，要达到收放自如、疏密有致，如开阔的草坪、密植的树林、精致的植物小景互相形成一个网络关系，且空间的网眼大小不等，这样收放自如的植物造景才具有丰富的空间和美感。

以贵州安顺的虹山湖公园为例，见图 5−23 至图 5−25。当雨季来临时，雨水打在植被上，使植被或倒伏或倾斜，最后汇入积洼地。随着持续的降雨，积洼地水位逐渐升高，直至溢入虹山湖内，这是场地中最原始的自然状态。设计师在设计过程中非常注重适应这种自然动态过程，力图向使用者展现自然过程中的动态造景。适应性造景即因适应而产生的造景，是设计团队认为场地得到的最佳造景效果。

图 5−23　虹山湖公园奇幻森林区内的阳光草坪

如图 5-24 所示，以现状大雪松为中心，几条碎拼小路、几块恬静的花境、几处坐凳，形成了一处精致有序的小空间；粉黛乱子草长成一片粉色的海洋，阳光照耀下仿佛一条朦胧的薄纱。

图 5-24　虹山湖公园以现状大雪松为中心设置碎拼小路、花境和坐凳

图 5-25　虹山湖公园的碎拼小路、花境和坐凳形成精致有序的小空间

在空间打造方面，以新加坡丰树商业街为例，见图 5−26、图 5−27，小丘的形态定义了人流的走向和一些用于活动的口袋空间。沿路边分布的户外就座空间和小丘上较为隐蔽的空间皆促进了彼此及其各自与自然环境之间的交互。圆形的绿色露天剧场被设置在场地一角，作为举办特殊活动或表演时的集会场地使用，在平时则用作安静的休息空间。这项设计鼓励工作中的人们走出办公室，将吃午餐、小组合作、会议组织或讨论等一些上班时的寻常活动带入自然环境，从而激发人们的创造力，帮助人们形成健康的生活方式。

图 5−26　丰树商业街小丘形态定义了人流走向

a. 丰树商业街圆形露天剧场位于场地角落

b. 户外就座空间

图 5−27　活动的口袋空间

5.2.3.2 儿童空间组织

如图 5−28、图 5−29 所示，基于儿童对公园的期待，设计师在置入互动功能时充分考虑了场地原本的地形地貌，将一处面积较大的斜坡因势利导改造成儿童攀爬乐园。除此之外，还在植被茂盛的地带建造了几处林荫花园，为久居城市的孩子们提供更多亲近自然、感受自然的机会和场所。

孩子是公园的活力和生机之源，一摊柔软的细沙、几处攀爬木桩，公园便成了他们的专属游乐场。通过对儿童空间的尺度、材料、趣味性等元素的研究，借助地形处理，营建受儿童欢迎的户外活动空间，使孩子们可以在各类非动力乐园中扩展动手能力，获得持续的快乐。

图 5–28　虹山湖公园儿童乐园远观及儿童滑梯

图 5–29　虹山湖公园因势利导改造成儿童攀爬乐园

如图 5−30 所示，儿童活动区，几株大庭荫树的冠下空间为儿童提供了游戏、活动的空间；儿童的奔跑、嬉闹需要开阔场所，孩子要处于大人看护的视线范围内，因此广场、草坪、缓坡组成开放性空间是最常应用的。老年人活动量较小，在老年活动区里，一般散步、聊天、跳舞、打拳、观景等活动需要的空间类型较多。跳舞、练剑的活动场所用开放性空间；聊天、下棋可用冠下空间；散步可在封闭空间；观景常采用半开放空间。安静休息区，要体现宁静的环境，因此常由风景林组成封闭空间，其间也设计小型开放空间的林中空地，林前设花架、休息亭榭这种可远观美景的半开放空间更是常用的组景。

图 5−30　大鱼公园中草坡地形里的游乐空间

5.2.4 植物材料安排

园林种植设计成功与否的关键就是植物材料的安排及植物种植，在种植方案中先考虑植物材料的安排。

根据种植构思中的立意，考虑植物的苗木来源、规格和价格等因素，选择当地的乡土植物，以切实做到“适地适树”，并适当应用已经引种驯化的长势良好的外来及野生植物。

植物材料的安排主要是确定全园的基调树种及各景区的骨干植物。基调树的种类不宜多，根据游园、公园的面积，1～2 种、2～3 种即可，但每种树栽植的数量要多，以其数量来体现全园种植基调。骨干植物即园中景区内栽植的主要植物种类，每个景区可规划 5～6 种、8～9 种，各景区的骨干植物可以重复，而且应该体现出全园的基调树。

以贵州安顺市的虹山湖公园为例，见图 5−31 至图 5−33，场地南侧原为儿童公园区，年久失修、设施破败、污染物堆积，造成大量空间浪费。设计团队发现这片区域绿化基底条件良好，留有许多现状大树，因此充分考虑地形和现状树是设计过程中从一而终的原则，利用现有林木进行场地的二次设计。保留老公园优良现状大树，延续场地记忆，同时建立起与现代人的休闲需求相适应的功能场地，重新激发绿色空间，新场地焕活老公园，现状树支撑新场地，相得益彰。

图 5−31　虹山湖公园现状树支撑新场地

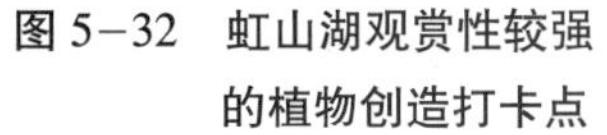

图 5−32　虹山湖观赏性较强的植物创造打卡点

图 5−33　虹山湖公园的树木和草坪

5.2.5 园林植物造景规划的意义

5.2.5.1 整体结构的造景意义

园林造景的构成中，园林植物起着重要的作用，是形成园林外部空间的重要因素。人们对于植物造景的欣赏与认识是由对园林植物的个体审美开始的，首先人们更多关注的是植物鲜艳的花朵、优美的形态等。随着人类社会的进步与艺术思想的发展，在园林植物造景设计中萌发了将植物进行人工组合的造景意识，因此产生出模纹花坛、节结园、植物造景群落等不同的植物造景类型，将植物个体的审美转向了植物的造景组合。所有这些不同的组合方式均可以理解为园林植物造景的局部表象。然而，园林是一个艺术的整体，对于造景的感知应该是整体的。在园林植物设计的过程中，对植物造景格局有整体性的把握具有重要的结构性意义。

在园林植物造景规划设计中，很多现有研究的侧重点均放在了植物造景的局部表象特征上，对植物造景的整体性、结构性还缺乏科学、系统的研究。1994 年，由彼德 · 沃克（Peter Walker）和墨菲/扬（Murphy/Jahn）建筑事务所设计建成的德国慕尼黑凯宾斯基酒店花园（图 5−34），反映出沃克对园林植物造景结构整体性的良好的把握能力。

图 5−34　德国慕尼黑凯宾斯基酒店花园

在设计中，沃克采用了简洁的植物造景语汇，即绿篱、林荫道、规则式的林阵、草坪和多年生花卉，植物种类的选择也比较简单。使用绿篱等传统的植物造景手法反映出沃克对欧洲古典规则式园林的理解和传递造景文脉的设计理念。新的结构形式表现出其对现代艺术的偏爱和追求。花园观赏是以流动观赏和酒店的鸟瞰观赏为主，其布局结构强调整体形式的秩序与变化，由点、线、面三种元素构成。

花园布局采用了网格式的形式，斜插的道路将绿地的不同部分联系起来形成主要的功能通道。网格与建筑的轴线形成 10°左右的角度，增加了造景的变化与活跃，与建筑轴线垂直种植的杨树与建筑构图产生对接关系。通过在网格的边缘栽植绿篱强调线性的几何秩序，又形成了绿篱围合的小面状空间。在网格轴线的交点，布置方形的绿篱块，形成局部节点空间的强调。

5.2.5.2 造景形式的动态与科学性

园林植物造景艺术的最大特征是空间艺术与时间艺术的完美结合。随着年代的变化和更替，园林中的植物造景呈现出不同的造景外貌。随着季节的变化，园林植物造景形成了不同的季相植物造景，甚至一天中的阴晴变幻，也给园林植物造景带来了不同的艺术情感。所有造景是动态的、变幻不定的。随着时间的流逝，造景也在不断变化着，由一种形态变成另一种形态。园林中的造景组成与建筑等其他艺术的不同点在于构成园林造景的主体性因素不同，园林植物是有生命的有机体，而建筑等其他艺术往往是由无机的材料所构成。植物材料在一年四季和整个生命过程中都是发展变化的。

目前我国的城市化进程促进风景园林事业飞速发展，园林植物造景建设也越来越受到重视。但发展过程中表现出许多急功近利的做法。例如，将大树移植进城，植物栽植的高密度，大量栽植冷季型草坪而忽略乡土植物，湿地风、生态风等问题，甚至希望通过当年的栽植就能形成良好的造景。这种无视园林植物造景基本科学规律的做法，只能对自然资源产生极大的破坏，造成不必要的经济浪费。因此，应提倡的是科学的、动态的园林植物造景方法。

5.2.5.3 通用美学原则的局限性

从目前园林植物造景的理论研究状况来看，指导园林植物造景的艺术原则体现在以下几个不同的层面。

（1）通用层面。对普遍性艺术法则的应用，如多样统一的原则、调和的原则、均衡的原则、韵律和节奏的原则等，这些原则对于所有的艺术形式都具有普遍的指导意义和价值，也是园林植物造景应该遵循的基本艺术原则。但笼统的艺术法则在园林植物造景的过程中，有时难以把握和体现。

（2）微观层面。园林植物造景局部构图的艺术手法，如自然式植物种植的美学三角形、草坪空间中的植物设计，这些设计手法对形成局部的植物造景的构图和形式具有重要的指导意义。当规划设计区域面积加大，很难用这些法则来控制植物造景的整体结构。

（3）结构层面。针对园林整体用地结构，在园林总体规划布局的指导下，对园林植物造景进行总体的规划布局，是园林总体规划设计中的一个重要层面，是形成园林植物造景的整体性、结构性的艺术法则。但对于中观层面的园林植物造景的理论目前缺乏深入的研究。

5.3 园林植物造景初步设计

园林植物造景初步设计是园林植物造景规划工作的进一步深化，是园林植物造景施工设计的基础。重点是选择适宜的植物种类来体现和落实园林植物造景规划中的各种目标与概念。如选定植物造景群落的栽植方式与构成的植物种类，孤植、丛植、群植的植物种类，花境、花坛和色带植物的材料等。

这一阶段，园林植物造景初步设计应提交种植平面图。图纸绘制常用比例为1：300～1：1000。完善的植物设计方案应包括以下内容：图纸上应明确标注出常绿乔木、落叶乔木、常绿灌木、落叶灌木及非林下草坪等不同的种植类别，重点表示其位置和范围，对原有古树、名木和其他植被的保护利用提出明确的措施与方法；编制出初步设计的苗木表，表示出植物的中文名称、拉丁学名、种类、胸径、冠幅、树高等，统计种植技术指标、种植总面积（其中包括地下建筑物上覆土种植面积、屋顶花园种植面积）、乔木树种名称及总棵数、灌木名称及总面积、地被名称及总面积、草坪名称及总面积。

5.3.1 植物种类的选择

5.3.1.1 粗选植物

选择植物品种的程序首先是粗选植物。根据项目基地主要环境的限制因子，如公园内部水体周围主要限制因子为水，则需要配对搜寻前面现场调查过的植物品种，确定所在城市适合的与水因子有关的植物品种。而对于面积较大的项目，如公园等，首先要确定基调树种。基调树种是用于保持造景统一性的品种，一般来说，基调树种种类的数量要少，但相似度要高，公园项目基调树种为当地主要乡土树种，但总植株数量多。基调树的大量种植反映全园的种植整体，基调树主要安排于路网、水系、边界及各景区内。入口广场是路网的起点，是游人必经之道，游人通过道路行走、观景，体会种植整体，因此园路旁种植基调树是正确的选择。根据游园面积及园路宽度，一般在入口广场及主园路两旁选用基调树做规则式种植；而宽度较小的主路或二级路则可交错地于一旁栽植，起到遮阴及组景效果；小路旁则选择道路转角或地形变化处点缀基调树。这样从主路、次路、小路组成的路网上都有基调树的栽植，形成路网的种植整体。如果有 2～3 种基调树，则可分段、分区地进行种植。经典案例如图 5-35 至图 5-38。

图 5-35　虹山湖公园林下种植耐阴地被，芦苇灯点缀其中

图 5-36　胶州三里河公园围绕国槐打造复合的多功能草坪

图 5-37　胶州三里河公园保护利用原有水杉

图 5-38　胶州三里河公园原生冠法桐与草台阶的穿插关系

园中水体有时为单一的湖、池，有时由跌水、小溪、湖面组成水系，水旁植树除选择耐水湿的树种外，也应点缀些许基调树，满足水边造景及遮阴功能之需，尤其是水系较复杂、水面较大的游园，在确定基调树时，可以安排一种耐水湿的种类，这样在水系周围也能极好地体现园之基调。

边界树的种植形式较多，临城市干道的边界要有变化的小空间和各类种植类型，使园外的人们也能欣赏园内造景，而在园西北角或与邻为界的边界，则出于功能需要可以常绿叶与落叶结合、乔灌木结合组成相对密闭的空间，这里也是基调树种大量应用的场所。在各分区内，结合景区立意也数量不等地种植基调树，有时点缀数株，有时群植一片，形成优美造景。这样，基调树在路旁、水旁、边界、景区内随处可见，真正地体现园林的种植整体与种植基调。

5.3.1.2 确定主要品种

主要品种是用于增加变化性的品种，即主调、转调、配调树种，品种的数量要多，但植株总数量要少。公园内部每个景点均有不同的植物造景，如转弯处需要转调树种、入口处需要对景植物，也就是主调树种等。

原则上提倡多植物群落原则，但并非植物品种越多越好。对一般的小区来说，15～20 个乔木品种、15～20 个灌木品种、15～20 个宿根或禾草花卉品种已足够满足小区生态方面的要求。

5.3.2 植物初植的冠幅和数量

苗木越大成活率越低，苗木越小成活率越高。但是苗木过小，则短期内不能形成良好造景效果和生态效应。所以，应根据造景要求和生态功能共同确定植物初植的冠幅和数量。

一般建议大乔木胸径以 10～12cm 的完整植株较为适宜，最多不超过 15cm。当然，有时候为了满足短期效果，可以通过采用增加乔木的密度和增加大灌木的数量（高度 1～2.5m）等方式，还可以考虑在种植初期密植，而在后期采取部分植株移走的办法，或者是慢生树种和速生树种相互结合的办法。选择植株成熟的程度也决定了种植间距，在实际过程中，可以根据植物生长速度的快慢适当调整植物数量，如移走或补充等。

在绘制园林种植设计图时一般按 1：250～1：500 的比例作图，乔灌木冠幅以成年树树冠的75%绘制。如16m 冠幅的乔木，按75%计算为12m，按1∶300的比例作图，应画直径4cm 的圆。以此计算出不同规格的植物作图时所画的冠幅直径。初学者可以根据总平面图的比例，在草图纸旁用画圆模板画出一系列计算结果圆以表示不同规格的植物冠幅。具体做种植设计图草图时不必每株树木都用画圆模板，只要一看旁边的系列圆圈就能立即画出相应冠幅的树木，这也可以锻炼初学者徒手绘制树木平面图的能力。

绘制成年树冠幅（75%）一般可以分成如下几个规格：大乔木10～12m，中乔木6～8m，小乔木4～5m；大灌木3～4m，中灌木2～2.5m，小灌木1～1.5m。

初学者往往把握不准树木的冠幅，把雪松、油松的冠幅画得比大乔木还大，这是不恰当的，也常常混淆乔灌木冠幅的规格。因此要求设计者平时注意观察记载，熟练掌握乔灌木树种的冠幅大小，才能准确、合理地绘制种植设计图。有些设计师不顾乔木、灌木的种类，一律以乔木5m、灌木2.5m 作图，这是不科学的，这样的结果必然造成植物后期缺乏生长空间而拥挤紊乱，最终达不到预期的设计效果。

5.3.3 种植设计布局

总平面图上规划了整体布局安排，作为种植设计，必须遵照其布局进行植物种植，一般在游园入口、广场、主干道两侧多采用规则式种植，选择相同或相似植物，对称或拟对称左右栽植，通过整齐规划的种植方式，使气氛更加热烈，如图5−39所示。而在自然山体、水体、园路、小品旁则多采用自然式种植，选择乔灌花草等同种或不同种植物，经合理搭配，组成相应的植物栽培群落，使造景变化多致，自成天然之趣。

图5−39　滨江绿地C区设计范围组团植栽与慢跑道

植草沟是公园将场地排水、地表汇水、土壤过滤和渗透、植物栽植整合为一个整体的关键，如图 5-40 所示。植草沟是指种植可过水的草本植物，作为下凹绿地。一方面公园植草沟本身可以储存一部分雨水（约 500m^3），可以起到慢排缓释的功效；另一方面，当强暴雨时，植草沟溢流雨水进入雨水花园，多出来的雨水再进入河床。

图 5-40　胶州三里河公园生态植草沟

5.3.4 种植疏密布置

设计图的种植疏密是极为重要的整体着眼点，展开图纸，第一眼看到的就是图面上植物的疏密布置。根据种植方案图的空间安排，已经规划了园中的疏密，在设计图中就要用植物种植来体现。全园的植物种植不能均匀布置，要有封闭密林，也要有空旷草坪，具体到各个分区中，也必须有植物围合的小空间。初学者往往把握不住种植的疏密布置，认为种植设计就是在图上画圆，把该种的地块全部画满就算完成。这种画法和说法是不准确的，正确的做法应该是“疏可行马，密不容针”。在平面上，“疏”则为空旷草坪、缀花草地、郁闭度极小的疏林，马可在其间自由地行走；而“密”则是由乔灌草组成的复层混交群落，立面上完全密闭，形容针也容不下身。因此，根据种植方案全园布置了面积较大的密林，又安排了相应的草坪；各景区也把握住疏密有序的种植，这样在功能上满足了不同分区对空间的要求，在造景上也产生疏密、明暗、开合的对比效果。经典设计见图 5-41。

a.胶州三里河公园广场上的矩阵榉树结合休闲座椅

b.胶州三里河公园咖啡屋旁的绿植疏密结合

c.大鱼公园草坡地形，周边设有座椅

图 5-41　种植疏密布置举例

5.3.5 季相变化

园林植物是有生命的素材——春，山花烂漫；夏，绿荫如盖；秋，叶果绚丽；冬，银干琼枝；春夏秋冬各有风采与妙趣。这是植物的季相美感，一个游园的植物造景总体给人的印象应是四时有景。但不能全园都是均匀的四季造景，各景区应自有特色，有的以鲜艳夺目的春景为主，有的以清凉舒畅的夏景见长，有的以色彩明丽的秋景著称，有的以苍翠挺拔的冬景取胜，更有芬芳馥郁的芳香圃、万竿绿竹影参天的竹景等。总之，把握住全园植物造景的季相变化，根据种植方案图要求布置各景区的季相造景，它们各有特色，而不千篇一律，就能呈现出丰富多彩的种植效果。经典设计见图 5-42。

a. 滨江绿地 C 区树池与造景座椅结合夏景

b. 滨江绿地 C 区树池与造景座椅结合秋景

图 5-42 季相变化

5.3.6 植物比例

种植设计选择了多种植物材料，有常绿有落叶，有乔木也有灌木，在布置植物种植类型、统计各种植物数量时，要符合常绿树与落叶树比例及乔木与灌木比例。常绿树与落叶树比例是根据设计地的气候带及植被区域来决定的。华北地区处于暖温带，植被区域为落叶阔叶林，种植设计以落叶植物为主体，为丰富漫长冬季造景，必须种植常绿树，主要是常绿针叶树，常绿树与落叶树比例以 1∶3～1∶4 为宜；长江中下游地区处于亚热带，植被区域为常绿阔叶林，种植设计以常绿植物为主，为丰富四季季相变化，园林中常绿树与落叶树比例常采用 1∶1～2∶1；华南地区为南亚热带及热带，植被区域为常绿阔叶林及雨林，种植设计以常绿植物为主，常绿树与落叶树比例为 3∶1～4∶1。

园林绿地中以木本植物，尤其是乔木树种为主体，担当起防护、美化、结合生产的重要作用，灌木、花卉以其色彩、芳香点缀其间，平面上成片栽植，立面上组成丰富多彩的植物造景。因此在种植设计时，乔木与灌木的比例一般采用 1∶1～1∶2（1∶3）。花卉、地被的应用比例一般不做数量化规定，按立意、布局于园中布置花坛、花境、花丛、花带等，使园中造景更绚丽多彩。而草坪的面积一般不超过总栽种面积的 20%。

5.3.7 分区植物造景营造

按种植方案图的分区立意营造植物造景，使各分区的造景相互联系、相互过渡，进而烘托全园的主题。植物造景的类型多种多样，空旷草坪、缀花草地、孤植园景树、树丛、树群等布置于区内各个部位，体现景区的意图。此外，各类植物结合置石、雕塑、小品等组成小景也能达到极佳的效果。

各分区按种植构思、立意布置了各自的造景，景区中又组合有树丛、树群等，这些造景与造景之间、树丛与树群之间的过渡要自然，要有联系，以使造景相互交融，即常说的“你中有我、我中有你”，绝不可千篇一律，造成生硬的感觉。一个树丛、树群由几种植物组成，必须使它们结合成一个有机的整体，切不可使每种植物自成一体。不同地段上各有不同树种为重点，但在交接处必须有所交错、渗透，使造景的变化不显突兀。经典设计见图 5–43、图 5–44。

初学者往往不知道如何过渡、交融，常常把景区内要栽植的植物“分堆”安排，堆与堆之间截然分开而无联系，缺乏美感。

大鱼公园具体的设计布局、功能划分、路线设计综合了许许多多的因素，包括周边的城市界面和不定因素（需要隔离的铁路、尚未改造的城市排洪排污沟、未来城市档案馆及施工通道、未来社区、远期规划道路临时用地等），而这些因素往往是设计初期需要综合考虑的。

a. 实景内港种植区

b. 办公区植栽与铺装结合

c. 办公区植栽

图 5-43 滨江绿地 C 区植物造景营造

a. 工业元素与绿植景观相结合

b. 儿童活动区俯视图

图 5-44 大鱼公园植物造景营造

北京植物园的碧桃园与丁香园相邻而建，中间仅以小园路分隔。碧桃园内桃花盛开，景象万千；丁香园中串串紫花相继开放。在满眼桃花的小园路旁先出现一株高大的暴马丁香，似乎是丁香园的“先遣”，暴马丁香后仍是成丛的碧桃，后面又出现若干株紫丁香；园路两旁栽植碧桃，形成花径，在丁香园一侧的碧桃外栽植多量的暴马丁香；在碧桃园一侧的碧桃外点缀几株暴马丁香，人们走在园路上，两旁是统一的碧桃花径，而外侧的暴马丁香让人感觉到丁香园在即。这种景区之间不显生硬的痕迹、自然过渡的做法值得学习。

5.3.8 视线焦点安排

种植方案图上做了视线分析，视线终点应安排景物，焦点景物是景区空间的标志性景物，需要精心安排。视线焦点景物可以是建筑、置石、小品、雕塑，也可以是一株高大的园景树、精美的树丛或一组壮丽的树群。

观赏园中美景时，除了在观景点上观望外，主要是通过人们在园路中行进时向两旁观望。人们在园路中行进，产生了观景者与周围环境的动态关系，设计者应于路旁设计可停、可观、可赏的景物以产生步移景异的效果，这些可观望的景物于路两旁间隔设置，尤其在路的转折点进行有效的设计，突出折点的造景作用。路旁造景多数利用植物材料组成疏密不同的小空间，有时密林一段，在郁闭的林中小径中穿行，有时两旁空旷草坪或半封闭空间引导视线向一方观景，有时又通过树干框造景。这样时暗时明、时密时疏、时思索时观望，达到步移景异的效果。

路旁设计植物造景，不能都紧贴路边而没有观赏视距，应该有时紧靠路栽植，近观花朵的美姿，有时离路远些安排树丛、树群，视线穿越草坪地被观望植物的群体组合。初学者往往对如何设置步移景异的造景不甚理解，种植无从下手，常常于路旁均匀种植而不成造景。其实这不难解决，主要是确立几个观景视点，根据路的弯曲或起伏，在路的起点或转折处或路中某处设定几个观景视点，从视点处向左向右、时近时远、时疏时密，观树丛、观孤立树、观色彩、观姿态等，按意图即可布置。

5.4 园林植物造景种植施工与管理

在种植设计方案完成后，就要着手绘制种植设计施工图。种植设计图包括设计平面表现图、种植平面图、详图以及必要的施工图解和说明。由于季相变化，植物的生长等因素很难在设计平面图中表示出来。因此，为了相对准确地表达设计意图，还应对这些变动内容进行说明，种植设计图可以适当加以表现。种植设计施工图是种植施工的依据，其中应包括植物的平面位置或范围、详尽的尺寸、植物的种类和数量、苗木的规格、详细的种植方法、种植坛或种植台的详图、管理和栽后保质期限等图纸与文字内容。

施工图设计应满足施工安装及植物种植需要，满足设备材料采购、非标准设备制作和施工需要，满足编制工程预算的需要。设计文件一般包括设计说明和图纸，种植施工设计图纸常用比例为 1∶500～1∶1000，局部节点施工图设计可采用 1∶300 的比例。

（1）造景工程设计的定义

造景工程设计是指关于工程项目总体布局、细部设计等的结构构造、材料做法以及设备、施工等方面的施工设计。它包括方案设计后的扩初设计和施工设计，以及相关方面的设计。它是进行工程施工、编制施工图预算和施工组织设计的依据，也是进行技术管理的重要技术设计。它的特点是图纸齐全、表达准确、要求具体。

（2）造景工程设计的深度要求

①能够根据工程设计编制施工图预算。

②能够根据工程设计安排材料、设备订货及非标准材料的加工。

③能够根据工程设计中的施工设计进行施工和安装。

④能够根据工程设计中的施工图进行工程验收。

（3）造景工程设计的主要任务

造景工程设计是造景的最后阶段。造景工程设计的主要任务是满足施工要求，即在初步设计或技术设计的基础上，综合造景园建、建筑、结构、设备各工种，相互交底，核实校对，深入了解材料供应、施工技术、设备等条件，把满足工程施工的各项具体要求反映在图纸上，做到整套图纸齐全、准确无误，使项目工期、成本、质量能够得到更好控制。

5.4.1 种植施工准备

种植工程施工前必须做好各项施工的准备工作，以确保工程顺利进行。准备工作内容包括：掌握资料、熟悉设计、勘查现场、制订方案、编制预算、材料供应和现场准备。

（1）掌握资料。在种植工程施工前，应了解掌握工程的有关资料，如用地手续、工程投资来源、工程要求等。

（2）熟悉设计。在种植工程施工前，应熟悉设计的指导思想、设计意图，以及图纸、质量、艺术水平的要求，并由设计人员向施工单位进行设计交底。

（3）勘查现场。施工人员应了解设计意图，并组织有关人员到现场勘查，勘查内容一般包括：现场周围环境、施工条件，电源、水源、土源、交通道路、堆料场地、生活设施暂设的位置，以及市政、电信应配合的部门和定点放线的依据。

（4）制定方案。工程开工前应制定施工组织设计，具体包括以下内容：工程概况，确定施工方法，编制施工程序和进度计划，施工组织的建立，制定安全、技术、质量、成活率指标和技术措施、现场平面布置图等。

（5）编制预算。应根据设计概算、工程定额和现场施工条件、采取的施工方法等编制施工预算。

（6）材料供应。供应的材料有特殊需要的苗木、材料，并应事先了解来源、材料质量、价格、可供应情况。

（7）现场准备。做好现场的"三通一平"，搭建暂设房屋、生活设施、库房，与市政、电信、交通等有关单位配合好，并办理有关手续。

园林植物造景施工设计的标准应参考《建筑场地园林造景深度要求》(06SJ805)。施工图设计文件应包括设计说明及图纸两个部分，其内容应达到以下要求：满足施工安装及植物种植需要，满足设备材料采购、非标准设备制作和施工需要，能够作为依据来编制工程预算。

5.4.2 种植设计说明书

园林植物造景种植设计说明书应符合城市绿化工程施工及验收规范的要求,具体向甲方及施工人员、养护管理人员说明以下内容：对种植设计的原则、构思，植物造景的安排，苗木种类、规格、数量、植土要求，种植场地平整要求，苗木选择要求，种植季节施工要求，栽植间距要求，屋顶种植的特殊要求和其他需要说明的内容；从而保证种植设计得以顺利实施。园林种植设计说明书主要包括如下几部分：

（1）项目概况

（2）种植设计原则及设计依据

（3）种植构思及立意

（4）功能分区、造景分区介绍

（5）附录

（6）用地平衡表，主要包括建筑、水体、道路广场、绿地占规划总面积之比例

（7）植物名录，主要包括编号、中文名、学名、规格、数量、备注

植物名录中植物排列顺序分别为乔木、灌木、藤木、竹类、花卉地被、草坪。乔灌木中先针叶树后阔叶树，每类植物中先常绿后落叶，同一科属的植物排列在一起，最好能以植物分类系统排列。

（8）苗木规格，具体如下：

①针叶树：树高（m）×冠幅（m）

②阔叶乔木：胸径（cm）

③阔叶灌木：株高（m）

④藤木：地径（cm）或苗龄

⑤花卉地被：株数/m^2

⑥草坪：面积（m^2）

同一树种若以 2 种规格应用，则应分别计算数量。如雪松：规格 3m×2m，数量 3 株；规格 1.5m×1m，数量 12 株。

5.4.3 造景施工设计流程

5.4.3.1 扩初设计

（1）扩初设计的定义

简单地说，扩初设计就是完成并通过专家组方案评审后，设计者要结合专家组方案评审意见，进行深入一步的设计。

（2）扩初设计与方案设计、施工图设计的关系

①扩初设计与方案设计、施工图设计的联系。扩初设计是方案设计到施工图设计的中间环节，在设计中起着承上启下的作用，是将方案深化、具体化的重要工作，可以检测初步方案的不足，能为以后作施工图打下良好基础。扩初设计是施工图设计的前提和必要条件，首先能给甲方提供一个更加直观也就是尺度感上的定位，这样有利于跟甲方之间的沟通，同时也有利于下一步施工图的绘制。

②扩初设计与施工图的区别。扩初设计是指在确认方案的基础上做出的对概念性方案外观、材质、大小、位置高低关系等方面进行解释表达的图形语言，这一步是对方案阶段进行的概念性方案的矢量化图形的表达。施工图是基于扩初设计方案并结合现场，通过图形符号、文字标注以及图片说明等综合方式来详细解释设计理念的可行性的设计语言。

（3）扩初设计的设计方法

方案评审会结束后，设计方会收到专家组评审意见。设计负责人必须认真阅读，对每条意见都应该有一个明确答复，对于特别有意义的专家意见，要积极听取，立即落实到方案修改稿中。

在扩初文本中，应该有更详细、更深入的总体规划平面，总体竖向设计平面，总体绿化设计平面，建筑小品的平、立、剖面（标注主要尺寸）。在地形特别复杂的地段，应该绘制详细的剖面图。在剖面图中，必须标明几个主要空间的地面标高（路面标高、地坪标高、室内地坪标高）、湖面标高（水面标高、池底标高）。

扩初设计评审会上，专家们的意见不会像方案评审会那样分散，而是比较集中，也更有针对性。根据这些意见，我们要介绍扩初文本中修改过的内容和措施。一般情况下，经过方案设计评审会和扩初设计评审会后，总体规划平面和具体设计内容都能顺利通过评审，这就为施工图设计打下了良好的基础。总得说，扩初设计越详细，施工图设计越省力。

5.4.3.2 造景施工图的设计

一般来讲，在园林造景绿地的施工图设计中，施工方需要的图纸是：总平面放样定位图（俗称方格网图），竖向设计图（俗称土方地形图），一些主要的大剖面图，土方平衡表（包含总进、出土方量），水的总体上水、下水、管网布置图和主要材料表。

同时，这些图纸要做到两个结合：各专业图纸之间要相互一致，能够自圆其说；每一种专业图纸与今后陆续完成的图纸之间，要有准确的衔接和连续关系。

前面所提到的是要先期完成的一部分施工图，以便进行即时开工。紧接着就是要进行各个单体建筑小品的设计，其中包括建筑、结构、水、电的各专业施工图设计。

5.4.3.3 造景施工图预算编制

严格来讲，施工图预算编制并不算是设计步骤之一，但它与工程项目本身有着千丝万缕的联系，因而有必要简述一下。

施工图预算是以扩初设计中的概算为基础的，该预算涵盖了施工图中所有设计项目的工程费用。其中包括：土方地形工程总造价，建筑小品工程总价，道路、广场工程总造价，绿化工程总造价，水、电安装工程总造价等。

根据大部分设计师设计项目所得经验，施工图预算与最终工程决算往往有较大出入。其中的原因各种各样，影响较大的是：施工过程中工程项目的增减，工程建设周期的调整，工程范围内地质情况的变化、材料选用的变化等。

5.4.3.4 造景施工图的交底

甲方拿到施工设计图纸后，会联系监理方、施工方对施工图进行看图和读图。看图属于总体上的把握，读图属于对具体设计节点、详图的理解。

之后，由甲方牵头，组织设计方、监理方、施工方进行施工图设计交底会。在交底会上，甲方、监理、施工各方提出看图后所发现的各专业方面的问题，各专业设计人员将对口进行答疑。一般情况下，甲方的问题多涉及总体上的协调、衔接，监理方、施工方的问题常提及设计节点、大样的具体实施，双方侧重点不同。由于上述三方是有备而来，并且有些问题往往是施工中的关键节点，因而设计方在交底会前要充分准备，会上要尽量结合设计图纸当场答复，现场不能回答的，回去考虑后要尽快做出答复。

5.4.3.5 造景师的施工配合

在工程建设过程中，设计人员的现场施工配合是必不可少的。设计的施工配合工作往往会被人们所忽略。其实，这一环节对设计师、对工程项目本身恰恰是相当重要的。

甲方对工程项目质量的精益求精和对施工周期的一再缩短，都要求设计师在工程项目施工过程中，需要经常踏勘建设中的工地，解决施工现场暴露出来的设计问题、设计与施工相配合的问题。如有些重大工程项目，整个建设周期就已经相当紧迫，甲方普遍采用“边设计边施工”的方法。针对这种工程，设计师更要勤下工地，结合现场客观地形、地质、地表情况，做出更合理迅捷的设计。

5.4.4 施工图纸内容及要求

一套完整的造景施工图要包括以下内容。

（1）总图部分包括封面、图纸目录、设计说明、总平面图、铺装总平面图、种植总平面图、总平面放线图、竖向设计总平面图等。

（2）分部施工图部分包括图纸目录、设计说明、建筑（构筑物）施工图、雕塑小品施工图、铺装施工图、灯具布置图、照明设计图等。

除此之外，还有结构工程、电气工程和给排水工程，该部分设计一般都由相关专业人员进行协助设计，造景人员并不需要进行该部分的设计工作。

园林植物造景施工设计图纸常用比例为 1∶300～1∶500，应注明指北针和风玫瑰图，并应明确标注出场地范围内的各种植物种植类别、位置，以图例或图例与文字标注结合等不同的方式区别常绿乔木、落叶乔木、常绿灌木、落叶灌木、藤本植物、多年生宿根花卉、草坪地被植物等。

种植施工设计的苗木表应重点标明植物的中文名称、拉丁学名、苗木规格、数量、修剪要求等。乔木应明确树高、胸径、定干高度、冠幅等；灌木和树篱可按高度、棵数与行数计算，应标明其修剪高度等；草坪地被植物应明确标注出栽植要求和栽植面积；水生植物标注出名称、数量。

对于种植层次较为复杂的区域应该绘制分层种植图，即分别绘制上层乔木的种植施工图和中下层灌木及地被等的种植施工图。种植设计的技术决定了设计素材使用的成功与否，如果设计的位置不恰当，植物将不能充分展现其潜力，应遵循以下一般规则以达到植物生长的最佳条件。

（1）种植间距。选择的种植地点要保证植物达到其成熟期时有足够的空间生长，种植过密会造成植株之间对光照、土壤养分和生长空间的过度竞争。

（2）种植时间。栽培工程应尽量在植物休眠期进行，确因工程需要，常绿树可以在任何季节栽种，但要细心维护，尽可能减少根部损伤。但一般情况下落叶树木应在停止生长期间栽种。

（3）土壤要求。种植坑的大小根据植株而定，必要时可做一些土壤的改良，如果土太厚或沙太多，则增添一些淤泥或腐殖土之类的有机物。

（4）工期安排。及时完成栽植规划申报，在相关的绿地条例法规中，不同规模用地的绿化面积、植物量、树种、配置有不同的规定，应考虑申报的时间因素。有计划地安排整地、采购苗木、种植以及交叉施工等时间，对大规模树木要尽量提前采取断根等技术措施。

（5）养护管理。“三分种七分养”，园林绿地的养护管理水平对造景的持续与发展起着决定性的作用。主要包括树木的支撑围护、肥水补给、复剪、施工现场清理、病虫害防治等措施，保证植物的成活及植物造景建成、稳定与发展。

下面我们就以西安世界园艺博览会中咸阳园的施工设计图为例，详细叙述工程施工图的图纸内容及要求。

5.4.4.1 总图部分

总图部分图纸编号为 Z××，如 Z09。因总图部分要表达的内容较多，图纸内容应采用 A1 或 A0 图幅，同套图纸、图幅统一。总图部分图纸内容具体如下：

（1）封面：包括工程名称、工程地点、工程编号、设计阶段、设计时间、设计公司名称，见图 5-45。

图 5-45　封面

（2）图纸目录：主要体现本套施工图的总图纸纲目。

（3）设计说明：包括工程概况、设计依据、设计要求、设计构思、设计内容简介、设计特色、各类材料选用、绿化设计等。

（4）总平面图：详细标注方案的道路、建筑、水体、花坛、建筑小品、雕塑、设备、植物等在平面中的位置及与其他部分的关系；标注主要经济技术指标、地区风玫瑰图。图纸比例为 1：2000、1：1500、1：1000、1：500 或 1：800、1：600。

（5）索引总平面图：如果项目平面面积较大，则应该在总平面中（隐藏种植设计）根据图纸内容的需要用特粗虚线将平面分成相对独立的若干区域，并对各区域进行编号。图纸比例设置为 1：2000、1：1500、1：1000、1：500 或 1：800、1：600。（注：分区平面仅当总平面不能详细表达图纸细部内容时才设置。）

（6）总平面放线图：详细标注总平面中（隐藏种植设计）各类建筑、构筑物、广场、道路、平台、水体、主题雕塑等的主要定位控制点及相应尺寸标注。图纸比例为 1：2000、1：1500、1：1000、1：500 或 1：800、1：600，见图 5–46。

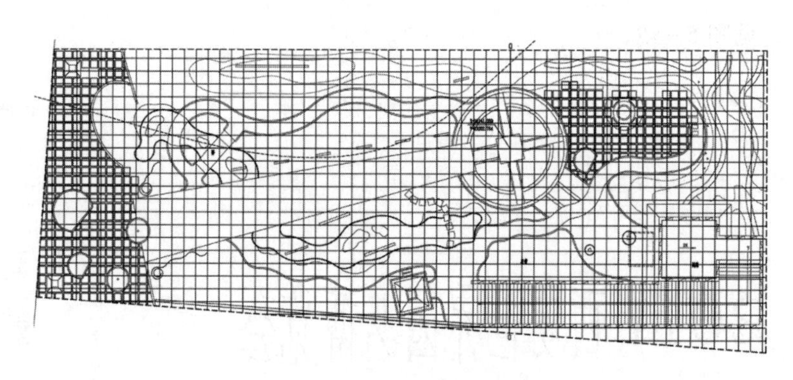

图 5–46　总平面放线图

（7）定位放样总平面图：详细标注总平面中各类建筑、构筑物、广场、道路、平台、水体、主题雕塑等的主要尺寸。图纸比例为 1：2000、1：1500、1：1000、1：500 或 1：800、1：600。

（8）坐标定位总平面图：详细标注总平面中各类建筑、构筑物、广场、道路、平台、水体、主题雕塑等的相应坐标。图纸比例为 1：2000、1：1500、1：1000、1：500 或 1：800、1：600。

（9）竖向设计总平面图：在总平面中（隐藏种植设计）详细标注各主要高程控制点的标高，各区域内的排水坡向及坡度大小、区域内高程控制点的标高及雨水收集口位置，建筑、构筑物的散水标高，室内地坪标高或顶标高，绘制微地形等高线、等高线及最高点标高、台阶各坡道的方向（标高用绝对坐标系统标注或相对坐标系统标注，在相对坐标系统中标出 0 标高的绝对坐标值）。图纸比例为 1：2000、1：1500、1：1000、1：500 或 1：800、1：600。

（10）种植平面图：在总平面中详细标注各类植物的种植点、品种名、规格、数量，植物配置的简要说明，苗木统计表。图纸比例为 1：2000、1：1500、1：1000、1：500 或 1：800、1：600。

5.4.4.2 **分部施工图部分**

分部施工图包括：建筑构筑物施工图、铺装施工图、雕塑小品施工图、地形假山施工图、种植施工图、灌溉系统施工图、水景施工图。为方便施工过程中翻阅图纸，本部分图纸均选用 A3 图幅。

图纸内容具体如下：

（1）建筑构筑物施工图（图纸编号：J-××）

建筑（构筑物）平面图、立面图、施工详图及基础平面图：详细绘制建筑（构筑物）的底层平面图（含指北针）及各楼层平面图；详细标出墙体、柱子、门窗、楼梯、栏杆、装饰物等的平面位置及详细尺寸，绘制门窗、栏杆、装饰物的立面形式、位置，标注洞口、地面标高及相应尺寸标注，各部分详图，以及建筑（构筑物）的基础形式和平面布置。图纸比例为 1：200、1：100 或 1：300、1：150、1：50。

（2）铺装施工图（图纸编号：P-××）

①铺装分区平面图：详细绘制各分区平面内的硬质铺装花纹，详细标注各铺装花纹的材料材质及规格。重点位置平面索引。图纸比例为 1：500、1：250、1：200、1：100 或 1：300、1：150。

②局部铺装平面图：铺装分区平面图中索引到的重点平面铺装图，详细标注铺装放样尺寸、材料材质规格等。图纸比例为 1：250、1：200、1：100 或 1：300、1：150，见图 5-47。

③铺装大样图：详细绘制铺装花纹的大样图，标注详细尺寸及所用材料的材质、规格。图纸比例为 1：50、1：25、1：20、1：10 或 1：30、1：15。

④铺装详图：包括室外各类铺装材料的详细剖面工程做法图、台阶做法详图、坡道做法详图等。图纸比例为 1：25、1：20、1：10、1：5 或 1：30、1：15、1：3。

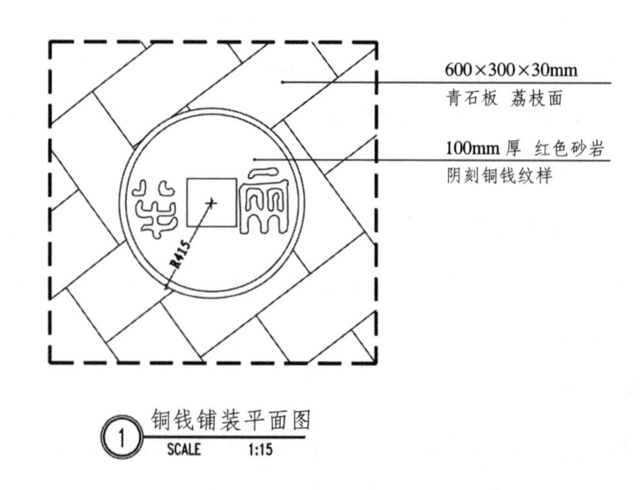

图 5-47 局部铺装平面图

（3）雕塑小品施工图

①雕塑平面图：雕塑平面造型及尺寸表现图。图纸比例为 1∶50、1∶25、1∶20、1∶10 或 1∶30、1∶15、1∶5，见图 5-48。

②雕塑立面图：雕塑立面表现图（包括立面形式、装饰花纹、材料标注、详细尺寸）。图纸比例为 1∶50、1∶25、1∶20、1∶10 或 1∶30、1∶15、1∶5。

③造景小品平面图：包括造景小品的平面形式、详细尺寸、材料标注。图纸比例为 1∶50、1∶25、1∶20、1∶10 或 1∶30、1∶15、1∶5，见图 5-49。

④造景小品立面图：包括造景小品的主要立面、立面材料、详细尺寸。图纸比例为 1∶50、1∶25、1∶20、1∶10 或 1∶30、1∶15、1∶5。

⑤造景小品做法详图：包括局部索引详图、基座做法详图。图纸比例为 1∶25、1∶20、1∶10 或 1∶30、1∶15、1∶5。

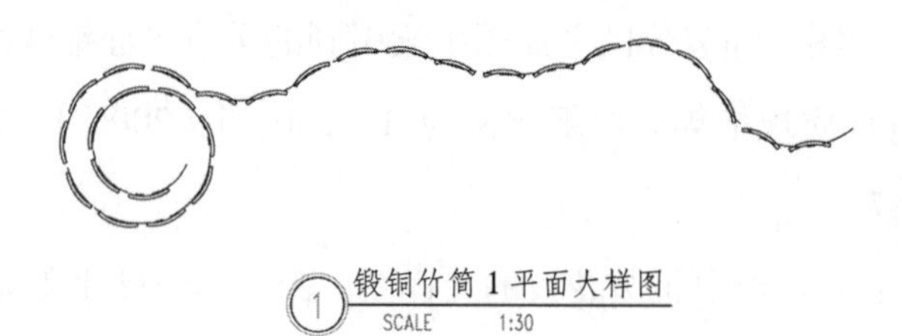

图 5-48 雕塑平面图

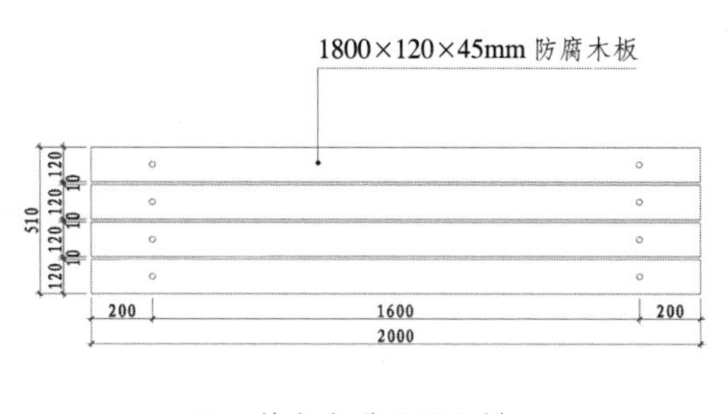

图 5−49　造景小品平面图

5.4.4.3 给排水施工图、电气施工图

该部分图纸由相关专业人员协助设计提供，本章将不做详细介绍。

5.4.4.4 造景工程施工图制图规范

（1）编制依据

①关于总图的制图标准；

②关于建筑制图的标准；

③造景工程施工图设计流程。

（2）制图规范

表 5−1 为国家标准工程图图纸幅面及图框尺寸。

表 5−1　国家标准工程图图纸幅面及图框尺寸

尺寸代号	A0	A1	A2	A3	A4
B×L	841×1189	594×841	420×594	297×420	210×297
C	10			5	
A	25				

注：加长图幅为标准图框根据图纸内容需要在长向（L 边）加长 L/4 的整数倍，A4 图一般无加长图幅。总工办已制作有 A3～A0 幅面的标准图框及加长图框，可直接调用。

考虑到施工过程中翻阅图纸的方便，除总图部分采用 A0～A2 图幅（视图纸内容需要，同套图纸统一）外，其他详图图纸采用 A3 图幅。根据图纸量可分册装订。

（1）图纸标题栏（简称图标）

具体包括以下内容，标准图标示例见图 5−50。

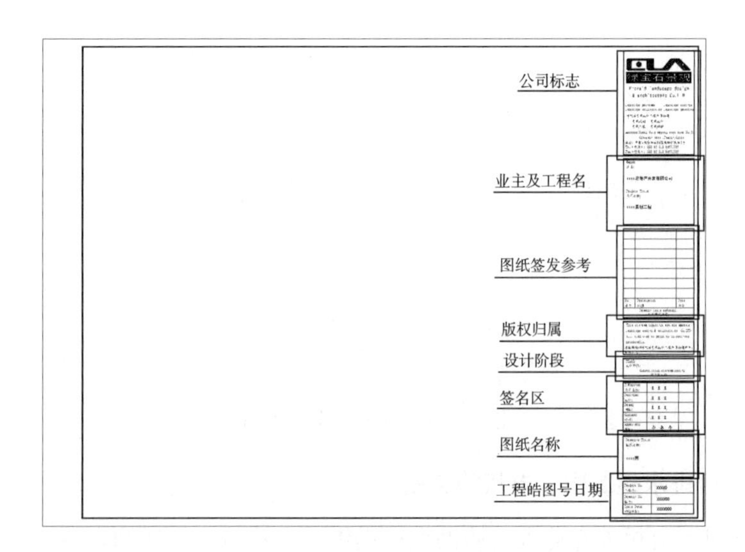

图 5-50　标准图标示例

①公司标志：为中文公司名称。

②业主及工程名：填写业主名称和工程名称。

③图纸签发参考：填写图纸签发的序号、说明、日期。

④版权归属：中英文著名的版权归属。

⑤设计阶段：填写本套图纸所在的设计阶段。

⑥签名区（包括项目主持）：由项目设计主持人签字。

⑦设计：由本张图的设计者签字。

⑧制图：由本张图的绘制者签字。

⑨校核：由本张图纸的校对者签字。

⑩审核：由本张图的审核者签字。

（2）绘图比例

选定图幅后，根据本张图纸要表达的内容选定绘图比例，见表 5-2。

表 5-2　绘图比例

项目	内容
常用比例	1：1、1：2、1：5、1：10、1：20、1：50、1：100、1：200、1：500、1：1000、1：2000、1：5000、1：10000、1：20000、1：50000、1：100000、1：200000
可用比例	1：3、1：15、1：25、1：30、1：40、1：60、1：150、1：250、1：300、1：400、1：600、1：1500、1：2500、1：3000、1：4000、1：6000、1：15000、1：30000

（3）图形线

根据图纸内容及其复杂程度要选用合适的线型及线宽来区分图纸内容的主次。为统一整套图纸的风格，对图中所使用的线型及线宽做出了详细的规定，见表 5–3。

表 5–3　线型和线宽规定

单位：mm

线型	线宽
特粗线	0.70
粗线	0.50
中线	0.25
细线	0.18

（4）字体

图纸上需书写的文字、数字、符号等，均应笔画清晰、字体端正、排列整齐。图及说明的汉字、拉丁字母、阿拉伯数字和罗马数字应采用楷体 GB2312，其高度（h）与宽度（w）的关系应符合 w/h=1。

文字字高选择要求如下：

①尺寸标注数字、标注文字、图内文字选用字高为 3.5mm。

②说明文字、比例标注选用字高为 4.8mm。

③图名标注文字选用字高为 6mm，比例标注选用字高为 4.8mm。

④图标栏内须填写的部分均选用字高为 2.5mm。

（5）符号标注

①风玫瑰图。在总平面图中应画出工程所在地的风玫瑰图，用以指定方向及指明地区主导风向。地区风玫瑰图查阅相关资料或由设计委托方提供。

②指北针。在总图部分的其他平面图上应画出指北针，所指方向应与总平面图中风玫瑰的指北针方向一致。指北针用细实线绘制，圆的直径为 24mm，指针尾宽为 3mm，在指针尖端处注明“N”，字高 5mm，见图 5–51。

③定位轴线及编号。平面图中定位轴线用来确定各部分的位置。定位轴线用细点画线表示，其编号标注在轴线端部用细实线绘制的圆内，圆的直径为 8mm，圆心在定位轴线的延长线或延长线的折线上。平面图上定位轴线的编号应标注在图样的下方，横向编号用阿拉伯数字按从左至右顺序编号，竖向编号用大写拉丁字母（除

I、O、Z 外）按从下至上顺序编号，见图 5–52。

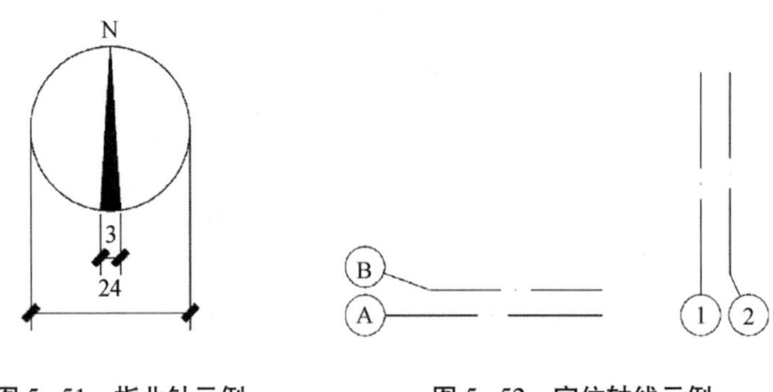

图 5–51　指北针示例　　　　图 5–52　定位轴线示例

在标注次要位置时，可用在两根轴线之间的附加轴线。附加轴线及其编号方法见图 5–53。

一个详图适用于几根定位轴线时的轴线编号方式，详见图 5–54。

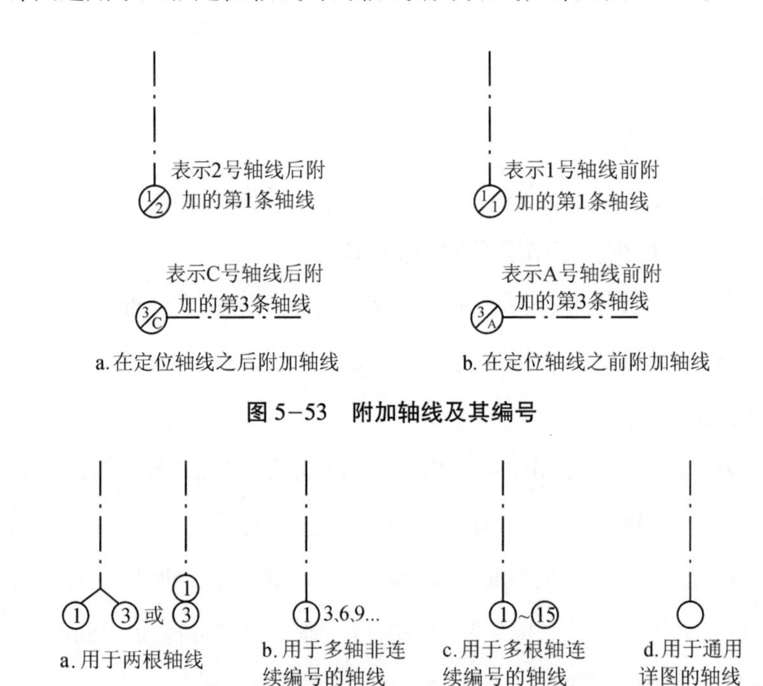

图 5–53　附加轴线及其编号

图 5–54　一个详图适用于几根定位轴线时的编号

④索引符号及详图符号。对图中需要另画详图表达的局部构造或构件，在图中的相应部位应以索引符号索引。索引符号用来索引详图，而索引处的详图应画出详图符号来表示详图的位置和编号，并用索引符号和详图符号相互之间的对应关系，建

立详图与被索引的图样之间的联系，以便相互对照查阅。

a. 索引符号及其编号。

索引符号的圆及水平直径线均以细实线绘制，圆的直径应为 10mm，索引符号的引出线应指在要索引的位置上。引出的是剖面详图时，用粗实线段表示剖切位置，引出线所在的一侧应为剖视方向。圆内编号的含义为：上行为详图编号，下行为详图所在图纸的图号。具体标注形式见图 5−55。

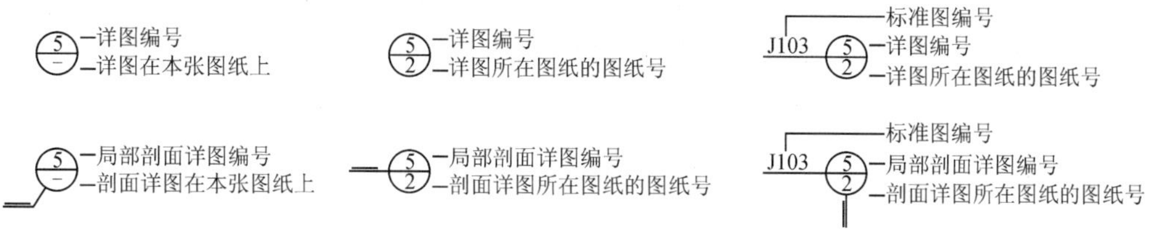

图 5−55　索引编号

b. 详图符号及其编号。详图符号以粗实线绘制直径为 14mm 的圆，当详图与被索引的图样不在同一张图纸内时，可用细实线在详图符号内画一水平直径，圆内编号的含义为：上行为详图编号，下行为被索引图纸的图号，见图 5−56。

图 5−56　详图符号

（6）尺寸标注

①尺寸界线：尺寸界线用细实线绘制，应与被注长度垂直，一端应离开图样轮廓线不小于 2mm，另一端宜超出尺寸线 2～3mm。必要时，图样轮廓线也可用作尺寸界线。

②尺寸线：尺寸线用细实线绘制，应与被注长度平行，且不宜超出尺寸界线。尺寸线不能用其他图线替代，一般也不得与其他图线重合或画在其延长线上。

③尺寸起止符：尺寸起止符应用中实线的斜短画线绘制，其倾斜方向应与尺寸界线成顺时针 45°角，长度宜为 2～3mm。半径、直径、角度与弧长的尺寸起止符号宜用箭头表示。

④尺寸数字：图上尺寸应以尺寸数字为准。图样上的尺寸单位除标高及在总平面图中的单位为米（m）外，都必须以毫米（mm）为单位。尺寸数字应依据其读数

方向写在尺寸线的上方中部，如没有足够的注写位置，最外边的尺寸数字可在尺寸界线外侧注写，中间相邻的尺寸数字可错开注写，也可引出注写。尺寸数字不能被任何图线穿过。不可避免时，应将图线断开。

⑤尺寸的排列与布置：

a. 尺寸宜标注在图样轮廓线以外，不宜与图线、文字及符号相交，但在需要时也可标注在图样轮廓线以内。尺寸界线一般与尺寸线垂直。

b. 互相平行的尺寸线，应从被注的图样轮廓线由近向远整齐排列，小尺寸应离轮廓线较近，大尺寸离轮廓线较远，图样外轮廓线以外最多不超过三道尺寸线。

c. 图样轮廓线以外的尺寸线，距图样最外轮廓线之间的距离不宜小于 10mm，平行排列的尺寸线的间距宜为 7～10mm，并应保持一致。总尺寸的尺寸界线应靠近所指部位，中间的分尺寸的尺寸界线可稍短，但其长度应相等。

⑥标高：标高是标注建筑物高度的另一种尺寸形式。其标注方式应满足下列规定：

a. 个体建筑物图样上的标高符号以细实线绘制。

b. 总平面图上的标高符号应涂黑表示。

c. 标高数字以米（m）为单位，注写到小数点以后第三位；在总平面图中，可注写到小数点后二位。零点标高应注写成±0.000；正数标高不注“+”，负数标高应注“−”。标高符号的尖端应指至被注的高度处，尖端可向上，也可向下。

d. 在图样的同一位置需表示几个不同标高时，标高数字可按图 5−57 所示的形式注写。

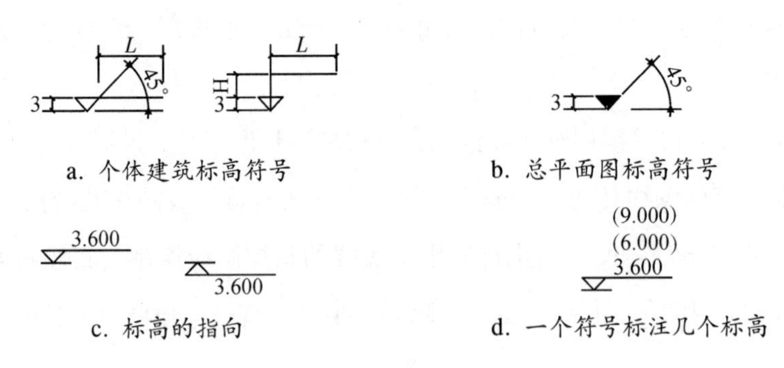

图 5−57　标高符号及其画法规定

第 6 章　园林植物造景案例解析

6.1　园林植物造景实地调研案例

6.1.1 南京市明城墙公园植物造景

6.1.1.1 南京明城墙风光带

南京作为六朝古都，有着众多的文化遗迹，其中明城墙为人们所瞩目，其规模宏大，是砖石结构城墙的典范。明朝是一个大一统的朝代，建都南京，因此南京明城墙也是江南具有代表性的都城城墙，目前保存状况较好，历史价值较高，同时也极具文化、艺术等价值。

本书选择这里为实地调查对象，主要关注这里的植物群落，了解其特征所在，以典型群落类型为目标，对其进行考察。但由于无法摆脱主观性，并且存在一定局限性，可能导致数量有限、范围较窄，结果出现偏差，不能反映真实情况，无法体现出总体特征，只是大致揭示了这些群落的基本特征。

6.1.1.2 武定门—集庆门段

（1）研究地概况

此群落位于集庆门和中华门城堡之间，在后者的西侧，宽 30m，与其他城墙相比，此处城墙的宽度不高。该处虽然是古城墙的一部分，但是并未被打造成重点景点，鲜有人驻足，平时只供日常穿行。鉴于上述种种原因，此处的植物配置较为简单。

（2）公园植物群落物种组成分析

此群落中，共 16 科 17 属 18 种，其中，乔木 4 科 4 属 4 种，裸子植物 2 种，灌木 9 科 10 属 11 种，草本 3 科 3 属 3 种。常绿树种 11 种，多为常绿阔叶林。

（3）公园植物造景特征

在此群落中配置了许多观赏性花木，其中一些为春季观花树种，如梅花、红花醉浆草等，见图 6–1。另有一部分为夏季观花树种，其中也包括红花酢浆草，另外还有夹竹桃等。夹竹桃也是秋季观花树种，另外还有桂花。如银杏、马蹄金等，这两种皆为观叶型树种。而红花棍木和杜英为常色叶树种。除此之外，还会有一些观树型树种，如雪松等。

图 6–1　武定门段植物造景现状

◎从道路两旁的列植情况来看，颜色各异，形状多变，质感不同。其中包括银杏等乔木，种类繁多，季相明显，对其进行了整体规划，因此较为统一，但也相对灵活。

园内观花观叶的一些小乔木或灌木，如杜鹃等，前者为列植的方式，后者为球状，散植。同时配有地被植物，使其整体错落有致，形成一定的起伏，打破了原有的单调。这一群落空间较小，整体较窄，丛植的方式并不合适，因此需要采取不同措施改造空间，利用植物的形态增加变化，通过植物的高矮制造出高低起伏的状态，也可以将其他因素引入其中，塑造多重空间，增加层次感。纵向可以利用各种方法，如形成质感对比，突破原有局限，使其富有变化，可以利用植物高低不同，营造不同的感觉，灌木丛可散植。

6.1.1.3 玄武湖段

（1）研究地概况

植物群落为玄武湖环湖路造景带“杉林氧吧”，主要由高大的水杉构成，一些小乔木点缀其中，但相对较少，另外中间是常绿灌木，底层为常绿地被。植物群落营造的氛围如梦如幻，身处其中心旷神怡，犹如仙境。

（2）公园植物群落物种组成分析

此群落中，植物共 10 科 11 属 12 种，其中乔木有 1 科 1 属 2 种，灌木有 6 科 6 属 6 种，草本有 2 科 3 属 3 种。常绿树 6 种，落叶树 2 种，为落叶针叶林。

（3）植物造景特征

在这个植物群落中，点缀了许多观赏花束，春季观的如杜鹃，夏季观的如美人蕉，见图 6-2。另外还有许多观叶树种，除了上述提及的水杉外，还有吉祥草等，水杉秋季叶色发生改变，极富美感。除此之外，还有观树型的树种，水杉也属于此类，另外如大叶黄杨等。

图 6-2　玄武门段植物造景

◎此处有山体，本身高低起伏，各种植物充斥其间，极富层次感。从高大的乔木，到低矮的灌木，再到最后的植被，鳞次栉比，一应俱全，极富趣味，更具有吸引力。可以保证带状绿地的连续性，而各层次又独具特色，自成一体，能够有步移景异的效果。

乔木层树种几乎全部为水杉，密度较大，林下活动空间大，夏季冠大荫浓，遮天蔽日。人们行走其间，太阳不会直射于身上，会感觉舒适凉爽。秋季时树叶发生变化，颜色向红色转变，又加上水生树木较多，放眼望去极为震撼。冬季树叶掉落，失去了遮挡阳光的作用，满足人们树影下的光照要求，因而可以在此休闲娱乐，感受冬日暖阳。其间会点缀一些小乔木，数量不多，种类相对单一，如几株桂花，散落在栈道旁，起到画龙点睛的作用。如果是在林下，那么中间层则是常绿灌草，郁郁葱葱，又不会遮挡视线。从整个群落来看，枝干结构简单，通透性好，在林间视线可以望向远处，统一的天际线与竖向线条相辉映，因城墙时隐时现，又有不一样的感觉。

这里可以为城墙边次生群落的植物配置提供参考，同时也可以为以山体作为屏障的城墙段的植物配置提供借鉴。次生群落相对稳定，长期在此生存，种类和数量变化不明显，但却能够起到烘托气氛的作用，与古城的苍老相应和，衬托出后者的古朴典雅，展现出历史的风貌。

6.1.1.4 南京明城墙公园植物造景营造借鉴

南京明城墙公园内次生群落的植物种类相对较多，以玄武门段为例，首先是高大的乔木做高处植物，可以见到刺槐等，和当地的阔叶林地带特征相似。这些主要为次生林，设计中充分利用其特性，因此被保留了下来，形成了优美的背景。林下有常绿草本，密度相对较大，见图 6−3。琵琶湖有大量麻楝，并种植有桂花，同时还有灌木，如山茶等。

图 6−3　南京明城墙公园内的植物造景

◎南京明城墙风光带造景类型丰富，多以人工群落为主，次生林散落其间，主要集中在部分城墙段。造景应用了多种植物，配置合理，层次丰富。

6.1.1.5 植物造景营造存在的问题

南京明城墙风光带植物选用不具地域特色，虽然当地有许多乡土植物，但是在营造过程中却没有被纳入，在这方面利用程度欠佳，见图 6−4。从植物品种来说，种类相对较为单一，因此丰富度不够，配置方式也同样如此。当地虽然选择了背景树种，但是主要以水杉为主，并且径级相类似。灌木同样如此，相对比较单一，并且大量密植，这样就会导致其生长受到影响，出现竞争状态，导致其发育缓慢，破坏原有的自然生长规律，有可能不利于树木的长期稳定发展。

图 6-4　明城墙内部分植物造景存在的问题

◎部分区域从植物品种来说相对较为单一，因此丰富度不够，配置方式也同样如此。并且部分区域城墙背景有较为高大的乔木遮挡视线，树形没有做到很好的修整，对人们欣赏城墙产生影响。

6.1.2 荆州市环城公园植物造景调查分析

6.1.2.1 研究地概况

荆州古城又被称作江陵城，是国务院批准的中国历史文化名城之一。荆州作为一座古城，在《三国演义》中有着刘备借荆州的典故，因此荆州古城墙作为当地的文化历史遗迹，具有特殊性与历史代表性，其较完好地保存维护修缮至今，和西安古城墙一样，当地政府积极参与保护古城墙遗址，当地市政府不光投入大量资金来进行管理维护，还设有专门的政府职能机构来负责相关的城墙文化及环城公园的宣传和推广。

荆州一直是兵家必争之地，古时候的城墙主要用于防御外敌，因此一直备受关注。城墙始建于 2600 多年前的周厉王时期，承载了许多历史信息，有着丰厚的文化底蕴，从中可以感受到历史变迁、时代更迭。这里曾是楚文化的发祥地，铸就了 800 年的辉煌；也曾是三国的文化中心，诉说了多少可歌可泣的故事。这里的城墙许多保留至今，相对于其他城墙来说较为完整，闻名遐迩，目前已成为富有特色的旅游区，是“三国主题”旅游中必不可少的部分，每年有大量游客光临。从现有保留情况来看，遗迹和景点多达 30 余处，顾客可以在这儿探幽访古、游览小憩。

古城墙是荆州历史中重要的一部分，也是具有代表性的标记，人们来到这里感受历史和时光的流逝，见图 6-5。这里承载着古城最深刻的记忆，也是当地文化的载体，是荆州古城的标记，同时也是发展旅游业的门户，需要加大力度对其进行保护。

图 6-5　荆州古城墙现状

6.1.2.2 公园植物群落物种组成分析

从绿地情况来看主要为人工植物群落、现有天然植物群落，因此具备不同的特征，相对植物的重复使用率较高，见图 6-6。从植物结构来说整体较为丰富，存在复层群落，根据地貌情况营造造景。有的地段相对比较复杂，如高层植物以乔木为主，另外有一些用小乔木点缀，之后是以灌木为主，底部为地被草坪，通过植物高低不同而营造不同结构，使其极为丰富。所应用的植物种类也较多，资源也十分丰富，同时也更容易适合此处环境。

图 6-6　公园内较为丰富的植物种类

通过实地调查统计有 165 种植物，被子植物 64 科，裸子植物 7 科，从乔木到灌木再到地被植物全都具备，另外还有竹类植物、水生植物等。

6.1.2.3 公园植物造景特征分析

在荆州古城绿地内，人工栽培植物超过 165 类，涵盖范围较广。在古城绿地中以被子植物为主，占有主导地位，并且覆盖范围较广。其中首先是乔木植物，其次是灌木植物，下层为地被植物，除此之外还会包括竹类植物。其中野生植物的种类相对较多，以草本植物最为多见。从物种情况来看，其中占有主要位置的是本地物种，总数超过 230 种，所占比例较高，接近 75%；另外还会包括一些外来物种，也能达到 70 余种。从本地物种情况来看，以野生草本植物为主，因此往往容易被淘汰，这就使整体绿化带失去了鲜明特征，不具有地域特色。从绿地植物应用情况来看，五大科相对较多，如蔷薇科等，见图 6–7。

图 6–7　园内乔木、灌木以及地被植物组合

从该公园的绿化植物来看，其中最多的为落叶乔木，其次为常绿灌木。前者高达 100 余种，其中大约 1/3 为常绿植物，其余的为落叶植物，比例为 1 : 1.8。从这一数值来看落叶植物相对较多，所占比例较大，这种布局本身具有合理性。落叶树种大多观赏性强，形态美观，花和叶都富有特征，颜色鲜艳，富于变化，具有季相性，与园林造景相契合，可以呈现出流动的色彩，展现出季节变化，使得整个造景独具特色，极具地方风格。

6.1.2.4 公园植物造景的营造借鉴

从该处绿地植物群落结构来看，占主要位置的为乔灌草类，并且各种种类相对较为丰富，单一的乔灌草类并不多见。选择这种植物大多是为了构建丰富的群落结构，这也是设计中的亮点。通过这种方式营造出层次感，并且使各自生长较为稳定，能够维护群落的长期性，这样既能够保证造景的效果，又减少了维护难度，同时具备生态效益。

6.1.2.5 公园植物造景营造存在的问题

荆州古城墙承载着深厚的历史，具有文化底蕴，保留至今实属不易，但是损坏难以避免。从目前情况来看，古城墙整体较为完整，许多局部出现了老化损坏的情况，裂纹、错位比比皆是，这些现象必须要加以关注。而且从管理情况来看，地方上并没有做到位，管理欠缺，保护不足，野生草类对城墙造成了较大伤害，木本植物的根系更是不容忽视，这些都会影响野生植物种类，导致其日益减少，生态发生变化。草木的设置相对杂乱，缺乏统一管理，必然会对景区的美观产生负面影响，使得古朴之气淡去，简约风格不再，其色调与灰青色城墙极不和谐，影响了城墙的原貌。

从荆州古城墙内垣土坡绿地主要植物来看，整体种类较少，多自然生长，有落叶乔木和常绿乔木，二者比例相当，是景区的主要部分，营造出绿叶成荫的景象，人们身处其中，会产生如在梦境之感。中层会有灌木，与乔木之间有高低落差，使得景色层次较为丰富。但总体种类较少，相对存在不足。另外还有野生草本植物，主要位于底层，但是缺乏特色，季相方面缺乏变化，比较单调。虽然在造景中注重层次感，但个性不足，过于单一，没有地域特色，生态气息不浓。

纵观整体状况，植物配置较为杂乱，没有个性，缺乏变化。一些区域乔木密植，地被层相对较差，种类缺乏丰富感，见图 6–8。水生植物管理较差，甚至造成污染，有的地段出现水土流失的现象，甚至引发危险，必须加以重视，采取有效措施，积极给予处理。公园目前管理明显不足，维护情况不理想，在此处需要进一步加强，见图 6–8。

a. 缺乏组织的植物配置

b. 缺乏维护的道路

图 6–8　荆州公园植物造景营造存在的问题

6.2 西安市环城西苑植物造景分析

6.2.1 西安市环城公园概况

6.2.1.1 西安市区位概况

西安古称长安，与雅典、开罗、罗马并称世界四大古都，是古代丝绸之路的起点。作为世界上历史悠久、文化底蕴深厚、古代城建设施保存完整的历史文化名城，有 7000 多年文明史、3100 多年建城史和 1100 多年建都史，有 “天然历史博物馆” 之称。西安地处关中平原中部，是国家确定的 3 个国际化大型城市之一、全国 9 个国家中心城市之一。

6.2.1.2 西安市园林植物造景概况

按照 2017 年西安市城市管理局编写上报的《城市绿化植物配置设计导则》(以下简称《导则》)，对未来若干年西安城市绿化总体规划、人行道品种的设计总体思路和原则，确定的人行道基准树种、常绿乔木与落叶乔木搭配的比例、行道树绿带的标准和种植规格等多个方面，进行了详细的规划，提出了城市绿化的具体要求。《导则》确定银杏、国槐、白皮松、悬铃木、独杆石楠为西安市基调树种。

在植物配置上，结合西安市城市建设绿化率不足的现状，《导则》规划：在城市道路绿地建设和城市广场绿地种植植物的搭配设计中，将以 “四季常绿、一路一景” 作为总则，以提升市区城市广场绿地和城区主要道路的绿化率和观赏指数为总体目标，按照四季常青的原则，搭配季相、色彩、背景和层次等变化，适当增加常绿乔木的比例，搭配观花、观叶等观赏植物，注重彩色叶植物的搭配比例。《导则》规划，将结合西安城市气候特点和城市绿地植物的现状，在结合其他城市绿化经验的基础上，按照常绿和落叶乔木 4 : 6 的配置比例，重点区域、重点地段、商业区可以提高到 5 : 5 的原则，最低配置比例为 3 : 7，针叶和阔叶比例不低于 2 : 3。《导则》要求，西安市城市广场绿化和城市道路绿地，要重点增加乔木树种的种植，便于提升生态效益，增加观赏指数和居民的幸福指数，并确定采用本地乔木树种必须占项目所需要的乔木树种总数的 70%以上，其中乔灌木覆盖率必须占绿地总面积 80%以上。

在植物种类选择方面，鉴于西安市市树是国槐的实际情况，《导则》中强调，绿化树种规划要把国槐和悬铃木、独杆石楠、白皮松等 4 种树种，作为西安市绿化的基准树种。《导则》确定 24 种乔木为西安市绿化骨干树种，并把 6 种常绿树种确定为重点采用的树种，并建议优先选用和选择，其中包含独杆大叶女贞、枇杷、广玉兰、油松、雪松、桂花；并推荐优先采用皂荚、玉兰、垂柳、柿树、樱花、椿树、元宝枫、七叶树、胡桃、白蜡、碧桃、苦楝、三角枫、枫杨、紫叶李、杜仲、栾树、楸树等 18 种落叶树种。《导则》确定近百个树种可以成为西安市城市绿化的一般树种，在城市建设中起到搭配其他树种的作用，并且将常见的珊瑚树、枇杷、八角金盘、棕榈等南方常见树种作为参考选用的树种，落叶树种中除去常见的杨柳等北方常见的树种，还为了重点提升城市的欣赏层次，采用丁香、连翘、结香、木槿、迎春等花树。《导则》重点确定了道路绿化的植物，如旱柳、圆柏、侧柏、垂柳等。屋顶绿化推荐植物重点建议采用垂丝海棠、夹竹桃、桂花、蜡梅、紫叶李、棣棠等植物，以及石楠、火棘等木本植物，还兼顾了美国凌霄、木香、藤本月季等适宜墙基绿化的地被植物。

在植物规格方面，《导则》提出对标准段设计概念进行了诠释，对路侧绿带、行道树绿带、分车绿带均量化了指标。其中，要求为了行车安全，分车绿化带的植物配置，必须在道路直线处，不能在道路拐弯处种植过高的树木，防止影响行车安全。人行横道和道路出入口断开的位置，特别是绿化带的分车处，前后尾处要按照通透设计方案配置，植物不能高于 0.7m 等。对行车道的绿化带设计，《导则》进行了严格规范，要求行道处绿化带宽处设计不得小于 1.5m。《导则》按照“五个结合”的总体要求，按照适应树木种植规律的要求，对全市的生态绿色布局进行了总体规划和优化。

（1）因地制宜和生态相结合的原则。按照西安市自然生态的发展要求，结合自然植被的分布原则，选择适合西安市的树种，就是选择能够适应西安市当地气候条件的树木和植物种类。

（2）新优树种和本土树种相结合的原则。按照本土植物便于成长的思路，结合地域造景的特征和植物对环境的适应性，在树种的选择和优先性上，要重点选择西安市的本土树种，还有其他树种，特别是经过实践检验，适应本土气候条件的外来树种，作为优化造景条件的树种。对外来树种，要经过本土优化和驯化后，将适应本土环境，能够和本土树种进行结合，共同起到绿化本土环境且成长成活率高的外来树种，作为骨干树种。在符合城市绿化总体设计思路的原则下，对市树和市花要重点优先采用，以突出其地位。

（3）群落构建和生物多样化相结合。注重统筹兼顾和生物多样性相结合，考虑优势互补，要重点强调以本土树种为主，观赏树木为辅，乔木树种做补充的城市绿色构建原则，共同建成结构合理、物种丰富、四季变化的园林植物群落。

（4）造景价值和生态效益相结合。按照乔木优先、生态优先的原则，重点发展以乔木为主的城市园林绿化骨架，重点将生态效益放在优先位置，逐步营造丰富多彩的城市造景，也可以选择抗病性强、富有四季变化的观赏树种。要重点选用香味树种、观赏性强的树种，提高城市造景和地区的观赏层次。

（5）远期效益和近期效果相结合的原则。要重点选用城市美观树种，也要结合普通绿化树种，实现长期效益和近期效益的有机结合。结合四季变化，要重点选用四季常绿树，提升树种的四季观赏性。

《导则》提出了在城市集中地区，要重点选用无污染、无刺、对行人无害的树种。在幼儿园要重点选用不能引发儿童过敏的植物，以免儿童受到伤害。在城市居民密集地区，要重点选用无污染的树木，对大量飞毛、落果、落叶的树木，特别是集散地区的植物，要优先淘汰。优先考虑行车安全、行人安全，保证道路秩序的稳步有序。在停车场要考虑好树木距离，不能挤占停车位、车辆行驶通道和转弯半径等。庇荫乔木枝下树木不能过高，夏季庇护面积要达到树冠的 1.5 倍；要积极推广综合城市绿化的概念，充分结合街道护栏、城市建筑顶面、立交桥等位置的绿化空间，全面推行组合箱体式绿化、立体绿化、垂直绿化等形式，对美化环境、建筑机能、低碳城市等方面进行通盘考虑，提升城市面积的综合运用。

6.2.1.3 环城公园概况

西安作为一座历史悠久的古老城市，提起它，人们最容易想到的应该就是那已经存在了 1400 多年的古城墙，方方正正，庄严挺立。1370 年，明太祖朱元璋下令修复这座城墙，以唐皇城的遗址为基础，历时八年，终于扩建完成，因此它有着非常高的考古价值，值得后人参观学习其中所蕴含的历史与知识。时至今日，西安的城墙依旧屹立，守护着西安。

如今经过 600 多年的历史沉淀，西安明城墙是中国现存规模最大、保存最完整的古代城垣。在欣赏城墙时，我们也能够近距离地了解一下明代的建筑结构、工艺等。与其他很多城市不一样，西安的城墙不是用于分割城区或者对城市进行规划，而是为了进行防御外敌入侵，发生战事时防御进攻，保证百姓能够安居乐业，这是它建造的最初目的，也是它最重要的用途。所以，我们可以看到大多数的墙体厚度都是要大于它的高度的。同时，城墙的轮廓也起到了很大的作用。元明期间，我国的经济、文化发生了翻天覆地的变化，这些变化也体现在了城墙的修建工艺上，人们在实践的过程中不断创新传统建筑工艺，从而形成一种新的形式。最开始，明代建设的城墙使用的是将黄土夯打与糯米汁结合的方法，这样形成的结构相当坚固，不易损坏。之后到了中期，明代工匠们通过在城墙表面加筑青砖、石板等材料，使得城墙更加坚固，增加了城墙的抗攻击性，同时还有效地防止了雨水、风沙等对城墙主体的侵蚀。可以说，正是因为有这种技术的应用，才使得城墙能完好地保留到今天。

西安环城公园是一处包括明代城墙、护城河、环城林带三位一体的立体化公园，具有独特的风貌，是陕西独有的公园造景。河墙间地段位于城墙与护城河之间有宽约 40m 的环城林地，部分地段植物造景见图 6−9 至图 6−11。西安城墙主城门东南西北四座，依次分别指的是长乐门、永宁门、安定门和安远门，它们本就是古城墙原有的城门。在历史中以民国为起点，为了方便人们进出古城区，多座城门先后被开辟出来，时至今日这座古城墙共有 18 座城门。古城墙长度约有 13.7km，高达 12m，

图 6−9　从城墙上眺望环城公园，乔灌木覆盖率达 80%以上

底部宽度 18m，顶部宽度 15m，占地 11.5km²。正如我们所见，整体四四方方，将西安城围合其中，俨然一个严密的防守体系。到访西安的所有游客站在城墙上除了能够欣赏这座美丽古城的街景，还能触碰到这座城市以及与它一体存在的城墙所蕴含的深厚历史文化。

图 6-10　环城公园东南段植物造景

图 6-11　环城公园南段植物造景

6.2.2 环城西苑概况

从城墙南段的含光门开始，一直向西北方向至城墙西段的安定门结束，即为环城西苑。它紧靠着古城墙的西南侧，处于安定门的南向，北面与玉祥门相邻，西面与环城西路快速干道相邻，东倚护城河。抓住城墙根特性，进行生态及可持续发展；寻求城墙、民俗、城市三种文化与环境生态之间的平衡点；“尊重过去，迈向未来”，以历史文化脉络为方向，继续探索前进——这就是环城西苑所要展示的意义。而这次实例应用研究的地块就是西安市环城公园中的环城西苑段，其区位情况和主要节点见图 6−12、图 6−13。

为保护古城风貌，建设生态城市，西安市投资 4.3 亿元，历时 20 个月，建成环城西苑。这是一座占地 155.9 亩绿地的城市造景园林，全天候向游客免费开放。其背景是古城墙，主线是园林绿地，集运动、休闲、娱乐、商业于一体，拥有和谐、开放等多种自然形态，这就是开放后的环城西苑所呈现在游人面前的美好景象。环城西苑可以分为两大部分：一部分为城墙根下的带状绿地造景空间；另一部分为沿环城西路并与城墙相隔一条护城河的绿地造景空间。沿环城西路依次分布着西南城角、天品西岸、轮滑广场、跑酷广场、月亮桥、安定门、南北停车场等，其中环城西苑的南段占地 87.2 亩（约 58133m^2），半地下建筑占地约 14000m^2，其中停车场和商场的实用占地面积分别为 3800m^2、8000m^2；此外，绿地总面积将近 50000m^2，占地 49500m^2，而广场总面积不足绿地面积的 1/3，占 14500m^2。

作为一项民心工程，西安环城建设委员会充分吸收和借鉴国内城市改造的先进经验，结合古城墙深厚的历史文化底蕴，确立新颖的设计理念，即“以生态绿地衬托古城墙”和“历史性、文化性、以人为本”三项合一，采取的表现手法也是充分结合自然、艺术和生活，在浓厚的艺术氛围中，结合古城特有的深厚历史，打造出能够与西安古文化相适应协调同时又独具特色的城市公共绿地生态环境，以期能够实现居民对公共空间在安全舒适性、实用耐久性、休闲运动等方面的各种需求。

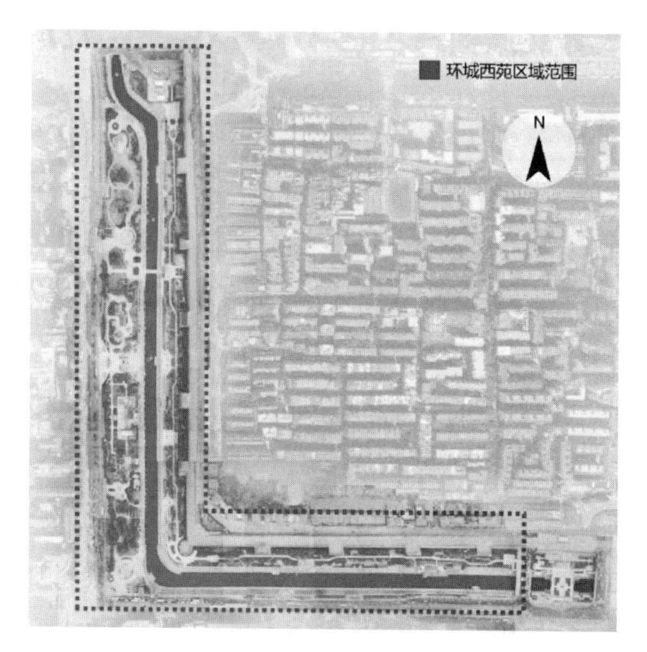

图6－12　环城公园环城西苑段区位图

图6－13　环城西苑主要节点分析图

6.2.3 环城西苑植物配置

本小节主要分析环城西苑的植物种类配置，通过实地调研的方式，实地调查环城公园里植物配置的状况，统计种类和数量，为加快效率，提升准确度，采用分地段的方式，现场拍照记录，详细记录每一地段植物的配置情况，最终整理所收集到的数据，进行分类保存。调查轨迹由南向北，调查结果以分析图和调查表的形式来呈现环城西苑所含有的各个造景节点的植物配置现状。

调查结果显示，环城西苑中共有 89 种植物，共计 39 科 80 属。其中，乔木 45 种，灌木 24 种，藤本 4 种，草本 16 种。常绿树木种类有石楠、侧柏、油松、白皮松、刺柏、夹竹桃、棕榈、大叶女贞和小叶女贞、法国冬青、大叶黄杨、海桐、火棘等。落叶树木包括榆树、桑树、柿树、紫藤、银杏、紫薇、樱花、龙爪槐、国槐、丁香等。这两大类树木的比例为 1∶1.47。骨干树种有刺柏、国槐、丁香、紫叶李、石榴、蜡梅等 5 种植物。乔、灌、草三种植物的比例为 6.25∶3∶2。其中，观花植物、观果植物、观枝干植物的种类数量分别为 41、6 和 5，另外，彩叶植物有 9 种。经过反复的实地调查，研究分析了环城西苑对植物进行配置所采取的模式，得出结论：环城西苑的植物配置模式主要有 5 大类、11 亚类，见表 6−1。

表 6−1　环城西苑植物配置模式调查情况

配置分类	环城西苑部分植物配置模式
乔+灌+草	垂柳、刺槐、国槐、构树+小叶女贞、瓜子黄杨+小冠花、早熟禾 白皮松、油松+狭叶十大功劳、夹竹桃、南天竹、铺地柏+三叶草、黑麦草、国槐、紫叶李+碧桃+红花酢浆草 大叶女贞+石榴、龙爪槐、红枫、南天竹+鸢尾 银杏+月季、紫叶矮樱、金叶女贞、瓜子黄杨+黑麦草 国槐+紫叶小檗+早熟禾 广玉兰+紫叶小檗、瓜子黄杨+紫藤+三叶草
乔+草	国槐、女贞+早熟禾
灌+草	石榴+早熟禾
全乔	核桃、国槐
全灌	小蜡、丁香、大叶黄杨、紫薇、铺地柏

图 6−14　环城西苑段植物造景

由于西安市地处关中地区，属于黄河流域的中部地带，冬季气候寒冷而且较为漫长，通过上述对环城西苑植物配置模式的研究，以及对调查研究资料的整理统计得出环城西苑的常绿、落叶植物的比值为 1 ∶ 1.47,《城市绿化植物配置设计导则》中提出常绿、落叶植物的比例为 1 ∶ 2.32，因此，在环城西苑中的常绿植物比例更高，见图 6−14。从表 6−2 中可以看到环城西苑现有部分植物的分析。

表 6−2　环城西苑现有部分植物分析

树种	生长习性	科名	属名	图示
刺柏	喜光，耐寒，耐旱，在干旱沙地或在肥沃通透性土壤中生长最好	柏科	刺柏属	
侧柏	喜光，幼时稍耐阴，适应性强，对土壤要求不严	柏科	侧柏属	
棕榈	性喜温暖湿润的气候，极耐寒，较耐阴，不能抵受太大的日夜温差	棕榈科	棕榈属	

续表

树种	生长习性	科名	属名	图示
大叶女贞	暖地喜光树种，稍耐阴，喜温暖、湿润气候，不耐寒，不耐干旱贫瘠	木樨科	女贞属	
石楠	喜光，稍耐阴，深根性，对土壤要求不严，喜温暖、湿润气候	蔷薇科	石楠属	
小叶女贞	喜光照，稍耐阴，较耐寒，华北地区可露地栽培	木樨科	女贞属	
法国冬青	喜温暖湿润性气候，喜光，耐阴	忍冬科	荚蒾属	
大叶黄杨	喜光，稍耐阴，有一定耐寒力，对土壤要求不严	卫矛科	卫矛属	
海桐	对气候的适应性较强，能耐寒冷，亦颇耐暑热	海桐科	海桐花属	
广玉兰	弱阳性，喜温暖湿润气候，抗污染，不耐碱土	木兰科	木兰属	
夹竹桃	喜温暖湿润的气候，耐寒力不强，不耐水湿，喜光好肥	夹竹桃科	夹竹桃属	
油松	喜光，深根性，喜干冷气候	松科	松属	
火棘	喜强光，耐贫瘠，抗干旱，不耐寒	蔷薇科	火棘属	

续表

树种	生长习性	科名	属名	图示
白皮松	喜光树种，耐瘠薄土壤及较干冷的气候	松科	松属	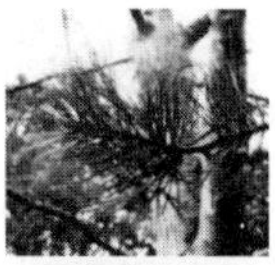
银杏	喜光树种，深根性，对气候、土壤的适应性较强	银杏科	银杏属	
小檗	喜凉爽湿润环境，耐寒也耐旱，不耐水涝，喜阳也耐阴	小檗科	小檗属	
金叶女贞	喜光，稍耐阴，适应性强，抗干旱，病虫害少	木樨科	女贞属	
鸡爪槭	喜光，忌西射，较耐阴，在高大树木庇荫下长势良好	槭树科	槭属	
南天竹	性喜温暖及湿润的环境，比较耐阴，也耐寒	小檗科	南天竹属	
樱花	性喜阳光和温暖湿润的气候条件，有一定抗寒能力	蔷薇科	樱属	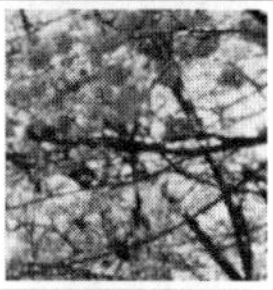
碧桃	性喜阳光，耐旱，不耐潮湿的环境	蔷薇科	桃属	

环城西苑南段植物配置分析如图 6–15 所示，该地块位于环城西苑最南端，笔者选取本地块三组植物的搭配：

第一组是靠近南入口一处乔灌结合的造景空间，运用常绿乔木大叶女贞和常绿小灌木冬青、石楠、紫荆，整组植物配置注重植物的色彩对比，并且在乔灌搭配上充分考虑到游人视线遮挡问题，构成一组完整的半开放式的植物造景空间。

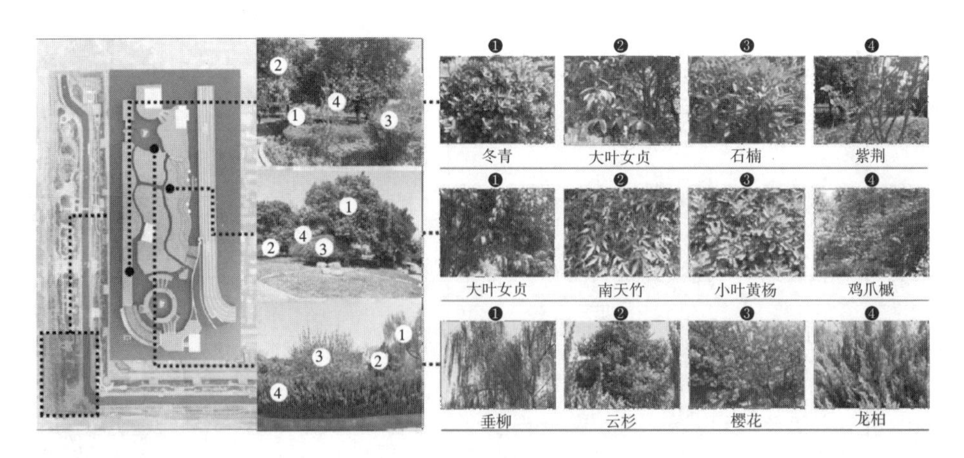

图 6-15　环城西苑南段植物配置分析（1）

第二组是一处由远及近的半开放式植物造景空间，远处高大的成年乔木大叶女贞，搭配种植低矮灌木南天竹、小叶黄杨，以及紫红色鸡爪槭，与近处的开阔草地植被形成较为强烈的视觉落差，体现植物的层次美。

第三组位于小广场周围，植物组合起到围合、划分广场空间的作用，靠近边界植物选用较为茂密的龙柏作为近景植物，较远配置观花乔木樱花，背景选用高大乔木云杉和垂柳，以此划分广场空间。

另一处环城西苑南段植物配置分析如图 6-16 所示，该地块与上一地块相邻，位于环城公园中南部，与上一地块相同，本地块仍选取三组植物配置节点。

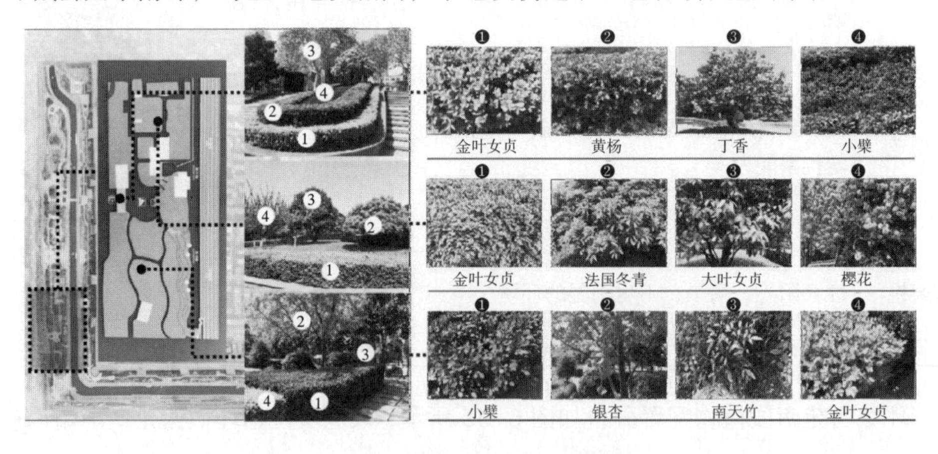

图 6-16　环城西苑南段植物配置分析（2）

第一组是一处广场空间，一组花池沿台阶向上布置，目的是点缀美化台阶。由金叶女贞、雀舌黄杨、紫叶小檗由外向内环状种植，花池中央种植花灌木植物丁香，整体效果层层叠叠、错落有致。

第二组是一处靠近支路的台上植物造景空间，近处是经过修剪的金叶女贞划分台上和台下空间，台上是典型的乔灌草搭配，主景以大叶女贞和法国冬青为主，再搭配观花小乔木樱花，营造丰富的色彩空间。

第三组是在小径旁的一个植物造景空间，主要采用乔灌结合，灌木用到紫红色的小檗，以及金叶女贞，两种灌木组合搭配并修剪整齐，不光起到划分空间的作用，还起到引导视线的作用。在这两种灌木旁还配置有常绿小灌木南天竹，起到四季常绿的作用。配置乔木用到银杏。在此空间乔灌木高低错落搭配，为小径增添不少情趣。

环城西苑中段植物配置分析如图 6-17 所示，研究地块位于环城西苑中段，也是天品西岸出入口广场的位置，笔者通过实地拍照的方式截取本地块三组植物的配置进行分析。

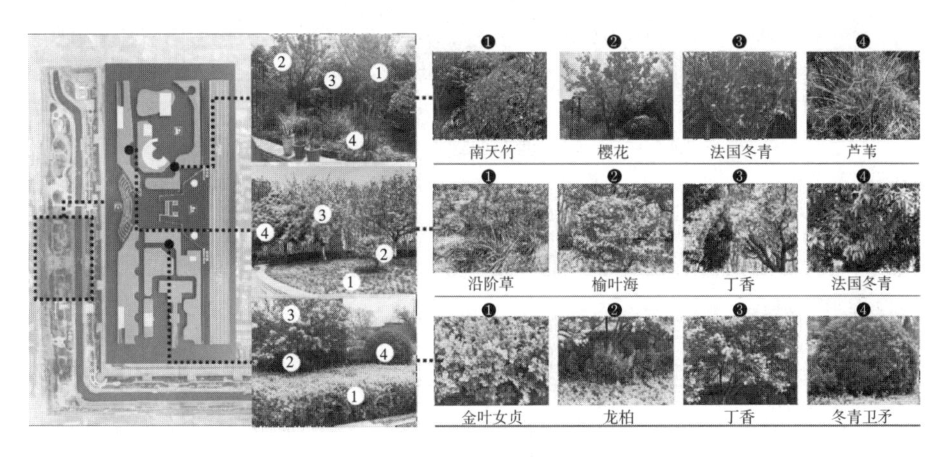

图 6-17　环城西苑中段植物配置分析

第一组是一个台地上的空间，可以看到没有明显的大型乔木，只是小乔木和灌草的组合配置，小乔木用到樱花和法国冬青，灌木用到南天竹，以及高大的禾草芦苇。这一区域的植物配置并无特别出众的地方，因为缺乏维护和修剪，植物出现不同程度的营养缺乏，可以当作环城西苑中的反面教材分析。

第二组是一处位于支路旁的植物造景空间，路旁采用沿阶草作为草地绿植，远处种植常绿乔木丁香，靠近支路的近景空间种植的是灌木、榆叶梅和法国冬青，整个支路的植物造景空间营造为半开放式的，在视线和游园心理上给游人营造出步移景异的游园感受。

第三组是作者在研究地中拍摄的位于支路旁的植物配置组合，路旁种植大量的低矮灌木金叶女贞，经过修剪后整齐地划分出道路的空间，在灌木丛中配置常绿乔木丁香和龙柏，在其周围配置冬青卫矛，营造出整齐而富有变化的植物造景空间。

环城西苑北段植物配置分析如图 6-18 所示，分析了环城西苑的中段位置，以分析实地调研照片的方式选取了三块造景空间。

图 6-18　环城西苑北段植物配置分析（1）

第一组地块是位于主路旁的一处造景空间，主要运用落叶观花的小乔木碧桃，突出整个空间中的季相色彩变化，再配合地被植物沿阶草，配合碧桃的灌木用了法国冬青和黄杨，整体造景空间中的植物配置主要以突出碧桃为主。

第二组地块是支路旁的植物造景空间，运用乔灌草结合的方式，在支路旁还有一部分可供坐下休息的花池，靠近花池的是小灌木石楠，远处是高大乔木大叶女贞，在其周围配置龙柏，地被植物采用狗牙根。整个植物造景的营造有疏有密，很巧妙地配合支路构成一个蜿蜒悠长的空间。

第三组是支路旁的一个有起伏地形的开阔空间，场地中种植较高大的常绿乔木白皮松，在较为开阔的起伏地形上配合小灌木冬青卫矛和小檗，营造出高低起伏不一的开放式造景空间。

另一处环城西苑北段植物配置分析如图 6-19 所示。

第一组分析主路旁的开放式植物造景空间，主景植物采用西安地区常用的柿树，地被植物采用狗牙根，灌木方面配置金叶女贞和法国冬青。这一块空间植物的配置有疏有密，以观景为主。

第二组是在支路旁，以区别道路的一处植物造景，植物配置以法国冬青为主，此处的法国冬青生长旺盛，冠幅较大，因此作为主景，在其周围栽植经过精心修剪的金叶女贞和龙柏，营造出比较有规则的植物造景。

第三组是北出入口广场内，起到划分空间、遮挡视线作用的灌木丛组合，除用到小叶女贞和齿叶冬青这类灌木，还配置贴梗海棠和南天竹，来营造季相色彩丰富、落叶和常绿搭配的造景。

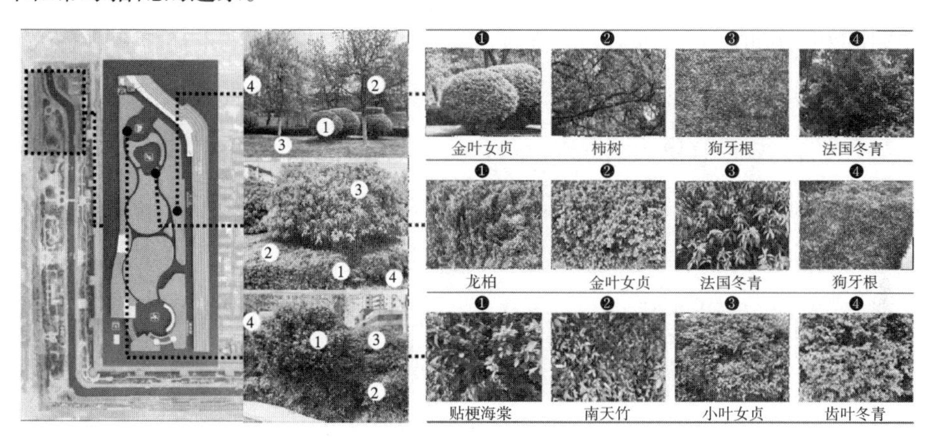

图 6-19　环城西苑北段植物配置分析（2）

6.2.4 环城西苑植物种植方式

环城西苑内植物种植方式大多采用与传统园林相近的风格，即自然式种植，种植形式多种多样，包括孤植、丛植、行列等多种方法；多种种植类型形成各式各样的空间类型，如空旷草地、疏林草地、密林以及林荫活动广场等。这也对观赏价值较高的植物种植节点产生影响，比如在空旷草地和疏林草地上，较密林而言会有更多的游客或者人群逗留。孤植，可以将植物的个体美突出呈现，群植和丛植则更多地呈现出植物的群体美和组合美，这样形成不同的视觉效果，提升观赏性。空旷草地和疏林草地在组织空间方面不如密林区，但密林区还起到空间隔离作用，密林区是多种植物混植，这样的种植方式体现出植物群落的功能性。同一个公园内，不同的区域有不同的植物种植方式，比如靠近公园北段的密林草地区采用的就是群植的方式，组成一个典型的植物群落，在空间上体现有疏有密的视觉效果。

刺槐挺拔优雅的树干是该区主要的观赏造景。公园中间段的下沉广场节点是全园的构图中心之一，靠近城墙的一面没有完全栽植高大乔木，而是修剪过的球形石楠配合白皮松，展现城墙的雄伟壮观，自然而然引导游客视线的停留。位于公园南段有一段道路两侧栽植银杏，不远处环城河对岸乔木层层叠叠，如山峦一般，林下是一片花团锦簇，这些景物的空间布置变化多样，人们的视线会随之时开时合，令人流连忘返。

6.2.4.1 **孤植**

孤植，是利用植物的形体美，单独栽植，形成视觉中心。对种植地点也有要求，适合在比较开阔的地方，因为它要保证树冠有足够的伸展空间，还要有合适人们观赏的视距和观赏点，保证充足的活动场地，同时还要给人留有恰当的欣赏位置去欣赏美景。当然，如果有像天空、水面等作为背景衬托其上最好不过，因为这样的背景能够突出孤植的植物在形体、姿态等方面的美感。如果要采用庇荫与艺术构图相结合的方式，那么孤植树的具体位置确定在哪里，就要取决于它能在多大程度上与周围环境在整体布局上形成统一。这样的情况下，最好的位置就是在宽敞的大草坪上，但是几何中心的位置一般是不可取的，而是应该种植在构图的自然重心，偏向某一端，与周围的环境达到一种和谐均衡的状态，与周围景物相呼应；除此之外，在开阔的水边，比如河水边、湖水畔，种植孤植树也是合适的，因为会有晴朗的水色做伴，以此为背景，更添一份宁静，游人可以在树冠之下欣赏美景，静享一份阴凉。

孤植树由于其本身下斜的枝干，所以也会从各种角度形成框景。孤植树还适宜配置在高地或者山岗之上，由于高度优势，在这些地方可以观赏辽阔的远景。在这些地方种植有两方面优点：一是给游人提供树下纳凉的惬意，还能眺望远景；二是丰富高地、山岗的天际线。另外，除与这些自然造景结合，孤植树与道路、广场、建筑等的结合，也会有很好的观赏性，透景窗、洞门外都是孤植树可以种植的地方，不管在哪里种植，都会是框景的构图中心。诱导树作为一种带有指示性的植物，通常种植在园路的转折处、假山这些地方，目的是将游人引入下一个景区。如果背景是较深暗的密林，那么应当选用具有吸引力的树种，像色彩鲜艳的红叶树等。公园前广场的边缘、园林院落都适合孤植树发挥它的观赏性。

孤植树并非孤立的，它是园林构图的一部分，而且还必须能够与周围环境和景物相互协调。如图 6−20 所示，位于环城西苑天品西岸出入口下沉广场处的大国槐，采用孤植的形式，并在树木底部搭配草坪，四周采用石材围挡，既展现国槐独立的空间，又可供游客休息，很好地与周围的环境融为一体。

建造园林时利用原有场地存在的成年大树作为孤植树是常用手段。如果绿地中栽植有数十年甚至上百年的大树，那么这是绝对的先天有利条件，必须与整个公园其他的结构设计相结合，充分利用这一优势；当然如果没有古老的大树，有其他成年树（10~20 年生的珍贵树）也是有利的，也可将其作为孤植树。另外，需要我们注意的是孤植树树种的选取最好是乡土树种，因为乡土树种更能适应环境，从而树茂荫浓，健康生长。

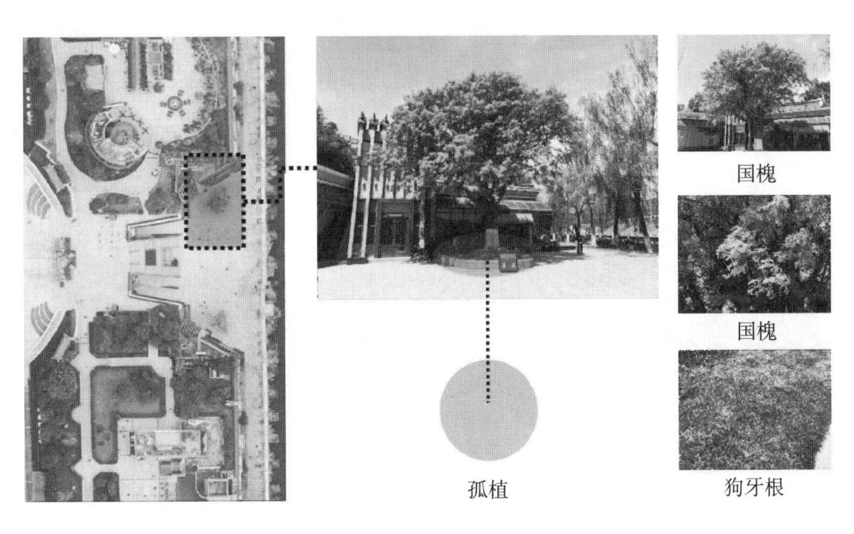

图 6-20　环城西苑孤植的表现方式

6.2.4.2 对植

对称种植这种种植方法常在规则式的园林中用到。选择同样的树种对称种植在中轴线两侧，也就是与中轴线是等距的，最好是高低、形态等各方面都相近，比如主要道路的两侧。

对植是用两株或两丛相同或相似的树，依据设计好的轴线关系，采用对称或均衡的种植方式。图 6-21 是环城西苑中的对植表现形式，在园路的两侧采用大小基本相同的相同树种来表现对植形式，其目的是引导游览线路，兼有庇荫和美化两方面的作用，而在构图上可以形成配景或者是夹景。

拟对称种植是自然式园林中常使用的方法，中轴线两侧种植的树种要求是相同的，但与对植对称种植方法不同，对树木的形态大小没有要求，距中轴线的宽度也可不同，但是要有一种均衡感，也就是要求彼此动势要集中。

规则式植物种植，因为要体现规则式的种植方式，因此在选用树种时一般采用树冠较为整齐的树种。植物与建筑物墙面的距离也有要求，不同植物种类要求不一致：一般乔木要有 5m 以上的距离，小乔木和灌木要 2m 以上，不能太近。在中轴线的两侧，既可以栽植同一树种，也可以选用不同树种。但与一般对植不同，自然式对植要求大小和姿态必须不同，但是动势集中；大树距离中轴线要近，而小树则要远。自然式对植对株数没有要求，所以株数不同的同种树木配置是可以的，比如在道路左侧是一株大树，右侧为两棵同种小树；也可以是两种树丛，但是树丛所包括的树种必须相似。呆板的对称形式是不可取的，要尽量避免，但是还要相互对应。利用树木本身的分枝状态，再施以适当的培育，形成相依或交冠的造景。在自然式园林的门两旁、桥头石阶两旁、河道的进口两边、建筑物的门口，都需要自然式对植。

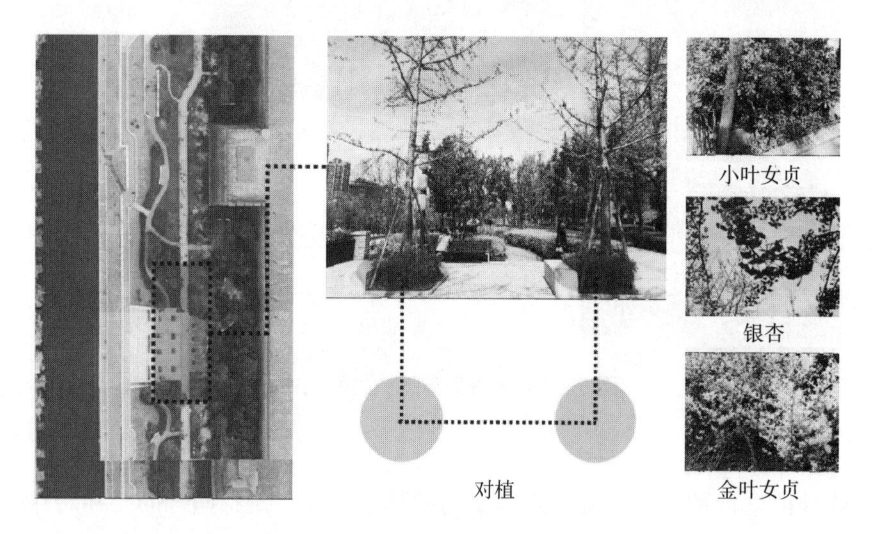

图 6-21　环城西苑对植的表现方式

6.2.4.3 行列栽植

行列栽植是指乔灌木按一定株距成排成行地栽植，或在行内株距有变化。图 6-22 中是西安环城公园的银杏树，采用了行列栽植形式，并有一定的株行距，栽植于园路的两旁，在树木底部配合修剪整齐的灌木，整个造景较整齐、单纯、有气势。并且行列栽植有一个很大的优点就是施工方便。

行列栽植对树冠的形状要求比较严格，整齐的树冠比较适宜，比如圆形、塔形等；枝叶稀疏、树冠不整齐的树种是不予考虑的。根据定义可知，行列栽植的株行距的确定是重要的，树种的特点、苗木规格等决定这一关键因素，一般乔木的株行距是 3～8m，而灌木因为规格较小，一般为 1～5m，如果种植过密的话就会形成绿篱。

设计行列栽植时考虑的因素有很多，处理好与其他因素之间的关系就是重要一环。由于道路、上下管线较多的地段多采用行列栽植，所以其应当与道路配合形成夹景的效果。行列栽植有多种形式，但是基本形式只有以下两种：一是多用于规则式园林绿地的等行等距，这种种植形式在平面上会形成正方形或者品字形的种植点。二是等行不等距，不同于等行等距，它常应用于从规则式栽植到自然式栽植的过渡带，行距相等，行内的株距却不相同，有疏有密，从平面上看呈不等边的三角形或不等边四角形，也常应用在路边、水边、建筑物边缘等。

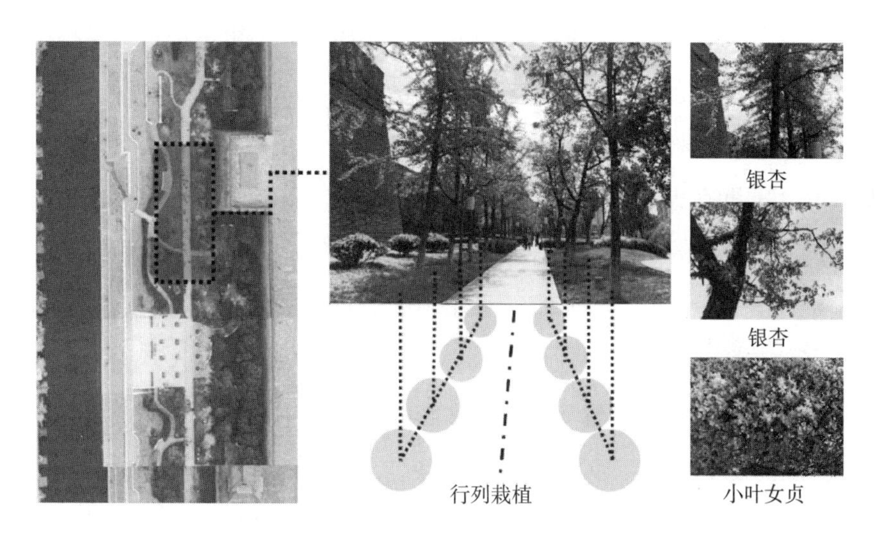

图 6−22　环城西苑行列栽植的表现方式

6.2.4.4 丛植

乔灌木的丛植、群植和林植多用于自然式的植物配置中，而且也是值得提倡的群落型配置方式。配置时讲究乔灌结合，要求高低错落、层次丰富；同时要考虑植物的生态以及相互的依存关系和稳定性。搭配得好不仅给环境大增异彩，而且也有极大的生态作用。

我们通常所说的树丛一般是由两株到十几株数量不等的同种或者异种乔木组合而成的种植类型，也有采用乔、灌、草相结合的方式。自然植被或是草坪等都可用来配置树丛，树丛也可以配置在山石、台地这种硬质地面上。树丛的布置在园林绿地中属于重点布置的种植类型，它主要是在兼顾个体美的前提下映衬植物的群体美，所以，处理好株间、种间的关系就尤为重要。株间关系指的是树木之间疏密，远近的关系；而种间关系则是指不同种类的树木以及乔和灌之间的搭配问题。在处理树株间距问题时，要使之成为一个有机的整体，不会过度紧密，也不会过度稀疏；在处理种间关系时，要选择有搭配关系的树种，比如阳性植物要与阴性植物结合、不同生长速度的植物相结合、乔木与灌木组合，这样会形成相对稳定的树丛。可以看出来，组成树丛的单株树木也要选择能够庇荫、树姿好看的树木，在色彩、味道等方面有特殊价值，这一点与孤植树是相似的。

树丛的划分有多种方式，可以分为单纯树丛、混交树丛。在功能上，树丛不仅可以作为园林构图的骨架，还能庇荫、做主景、做配景等，也能发挥诱导树的作用。其中，单纯树丛是一种较常用的种植方式，庇荫用的树丛很少用甚至是不用灌木配置，常采用树冠伸展范围广的高大乔木。但是乔灌木混交树丛用作构图艺术上的主景、配置还是被较多采用的。当树丛要充当主景，针阔叶混植的树丛是最适宜的，因为观赏性好，配置在大草坪中央、湖畔、河边、山岗高低上、小岛上，以作为主景的焦点。树丛与岩石的组合经常出现在古典山水园中，它们通常被设置在粉墙前方，或者占据走廊的一个小角落，形成一处小小的树石之景，平添点缀。树丛作为诱导用时也是多被布置在转角、分岔口等地方，为的是引导游人进入下一个景点，不至于偏离安排的路线，从而能够欣赏多姿多彩的景色。它也可以当配景用，在小路的分岔处遮挡住前方的美景，引导游人转过路口，达到峰回路转又一景的效果。树丛设计也必须因地制宜，与当地的自然条件相适应，依据总的设计意图，树种可以少，但是要充分了解掌握各个个体之间的相互影响，这样才能保证对树种的选取精准，让每一株树在生长空间、光照、通风、湿度方面，达到理想状态。丛植有以下几种基本形式。

（1）三株配合

三株配合是指树木的大小、姿态不能相同，要有差异度，不能种植在一条直线上，也不要种植在等边三角形的三个顶点上。

如果三株树木中包括两个树种，那么树类最好一致，比如都是常绿树或都是落叶树，都是乔木或者都是灌木。三株配合不能同时出现三个树种，当然不同树种外观相似也是允许的，所以一般至多是两个树种。从图 6–23 植物配置中丛植的表现方法可以看到在环城西苑中的三株配合种植方式。

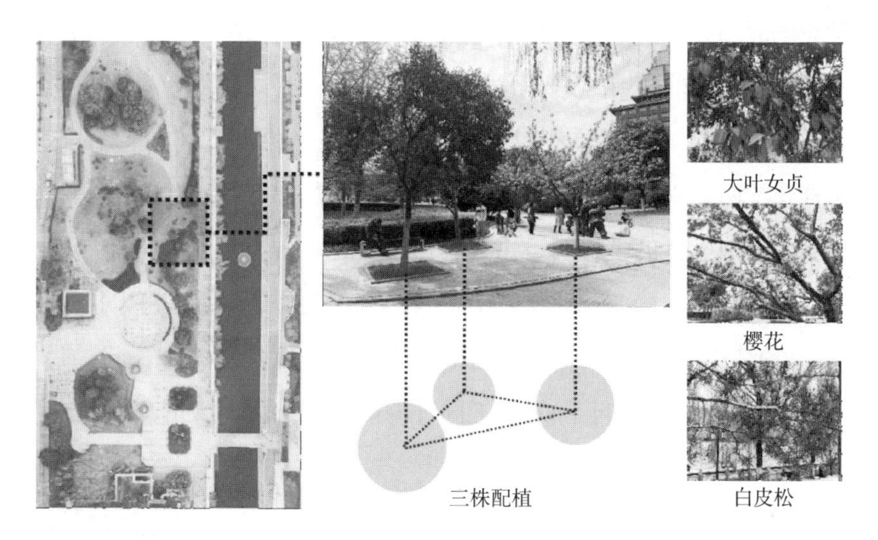

图 6–23　三株配合种植方式

（2）四株配合

四株配合，即完全为一种树，或最多两种，且必须同为乔木或灌木。树种完全相同，也要求在姿态上、大小上的差异度，要有所区别。

在此提及一个概念即“通相”，就是说四株完全用一个树种，或最多应用两种，必须都是乔木或灌木，这样会有助于整体调和。因为不同树种的外形会有较大差别，所以三种以上的树种会不易调和；当然如果是外观极相似的不同树种树木，就不用担心树种问题。所以，四株的组合不要乔灌木合用。与“通相”相对的一个概念叫“殊相”，它指的是当树种完全相同时，应当力求在树木的体形、大小、距离上有所不同，变化栽植点高度也是可取的。

四株树组合的树丛，要分组栽植，可分为二组，此时即要求三株较近，一株远离；也可分为三组，即先选两株为一组，另一株稍微远离一些，最后一株再远离些。切忌两两组合，任意三株成一直线也是不可取的；如果选取的树种相同，要在树木大小排列上有所要求，比如最大的一株要被集体包围；树种不同时，其中三株为一种，最为另类的最后一株无论是大小上还是分组上都不能单独栽种，也就是大小适中，必须与其他一种混交，并且这一株居于中间，靠向另一株。当然，庇荫的问题还是要考虑的。图 6–24 为环城西苑中的四株配合种植方式。

（3）五株配合

对于五株配合，如果树种相同，那么姿态、动势、大小、距离就应该体现出差异。最理想的分组方式为分两组，即一组三株，另一组二株；如果由大到小依次编号为 1~5，那么三株的小组应该是 1、2 或 3、4 或 5。如果是由两个树种组成，那么最为合适的还是 3∶2，即一组树种三株，另一组树种两株，这样是比较均衡的，比如三株桂花配两株槭树。1∶4 的比例安排是不适当的，即一个树种一株，另一个树种四株，会造成整体的不协调，比如四株黑松配一株丁香。但是如果五株由两个树种组成的树丛，其配置上，可分为 1∶4 和 2∶3 的比例就都是可以接受的。此时选择 1∶4 这种结构时，三个树种应分置两个单元中，但是两株的不能分在两个单元中，应该在一个单元中，如若一定要把同种的两株分为两个单元，那么另一树种应该将其中一株包围起来。

图 6-24　四株配合

在树木的种植上，并不是植物越多越好，因为植物越多越烦琐。按照植物配置的原理来说，可以选一个或两个树种，分成 3∶2 或 4∶1 两组。若为两个树种，其中一种为三株，另一种为两株，两组里都应有两种树，三株一组的组合原则与三株树丛的组合相同，两株一组的组合原则与两株树丛的组合相同，两组距离不能太远。平面形状有五边形、四边形、三角形。《芥子园画谱》中提道：植物的配置原理基本都是相同的。若理解上文中的意思，那就可以类推出六、七、八、九株。画谱中还提到，树种的数量与株数的数量成正比，株数数量多，树种就多。这就是要注意对比的差异，注意时刻对差异进行调节。图 6-25 为环城西苑五株配合种植方式。

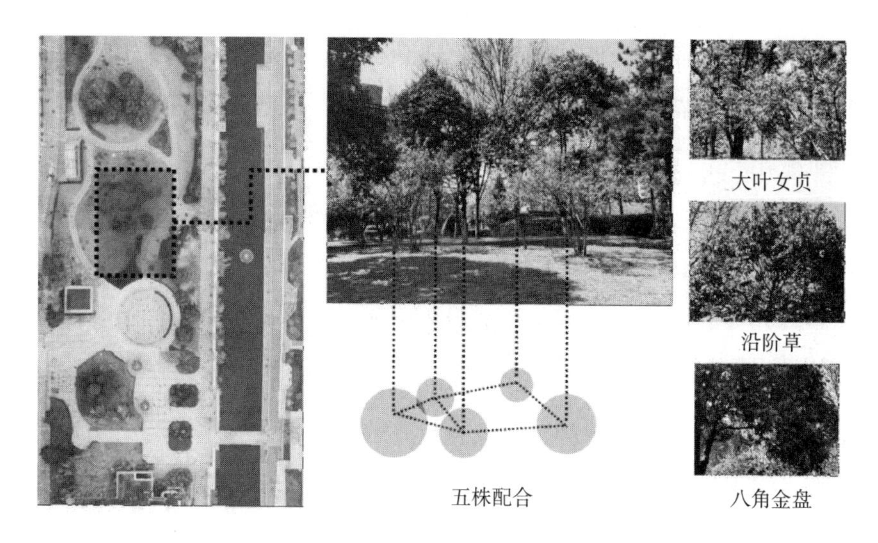

图 6-25　五株配合

6.2.4.5 群植

群植一般是由 20～30 株植物组成，它表现出的主要是群体美。和独立的植物一样，群体植物也可以作为一处环境的主要造景，但是相比之下，群体植物应该有比独立植物更加独立的环境，像在一些大的草坪、更加广阔的水边区域，或者一座孤立的小岛上，为更方便地欣赏这种景色，这种造景的周围要留出足够的空间。

像树群这种造景，虽然称之为群，但是也不能过于庞大。树群这种造景，不单单可以欣赏，也可以为游人提供阴凉，树群内部不允许也不方便游人进入。但是在树群造景的北面，可以利用树冠的遮阴性建造遮阴地。

群植的种植也要注意一些单株位置上的变化，内部应该疏密有致，位置上不能以行、带和排种植，可以不等边的三角形种植。对于大部分的植物，在种植时，可以复合多层混交或者点状混交相互配合的形式来种植。在树木种植的纵向，应该注意植物对于阳光的需求情况，喜欢接受阳光的应种植在上半部分，喜欢阴凉的应该种植在下半部分，而半阴性的则可以使其生长在中间的位置。还要注意太阳的方向，根据植物的喜阴情况，种植在整片群植的南方和北方。

群植可分为单纯群植和混合群植两类。显而易见，单纯群植就是由同一种树木组成的。而混合群植则是由不同种类的树组成的。在混合群植的位置分配上，应该做到合理利用阳光资源，在上层种植高大的乔木，在中上层种植一些亚乔木，在下层可以种植一些花草灌木，最下面应种植一些低矮的花卉，这样做可以利用有限的空间来分配资源。但是这样种植也应注重美观程度，可以让乔木在中心位置，依次往外可以是亚乔木、花草灌木以及花卉，然后可以在外围种植一两株植物，防止外观上过于机械化。

（1）单纯树群

单纯树群是在植物的种植方式中单独由一种树种组成，在空间内构成相对稳定的造景效果。相比起混合植物，单纯的植物虽然外观上过于单调，但是却有可以稳定欣赏的效果。图 6–26 为环城西苑中的乔木刺槐的单纯群植的种植方式。单纯群植就是在植物配置时栽植相同树种，采取自然式的配置方式，在空间中构建出一个半封闭的造景空间来，并将游人引导至空间中停留，吸引游人的视线并使之驻足观赏。

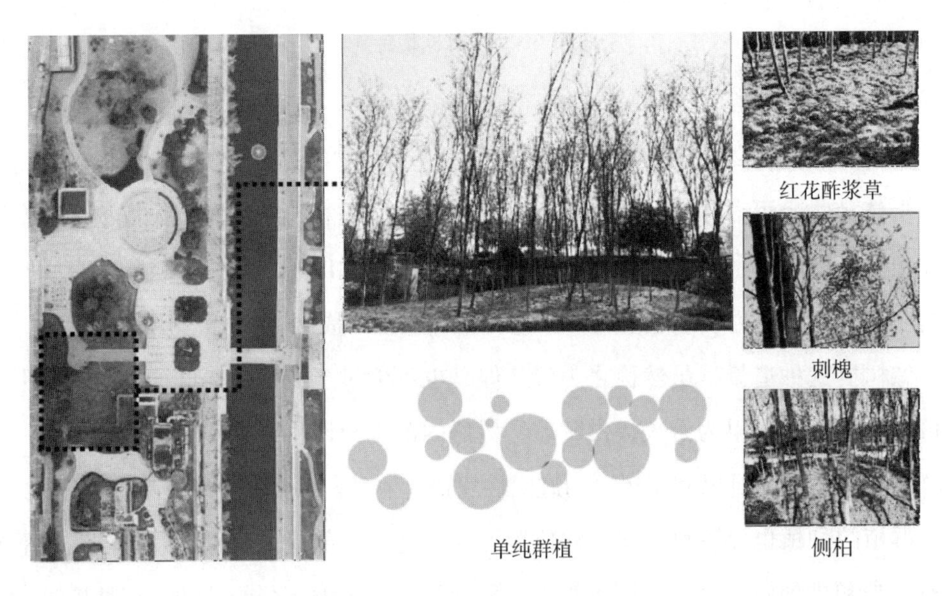

图 6–26　单纯群植的种植方式

（2）混交树群

混交树群即多种树木的组合。首先要考虑生态要求，从观赏角度来看，其构图要以自然界中美的植物群落为样本，林冠线要起伏错落，林缘线要曲折变化，树间距要有疏有密。混交群植既然由多种树种组成，那么就要利用其独特的优势，来让整体的线条美观，比如群植的边缘应有曲直变化，构成美丽的线条，而且也应该注意群植中各树木之间的距离。例如，图 6–27 混交群植的种植方式就是环城西苑中的混交树群配置，远处的高大乔木与近处的小乔木相结合，在树下还有成簇或单独的灌木，组成混交树群。

图 6-27 混交群植的种植方式

6.2.5 环城西苑植物与园路关系

在风景区、公园、植物园中，道路的面积占有相当大的比例，约占总面积的 12%～20%，且遍及各处（图 6-28）。道路除集散、组织交通外，也有导游的作用，因此园路两旁植物造景的优劣直接影响全园的造景。园路的宽窄、线路的高低起伏要根据园林中地形以及各景区相互联系的要求来设计。园路的布局要自然、灵活、流畅，又要有变化，道路两旁可用乔木、灌木、草皮以及地被植物多层次结合。道路在整个园林中都起着至关重要的作用，例如，道路拥有指引游人、美化造景的作用。所以，在设计道路上，应格外注意道路与整个园林之间的关系，利用道路的宽窄以及曲折程度来进行灵活的布局，使得整个园林从观赏的角度来看，能做到灵活又有变化，可形成自然多变、不拘一格，具有一定情趣的造景。

植物对园路空间的限定，利用植物大小和树姿形体，通过疏密围合，可创造出封闭或者开放的空间。空间虚实明暗的互相对比、互相烘托，形成丰富多变、引人入胜的道路造景。封闭处幽深静谧，适合散步休憩；开阔处明朗活泼，宜于玩赏。

由于园路空间的限定，植物通常采用对植与列植的形式。对植是指用两株或两丛相同或相似的树种，按照一定的轴线关系，做相互对称或均衡的种植，主要用于强调相对的植物或者排列有序的植物。相对的植物就是种类相同、大小以及外观相差不大的植物，在道路两旁相互对称种植的植物。其在道路的出入口，在构图上形成配景与夹景。列植是指乔灌木按一定的株行距成排成行地种植，多运用于规则式园林绿地中，形成的造景比较整齐单纯、有气势，与道路配合，可起到夹景作用。另外利用植物对视线的遮蔽及引导作用，在道路借景时做到“嘉则收之，俗则屏之”，丰富道路植物造景的层次与景深。

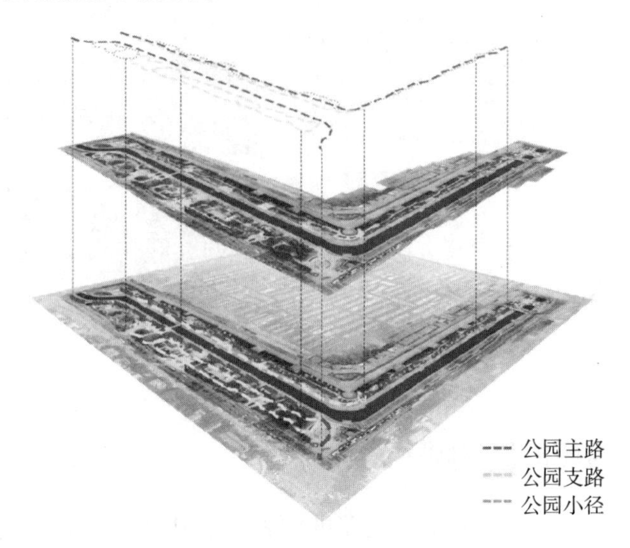

图 6−28 环城西苑道路分析图

园路对植物的视觉引导，我国自古就有“曲径通幽”之说，唐代诗人常建在《题破山寺后禅院》中写下脍炙人口的诗句“曲径通幽处，禅房花木深”，形象地点出道路对于造景的导向性和对植物的视觉引导，通过道路引人入胜，引导游人进入情景之中。这就要求园路有生动曲折的布局，做到“出人意料，入人意中”，另外通过巧妙布置植物，步移景异，让人感到“山重水复疑无路，柳暗花明又一村”，给人带来愉悦和美的享受，使道路充满人情味。

6.2.5.1 环城西苑主路的植物造景

通过环城西苑主路植物造景现状分析图（图 6−29）可以看到，整个环城西苑因为独特的地形条件，围绕着城墙的西南角所建立，所以它在整个主路的分布都是长条带状的，在此基础上连通蜿蜒曲折的支路以及小径，园内主要道路的功能为沟通各活动区，宽 3～5m，游人量较大。园林主路的植物造景要特别注意树种的选择，使之符合园路的功能要求（包括观赏功能），同时要特别考虑路景的要求。园林的主路是至关重要的，在选择植物种类方面，应该时刻注意，让植物搭配可以使园林发挥最大的观赏性。

平坦笔直的主路两旁常用规则式配置，由整齐的行道树构成一点透视，形成对景。道路两旁规则式栽植的银杏树，以及道路两侧修剪过的矮灌木形成对景，强调气氛；植物造景上多采用同树种为主的形式，如环城公园主园路两侧栽植银杏或树姿挺立的国槐。

图 6-29 环城西苑主路植物造景现状分析图

另外也可种植观花乔木，并以花灌木为衬托，丰富园内色彩。

蜿蜒曲折的园路，其两侧的植物不宜成排成行，亦不可只用一个树种，否则会显单调，不易形成丰富多彩的路景，应采用自然式配置为宜。

在园林道路两旁的植物造景，应该做到当游客在游玩时，能够观赏到的花草树木，在道路两旁的造景的辅助下达到最美化。整个园林应根据不同的造景以及地形种植不同的植被，例如可以在凉亭、山坡或者水边种植孤立的植被，在地形稍高的地方种植一些错综复杂的植物群落。或者在周围环境充斥着山野气息的地方，种植一些野生植被，如黑松、赤松、马尾松等，而在其下方可以种植一些依附地面的地衣。

如图 6-30、图 6-31 所示，从环城西苑主路中可以看到，园内做到了不论造景的远近，只要有景可赏，就为游人留出足够的欣赏空间。像有水相隔的地方，应该在游人游玩的一侧，根据地形种植一些斜向下的草坪，做到能够有导向性地引导游人向水边走去，欣赏对岸的景色。而且对于路边的空地也不能浪费，可以根据植物的特性，种植一些开花或常绿植物，来增加整条道路的美观性。

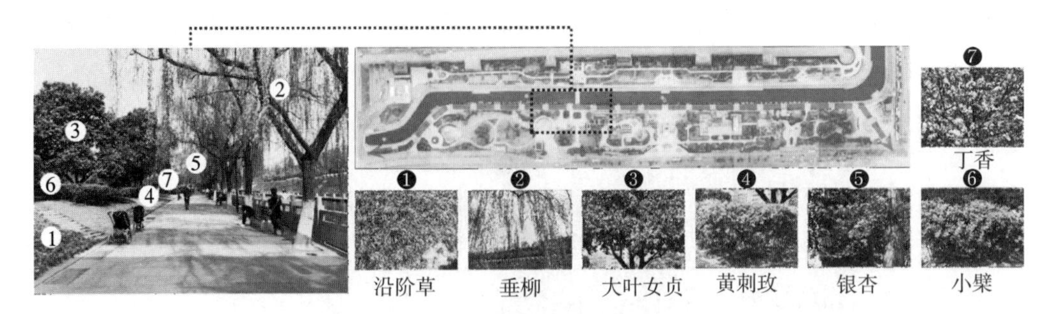

图 6-30　环城西苑主路植物分析（1）

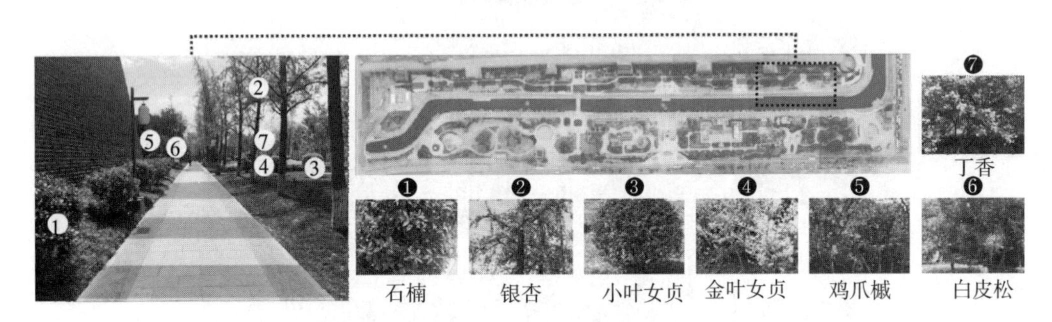

图 6-31　环城西苑主路植物分析（2）

6.2.5.2 环城西苑支路的植物造景

支路同样也是园中各造景节点之间的主要道路，一般宽 2～3m。支路多随地形、景点设置蜿蜒曲折，支路的植物造景形式亦灵活多样。笔者实地调研航拍的支路分析图见图 6-32，曲折多样，因其灵活美观，给整个环城公园增添了一分独特的色彩。

支路两侧可只种植乔木或灌丛，也可与乔灌木相搭配，观赏效果较好的同时又能起到遮阴的作用。植物种类可根据各景区的主题来选择，如图 6-33、图 6-34 所示，环城西苑内的一条支路，其背景就是古城墙，为了突出城墙特点，并没有栽种特别高大的乔木，而是选用大叶女贞和小乔木珊瑚树以及白皮松，位于道路两侧，用自然式栽植，道路两侧亦分别点缀海桐和小蜡做呼应，形成灵活自然的园路造景。

6.2.5.3 公园小径的植物造景

城市园林中有很多的小径，这些小径也是园林中必要的存在。这些小径一般都在 1～1.5m 宽，它们是设计者根据园林的不同地形以及不同的环境，因地制宜所设计出的，具有很强特点的道路。它们有长有短，但大多蜿蜒曲折，与园林中的其他景色遥相呼应，在给游人提供方便的同时也衬托了其他造景，让园林更具观赏性。如图 6-35 所示，笔者对环城西苑小径植物造景进行了分析。

图 6-32　环城西苑支路植物造景现状分析图

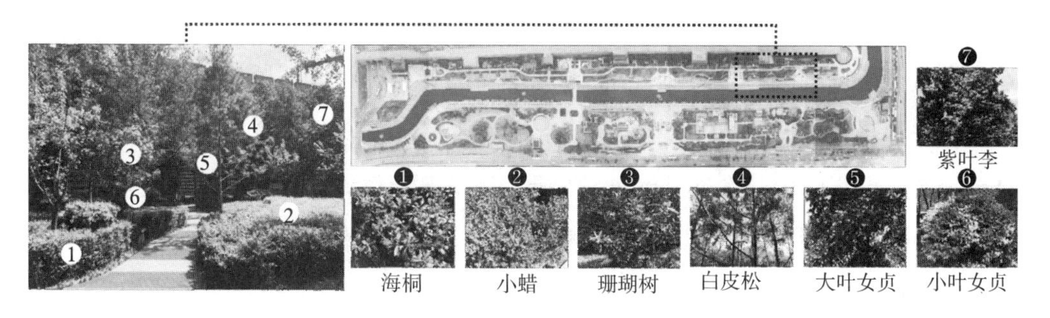

图 6-33　环城西苑支路植物分析（1）

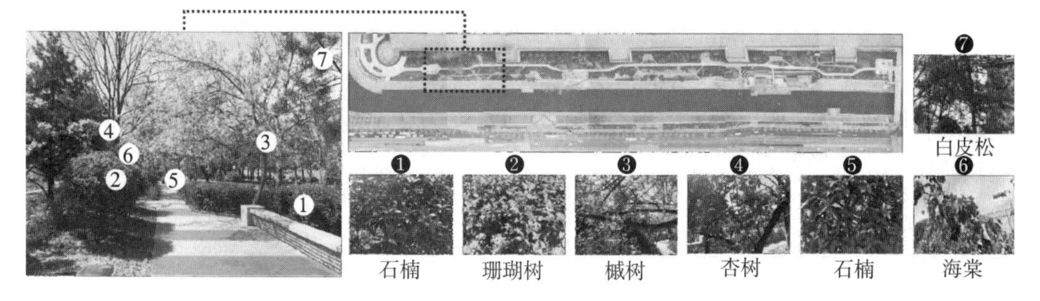

图 6-34　环城西苑支路植物分析（2）

图 6-35　环城西苑小径植物造景现状分析图

在树林中开辟的小径，以浓荫覆盖，形成比较封闭的道路空间。在一些人工建造的山石园或自然山林中狭小的石级坡道，可在其旁栽植藤蔓植物，平添小径的趣味。另一种是布置比较精细但又很自然的花园小径，在其径旁置以散石，与沿阶草结合，或嵌于草坪中，路旁树林有高有低，树下花开似锦。有些小径路垣只种沿阶草，不做生硬处理，在适当的地段种些小乔木，构成画框，亦独具情趣。图 6-36、图 6-37 为笔者对环城西苑小径植物的分析。

图 6-36　环城西苑小径植物分析（1）

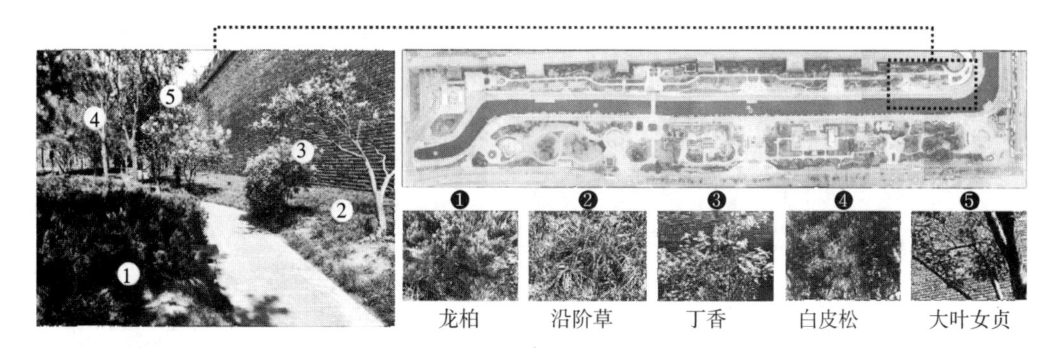

图 6-37 环城西苑小径植物分析（2）

6.2.6 环城西苑植物造景空间类型分析

植物造景单元就是各种要素围成的一个较小区域，植物造景单元可以根据不同的方式分为不同类型。在大部分情况下，其组成的空间基本都是由水平和垂直两要素相互结合，可以分为 U 形、L 形或者口字形等一些不同的类型，而且植物造景单元所构成的空间也可以按照其封闭结构来划分，可分为覆盖、半敞开、敞开以及全封闭等类型。最后一种是按照组成空间的元素来划分的，可以分为以植物作为主要单元的空间和另一种植物与其他造景物质相组合的混合型的空间。对于植物单独组成的空间，其实就是在空间三要素中全部运用植物组成，没有其他的元素。而植物与其他物质混合组成的空间，就是在地面、立面和顶面三要素中有植物与一些山石水共同组成的空间。笔者在分析环城公园时，就是更加倾注于这种要素的划分的情况，见表 6-3。

表 6-3 环城西苑植物造景空间类型

空间类型	图例	现状照片
口字形		
U 形		

续表

空间类型	图例	现状照片
L形		
平行线型		
模糊式		

6.2.6.1 **口字形**

口字形为四面围合的植物造景空间，界定出明确而完整的空间范围，空间具有内向的品质，是封闭性最强的植物造景空间类型。口字形植物造景空间，形如其名，是四面围城的植物造景构成的空间，极具封闭性，见图6−38。

图6−38　口字形植物造景空间

设计这种造景空间的缘由，就是人们对于一种违和空间的喜爱，这种喜爱是原始的本能，因为它能给人一种安全感。古代埃及的园林完全封闭的空间结构就是要抵御恶劣的自然环境的结果，城市中的绿地也经常采用封闭的栽植结构，用以躲避喧闹的城市环境。

不管是何种植物造景的场地，基本都需要口字形四面围合的植物造景空间，并且从植物造景空间的整体布局上来看，口字形的空间也是必不可缺的类型之一，其可以构成丰富多样的造景空间，在空间内利用植物来构造出一个相对封闭的空间。如游乐园和一些户外的场所等，甚至有些果农的果园也需要这种植物造景空间，在果园内构成此类空间有助于提高果园的安全因素。对于植物造景空间的整体布局，口字形植物造景空间也拥有自己的多样性。

6.2.6.2 U 形

在园林中，草坪空间经常采用 U 形的空间形式。U 形造景空间既有着很好的封闭性，也没有过于封闭，人们更喜欢 U 形造景空间的这种特点，他们寻求的就是别太开放也别太封闭的部分围合、部分开放的空间。所以在一些园林中，供游人嬉戏的地方常采用 U 形造景空间配置，见图 6−39。

图 6−39　U 形植物造景空间

6.2.6.3 L 形

L 形植物造景空间，两面封闭、两面敞开，其虽然没有 U 形植物造景空间那么强的封闭感与指向性，但是它也有自己独特的优势，见图 6−40。还有在植物造景空间上，既可以在自己内部形成一种宁静的环境，也可以与外界的环境相照应，组成一种景对景的关系，从而达到吸引游人的目的。

图 6-40 L 形植物造景空间

6.2.6.4 平行线型

平行线型的植物造景空间，因其只有两个平行垂直面，而在两端敞开，所以就具有非常强的方向性。像一些围墙、绿化隔离带，都是利用这种空间配置，这种空间配置有着向两旁延伸的趋势，见图 6-41。

图 6-41 平行线型植物造景空间

6.2.6.5 模糊式

模糊式植物造景空间的定义就更浅显易懂，其空间利用较多且数不清的树木草丛，给人一种模糊的视觉感受，见图 6-42。在英国的自然风景园和东方的园林中经常存在着模糊式植物造景空间形态，植物造景空间在边角处流动，暗示着空间的无限延伸。

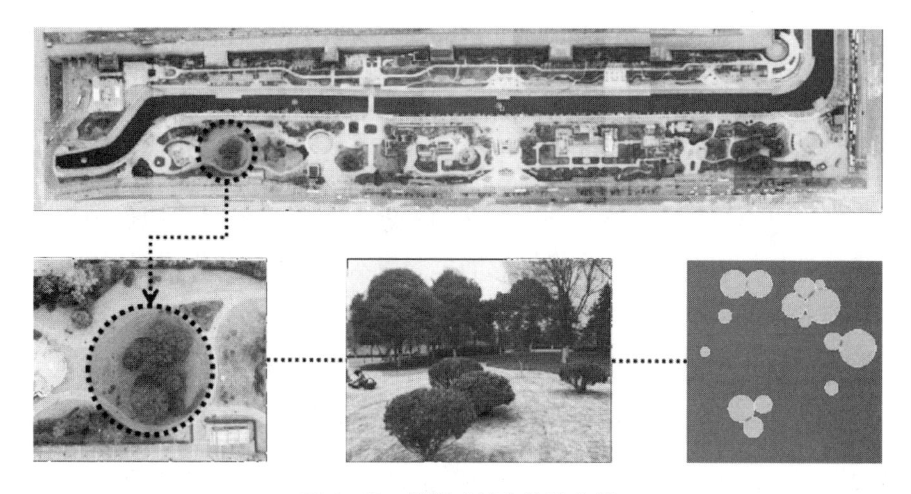

图 6−42　模糊式植物造景空间

6.2.7 环城西苑植物造景空间序列

环城西苑作为一个中小型的城市公园，因其环城墙的特性，其规模体量不是很大，空间组成较为简单，主观赏路线贯穿全园，可以根据这条主观赏路线，分析公园的主要空间序列。从图 6−43 中可以看到，由南向北的观赏路线依次是起始段、引导段、高潮段和尾声段。中国自古以来在设计园林的时候就非常讲究空间上的变化，要做到景致在随着游人游览的过程中发生变化，这在本小节所要研究的环城西苑中也不例外。与古典园林略有差异的是在环城公园空间中的植物作为最主要的构成要素之一，因此在植物方面包括植物配置和种植以及其他手段上要求更高。环城公园环城西苑段的主要游览路线是以带状为主的，空间上由半封闭逐渐变为开阔，步移景异，产生丰富的韵律节奏变化。而且著名的学者彭一刚先生在他的书中也把古典园林的空间构成划分为四种类型，这四种类型又可划分成四个段落，全面剖析中国古典园林的空间序列。

环城西苑占地面积不是很大，所以能将空间布局的合理性展现得淋漓尽致，主路大气，极具观赏性，边路也有着别样的景色，游人可以一边走一边欣赏，慢慢体会。古代园林特别重视这种布局，而现代园林也对这种效果加以利用。环城公园与古代园林最大的不同点就是古代园林布置的景色主要是植被，并没有运用现代很多的科学原理，而环城西苑能够结合现代科技与现代知识来布局。从南段的含光门开始，先是单独地靠城墙根下的带状公园，再继续延伸至北段的靠环城西路的区域，空间从较为封闭再到逐渐开敞最后到最北段结束，整个空间的序列有疏有密、有起有伏、有动有静，令游人流连忘返。

6.2.7.1 **起始段**

环城西苑分为两个区块，一块是靠近城墙根的区域，另一块是隔一条护城河的沿环城西路的区域。起始段为两个区域的主要出入口，城墙根下区域出入口从安定门开始，沿环城路区域出入口从南端开始。图 6-44 中红色区域为环城西苑的起始段，分别为两个区域的主要出入口。其中位于图片上方的区域为沿环城路段区域的出入口，整个区域为下沉式广场，运用圆形元素，构成整个空间；位于图片下方的区域为城墙根下出入口区域，也是含光门所在的地方，此处空间因为受地形限制，多为带状空间，在有限的空间内寻找变化。这两块区域为全园空间序列的开始。

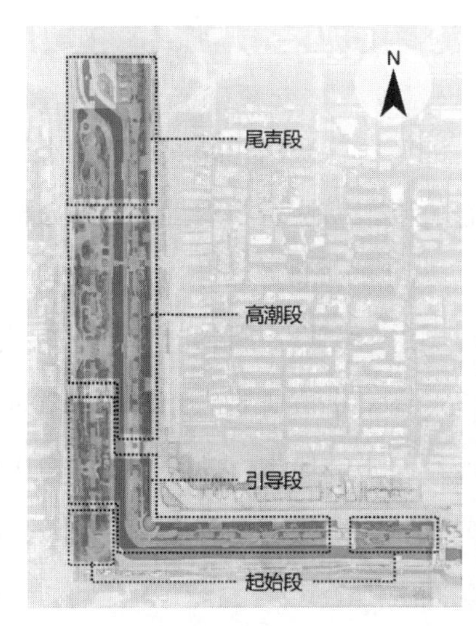

图 6-43　环城西苑空间序列示意图

图 6-44　空间序列起始段

6.2.7.2 **引导段**

引导段从进含光门入口后向西走，经历起始段后，迎来的就是引导段，整个引导段部分包括城墙根下的部分和靠环城西路的部分，从图 6-45 中可以看到，用虚线标出的区域为引导段，笔者采用航拍的手段，用鸟瞰的视角介绍此区域。

该段植物空间类型较多，植物种类丰富，先后经历郁闭到半开敞的植物空间序列，接下来就是一些与造景节点相结合的疏密搭配的植物组团小空间。当有人看到这些景色时，感受到的就是空间分层次的变化丰富，这就为游人接下来欣赏到的郁郁葱葱的景色提供衬托，有着承接前边起始段的作用，并为下面郁郁葱葱的景色做铺垫。

图 6-45　空间序列引导段

6.2.7.3 高潮段

高潮段是全园的精华所在，同样也是按照园内空间序列划分最精彩、最丰富的一端，包括位于公园中段的轮滑广场和北段的月亮桥造景节点，以及环城西苑内的商业综合体也在这一部分。通过笔者航拍照片（图 6-46）可以看到，此段地形起伏富有变化且视野开阔，富有历史感的古城墙与远处环城西苑的草地密林区遥相呼应，是环城西苑中的植物造景最精彩之处。

图 6-46　空间序列高潮段

6.2.7.4 尾声段

整体而言，环城西苑公园内的植物造景空间丰富多变却不失合理性，整体布局仍有规律可循：沿着出入口的半开敞再到引导段的开敞，接着到高潮段的开敞和半开敞的组合，最后在尾声段以半开敞的空间布局进行，具有科学性和趣味性。环城西苑在布局与设置上极具合理性，见图 6–47，利用植被营造出开敞、半开敞的空间，具有一定规律的变化，为游人在游览时增加了更多的趣味性。

图 6–47　空间序列尾声段

6.2.8 环城西苑植物造景的夜景

一座城市的合理规划，能够体现其美观性，城市夜景亮化规划利用现代化的照明技术对城市进行装扮，提高城市的整体形象，展示城市夜间的丰富多彩，烘托城市中心区域的格调，使城市更加具有时代感，从而增加城市的吸引力。城市的规划者与建筑者应该在自然造景的基础上加以修饰，让其展现自然的美，而不是盲目地去改变其原来的样子。我们不光要感谢自然赐予我们的美，也应该对自然充满尊敬。有人认为城市夜景亮化规划是对经济能源的浪费，对城市亮化提出质疑。这是对城市亮化的一种误会，城市夜景为城市居民提供了一个良好的夜视环境。

在一个城市的园林绿地中，有着众多由各种植被组成的园林造景，而在夜晚，城市的灯光或许会对园林中的植物造成影响，我们在设计时应该将灯光与植物相联系，利用其特点，在不影响自然的前提下进行更好的美化。亮化在一定程度上带给城市居民不少的收益，使城市街道变得壮观美丽；商业商机被推动，使市场经济更加繁荣；赋予城市独有的风格理念，使市民的生活变得更舒适、更有质感。构造亮化的城市与周围的自然环境密不可分，夜景亮化可以清楚地勾画城市轮廓，直观表示出城市的外形和范围。例如，西安市的古城墙和环城公园的夜景亮化（图 6–48），在设计时有规则地在造景构造的关键位置上点缀光带，令其在城市中交错，夜景主次分明，凸显造景的特点，为这座城市的居民提供一个良好的夜间休闲环境，具备非常深远的影响。

图 6–48　环城西苑西南城角夜景

一座城市的园林造景，尤其是夜间的造景，就如同是一座城市的眼睛，能够更好地展现了这座城市立体化、多样化的美感，让城市的美化程度达到最佳。所以，城市规划者应该在城市规划时，充分考虑到这座繁华的都市中夜间造景的特点，利用其特点去彰显这座城市对艺术的追求，让这座城市的夜景更加具有艺术感，以期达到将城市的美展现得淋漓尽致。

6.3　西安市环城西苑植物造景存在的问题

由于环城西苑于 2018 年 12 月刚升级改造完毕，因此在提出环城西苑植物造景营造所存在的问题时，还是有着不小的困难，毕竟是刚经过改造的公园，存在的问题不多，笔者只能在亲临实地的调研过程当中，感同身受地去发现环城西苑的不足，以下为笔者所提出的三处在环城西苑内发现的问题。

6.3.1 月亮桥两端造景所存在的问题

月亮桥位于环城西苑的南部位置，连接着城墙根下的环城公园部分和沿环城路的环城公园部分，这两个部分加起来才是完整的环城西苑，而月亮桥是除城门以外，唯一连接两个区域的一座桥，因此这一块造景节点比较重要。从图 6–49 中就可以看到，通过月亮桥的行人较多，从造景空间的角度来看，桥两端的造景现状是一端开放式，一端半开放式，从行人的视角来看，从桥的这一端走到另外一端的视觉对比还是比较大的，这就导致游人在游览月亮桥部分时视觉不够连贯，在环境心理学上分析，通过月亮桥时并没有一个造景上的整体统一的心理暗示。

图 6–49　月亮桥两端造景现状

另外，从造景元素上分析，桥两端也没有明显的共同造景元素。笔者认为月亮桥两端，尤其是靠近环城路这一端，应该向城墙根下这一端的造景元素靠拢，共同突出“城墙”这一文化特质。

因此得出结论，月亮桥两端造景衔接不够，缺少较为统一的造景，有待提升。

6.3.2 全民健身主题下的环城西苑所存在的问题

笔者在实地调研中发现，环城西苑段是整个环城公园的全民健身示范区（图 6−50），在环城公园中的游人运动方式主要有散步、打乒乓球、打羽毛球、玩健身器械、跑步、打太极、跳舞等。因为园内设立有专门的乒乓球运动区、羽毛球运动区、专门的健身器械区，以及在园内的各个节点处有大小不一的造景空间，这些造景空间多由亭、廊、假山、雕塑，以及低矮灌木搭配小乔木围合而成，这些空间可为游人提供休憩、娱乐、跳舞、唱歌、打太极、休闲等场所，因此大部分的运动方式在环城西苑中都可以得到满足，并且都有足够的空间，但是唯独跑步比较困难。在调研当中发现有很多游人通过跑步的方式来锻炼身体，但是在整个公园的主路、支路、小径都没有专门的跑步区域，导致跑步者在跑步中需要不停地躲闪散步的游人，这给跑步者带来极大的困扰，见图 6−51。

图 6−50　用造景石展示的环城公园主题

图 6−51　环城西苑道路现状图

因为环城公园富有文化特色的区位条件，吸引了很多来环城公园游览锻炼的游人；公园还具有独特的带状地理条件，在有限的空间内，既要满足各类功能，还要突出公园的运动主题性。

因此得出结论，在已有的基础上添加一条跑道，具有必要性，并且笔者还建议为更好地突出和发挥西安古城墙的独特地理条件，可以计划一条绕整个城墙的跑道。想象一下，慢跑在古老的城墙脚下、护城河边、环城公园内，这将是一件多么惬意的事。

6.3.3 天品西岸出入口广场造景所存在的问题

天品西岸位于环城西苑靠近环城路处，商用建筑面积约 10000m²，绿化花园面积为 90000m²，以生态绿地衬托古城墙，更加彰显其历史与文化的完美结合。天品西岸的出入口广场，采用大面积的硬质铺装地面，整个空间是以开放式空间为主，分为上下两层。笔者认为，虽然开放式广场主要功能是服务于人群集散及休闲娱乐，但是过多的硬质铺装占据整个广场，缺少相应的植物造景点缀，见图 6−52。

图 6−52　天品西岸出入口广场现状图

因此得出结论，此处应有绿化带来连接上层空间和下层空间，起到过渡和点缀的作用。

6.4 西安市环城西苑植物造景优化策略

根据环城西苑的现状分析以及前文所提出的三个存在的问题，笔者相对应地从以下三个方面提出公园植物造景营造的改造优化建议，为环城西苑公园的管理与发展提供参考。

6.4.1 月亮桥两端造景优化

前文已经分析了关于月亮桥两端造景不够连贯的问题，因此通过分析现状，提出改造方案，对月亮桥造景进行优化，使桥两端的造景衔接更加紧密。添加城墙元素，改造提升现有造景，尤其是提升突出靠环城路段区域的城墙文化元素，是本小节研究的重点。

通过图 6−53 可以看到虚线框中就是整个月亮桥造景区域，虚线所画区域为需要提升改造的区域，在三条主路的交会处是人流最为密集的地方，此处也是需要重点被“照顾”的区域，同时这一块区域也是最应该突出展示环城公园文化即城墙文化的区域。

图 6−53　月亮桥造景区域

为方便识别，笔者把需要改造的区域分为 A 和 B 两个区域，分别对应的是城墙根下区域和靠环城路区域，这两块区域主要针对两个问题来提升改造：首先是月亮桥两端没有相同的造景元素，不够统一并且联系不够紧密；其次是桥两端从空间上有着较大的落差，因为一侧是视线有阻挡的城墙现状，一侧是视线较为开阔的硬质广场。环城公园具有独特的地理条件和深厚的文化特点，笔者在整合思路时充分考虑到尊重现有条件，并且以最为合理的方式因地制宜地提出改造方案，对月亮桥造景区域进行造景“链接”，使环城公园中的游人在游览这一区域时自然而然地感受到连贯的城墙文化。

如图 6-54、图 6-55 所示，具体改造后，在桥两端运用相同的城墙垛口元素、环城公园绿地元素（绿植）、护城河（水）元素突出环城公园的“环城”文化，在空间较开放的这一侧单独设立造景墙，配合桥另一侧的半开放式空间，并且在半开放的这一侧有着和另一侧相同的造景元素。因此，经过改造后，月亮桥两端从空间上都有类似遮挡，从造景元素上也都具有共同点，环城西苑中的游人在进入月亮桥这一段造景节点时，不会感到桥两端的造景有隔阂感，能够在空间和视线方面连贯地进行游览。

6.4.2 环城西苑跑步道优化

环城西苑的主题为运动示范公园，笔者在实地调研中发现该区域缺少系统专业的跑步道，因此提出改造建议，并提出以绕环城公园为主题的“最美沿河跑步道”计划，把环城西苑当作示范区进行改造。环城西苑跑步道改造示意图如图 6-56 所示，红色区域为环城西苑跑步道改造区域，黄色区域为跑步道改造后的意向图。

具体改造后的环城西苑跑步道，可以提供专业的塑胶跑道，并且在跑道中间通过白线分割提供快慢两个道，用来满足不同跑步者的需求。从图 6-57 中可以看到改造前后的对比效果。但是在改造中还要考虑到安全问题，因为是沿河跑步道，环城河与跑步道之间的距离较近，跑步者在跑步过程中速度较快，所以在改造中要设立安全护栏，充分保障游人安全。最后，通过添加塑胶跑道，吸引更多的游人参与到“最美沿河跑步”活动中，既可以在跑步的途中欣赏到环城公园的独特美景，又可以突出环城西苑段的运动主题，希望可以为环城公园的发展提供参考和建议。

图 6-54　月亮桥改造区域示意图

图 6-55　月亮桥两端改造前后对比图

图 6−56　环城西苑跑步道改造示意图

图 6−57　环城西苑跑步道改造前后对比图

6.4.3 天品西岸出入口优化

天品西岸位于环城西苑靠环城路一侧，而位于中段位置的出入口广场是本次改造优化的主要区域，天品西岸出入口广场区位如图 6−58 所示，该地块分为上下两层空间，之间用楼梯连接供游人通过。作者在实地调研过程中发现，此广场主要采用硬质铺装，以满足游人的集散娱乐功能。虽然为了满足广场的功能性，需要较大面积的开放式空间，但是过于空旷的空间，且地上地下两层空间没有明显的相互呼应的造景，以及在整个大面积硬质铺装的开敞空间中缺少绿植的点缀和美化，是这个广场的弊端。因此笔者提出建议，在地上、地下和楼梯这三个部分进行改造提升。

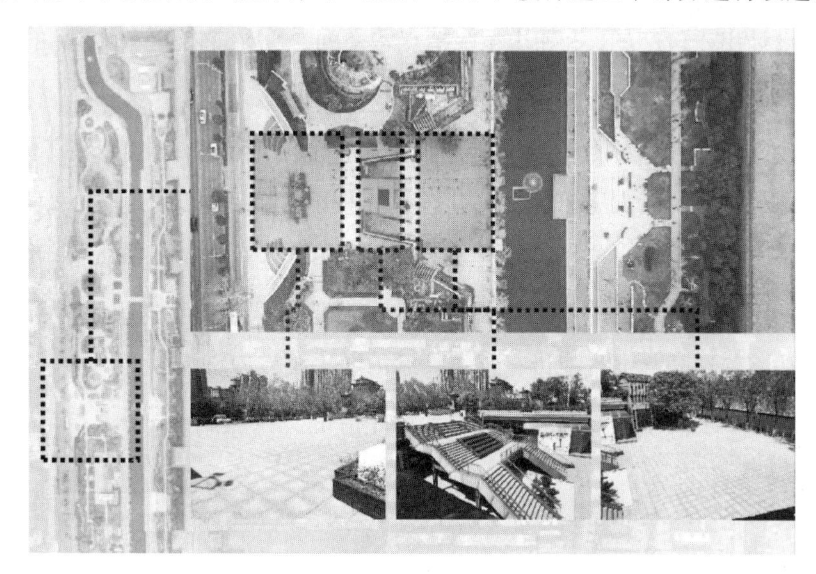

图 6-58　天品西岸出入口广场区位示意图

具体改造后，用楼梯将广场分割成上中下三层空间，即上层空间、台阶空间、下层空间，在上层空间添加常绿灌木配合小乔木的花池；台阶空间处添加阶下绿植；下层空间处添加和上层空间一样的花池，如图 6-59 所示，需要改造提升的区域，面积

图 6-59　天品西岸出口广场改造示意图

只占用一小部分，因为要尊重广场原有的功能，本次改造的主要目的是使上中下空间更加连贯且相互呼应，在此基础上添加小部分绿化来美化大面积开阔硬质空间。通过天品西岸出口广场改造示意图可以看出，阶下绿化和小型花池，在改造过程中，合理地重新设计出入口广场，添加小型绿植点缀空间，硬质铺装和绿植小品的结合，使整个天品西岸出入口空间更加合理。

在当今发展迅速的社会背景下，我们面临着全球化与区域化的矛盾，也面临着人口、资源、环境的巨大压力。我们应当不断思考如何一步步实现城市造景生态化，如何建立人与自然和谐共存的环境，如何才能实现社会、经济与环境的协调可持续发展。在实际的设计工作中，全面提高城市园林造景从业人员的职业素养，遵循造景原则，从而保证园林造景建设真正符合城市的未来发展方向。

以此作为本书的结语，欢迎广大读者批评指正。

参考文献

[1] 顾小玲. 图解植物景观配置设计 [M]. 沈阳：辽宁科学技术出版社，2012.

[2] 布恩. 风景园林设计要素 [M]. 曹礼昆，曹德鲲，译. 北京：北京科学技术出版社，2015.

[3] 臧德奎. 园林植物造景 [M]. 北京：中国林业出版社，2008.

[4] 柳骅，吕琦. 植物景观设计教程 [M]. 杭州：浙江人民美术出版社，2009.

[5] 张德顺. 景观植物应用原理与方法 [M]. 北京：中国建筑工业出版社，2012.

[6] 卓丽环，陈龙清. 园林树木学 [M]. 北京：中国农业出版社，2016.

[7] 张德顺，芦建国. 风景园林植物学 [M]. 上海：同济大学出版社，2018.

[8] 元颖. 生态需求下城市园林植物的应用趋势 [J]. 科技创新导报，2010 (13).

[9] 陈淏子. 花镜 [M]. 杭州：浙江人民美术出版社，2019.

[10] 贝弗里奇. 科学研究的艺术 [M]. 太原：北岳文艺出版社，2015.

[11] 魏庆宪. 色彩构成 [M]. 北京：印刷工业出版社，2013.

[12] 苏雪痕. 植物景观规划设计 [M]. 北京：中国林业出版社，2012.

[13] 祝遵凌. 园林植物景观设计 [M]. 北京：中国林业出版社，2012.

[14] 孙筱祥. 园林艺术及园林设计 [M]. 北京：中国建筑工业出版社，2011.

[15] 那维. 景观与恢复生态学 [M]. 李秀珍，冷文芳，解伏菊，等，译. 北京：高等教育出版社，2010.

图片来源

http: //www.inla.cn/

http: //sanlabcn.com/

https: //www.zhulong.com/

https: //www.baidu.com/

https: //hao. 360.com/

http: //ppbc.iplant.cn/

http: //www.cfh.ac.cn/

http: //www.fpcn.net/index.html

https: //www.zoscape.com/

http: //www.landscape.cn/

http: //pe.ibcas.ac.cn/tujian/tjsearch.aspx

https: //baike.baidu.com

https: //huaban.com/

https: //www.cnki.net/

https: //www.zoscape.com/forum-49-1.html

https: //www.archdaily.cn/cn

https: //www.gooood.cn/

http: //www.landscape.cn/